卓越工程师培养计划系列教材

U0269590

操作系统原理与 Linux
实践教程

申丰山　　王黎明　编著

电子工业出版社
Publishing House of Electronics Industry
北京·BEIJING

内 容 简 介

操作系统课程是计算机、软件及相关专业的核心课程和必修课程，是计算机文化基础知识的重要组成部分。本书理论与实践并重，全面、系统地阐述了操作系统的重要概念和原理，深入、细致地剖析了操作系统的组成结构和运行机制，给出了相关概念、原理在 Linux 操作系统中的实现方法，提供了大量鲜活的应用实例，详细说明了 Linux 实验环境搭建方法，给出了完整可用的 Linux C 源程序及编译和运行方法，方便读者无障碍实验学习和再创造，为培养具有扎实的专业理论知识和较强实践能力的高级工程技术人才提供可理解、可实践的内容和素材。全书共分 8 章，内容包括：操作系统概论、处理器管理、并发进程的同步、互斥与死锁、存储管理、设备管理、文件管理、操作系统安全、多处理机与多计算机操作系统，涵盖操作系统经典、核心内容及扩展内容。本书配套有 PPT、相关源代码、习题解答等。

本书结构完整，逻辑清晰，言简意赅，理论和实践相呼应，理解和应用交替穿插，有效克服学习的单调性，有助于活跃学生思维，激发学生学习兴趣。

本书可作为计算机及软件类本科专业课程教材或参考书，也可作为对工程实践能力有着更高要求的面向卓越工程师培养的同样专业的课程教材或参考书，也可供计算机及软件行业工程技术人员阅读和参考。

图书在版编目 (CIP) 数据

操作系统原理与 Linux 实践教程 / 申丰山，王黎明编著 . —北京：电子工业出版社，2016.1

ISBN 978-7-121-28010-8

I . ①操… II . ①申… ②王… III . ①操作系统－高等学校－教材 ②Linux 操作系统－高等学校－教材 IV . ①TP316

中国版本图书馆 CIP 数据核字（2015）第 321359 号

策划编辑：任欢欢
责任编辑：郝黎明
印　　刷：三河市鑫金马印装有限公司
装　　订：三河市鑫金马印装有限公司
出版发行：电子工业出版社
　　　　　北京市海淀区万寿路 173 信箱　　邮编：100036
开　　本：787×1 092　1/16　印张：15.75　字数：403.2 千字
版　　次：2016 年 1 月第 1 版
印　　次：2022 年 6 月第 11 次印刷
定　　价：49.00 元

前　言

　　操作系统是计算机系统的重要组成部分，是保证计算机功能正常、完整、可用的最基本的软件系统。操作系统几乎是每个计算机用户驾驭计算机的唯一系统工具。因此，每个用户理所当然地需要熟悉操作系统。然而，操作系统又是一种异常复杂的软件系统，不仅代码规模庞大，而且组成结构和运行机制复杂，学习、理解操作系统内部奥秘极富挑战性。操作系统直接建立在硬件基础上，对硬件进行管理，向用户屏蔽复杂的硬件细节。计算机系统中的硬件品种众多，工作流程复杂。操作系统需要处理大量的并发任务及并行操作，良好协调这些任务及操作间的同步关系，防止错误的发生。总之，操作系统是计算机系统工作的指挥者、协调者、监控者。理解操作系统乃至进行新的设计及实现均离不开对操作系统概念和理论的熟悉和掌握，这些概念和理论是操作系统领域的共同语言。操作系统课程内容又是程序设计、软件工程等需要以操作系统作为工作支持环境及涉及操作系统内核要素的课程的基础。作为一种复杂的大规模的软件系统，操作系统的成功研制也是软件工程思想和方法应用的典范，并且为软件工程提供普遍的、可借鉴的、实用的实践方案和模板。例如，操作系统所包含的方便软件维护的模块化、层次化、分布式软件体系结构思想、复杂系统分治策略及各种资源管理中的数据结构在许多应用软件构造中有着类似的应用。因此，操作系统是一门重要的软件理论和方法基础课程。

　　全书共分 8 章，分别讲述了操作系统基本概念、理论体系、处理器管理、并发进程的同步、互斥与死锁、存储管理、设备管理、文件管理、操作系统安全机制、多处理机与多计算机操作系统，涵盖操作系统经典、核心内容及扩展内容。

　　第 1 章，介绍操作系统的定义、地位、功能、特性、发展、分类及结构。重难点内容是 1.1.3 操作系统的资源管理技术；1.3 操作系统的主要特性；1.5.1 程序接口；1.6 操作系统的结构设计的理解与区分。

　　第 2 章，讲述进程管理的硬件基础、进程的定义、进程的结构、状态、进程控制、处理器调度以及线程概念和线程实现。重难点内容是 2.1.2 指令系统、特权指令与非特权指令；2.1.3 处理器状态及切换；2.2 中断等硬件设施与操作系统控制地位的实现关系；2.3 进程概念、进程逻辑结构与操作系统物理实现结构的关系；2.4.2 多线程环境中进程与线程的区别与联系、线程的应用；2.6 处理器调度算法的理解与应用及其评价标准。

　　第 3 章，讲述并发进程之间的关系，包括并发进程的同步、互斥关系及信号量与 PV 和管程实现机制、死锁的产生及其解决方案、进程间的通信方案。重难点内容是 3.1.3 并发进程与时间有关的错误；3.2.1 临界区调度原则；3.3 信号量结构与 PV 操作逻辑及其应用；3.4 管程结构、实现方法及应用；3.5 进程通信方案及应用；3.6 死锁的避免与检测和解除方法。

　　第 4 章，从简单到复杂讲述存储管理技术，包括连续存储管理技术（固定分区、可变分区、伙伴系统）、离散实存管理技术（分页、分段、段页式系统）和虚拟存储管理技术（请求分页、请求分段、请求段页式系统），重点讲述请求分页虚拟存储管理技术。重难点内容是 4.2 地址重定位、存储保护和存储共享；4.4 分页存储管理；4.6 虚拟存储管理相关概念、工作原理及相关算法的理解与计算。

第 5 章，讲述设备管理的硬件基础知识、I/O 软件系统层次、磁盘结构与磁盘 I/O 调度算法、虚拟设备技术。重难点内容是 5.1.2 I/O 控制方式及控制器硬件工作关键细节；5.2.3 设备驱动程序的用途及与中断处理程序的协作关系；5.3.2 磁盘调度算法与计算及磁盘速度与磁道/扇区编排的关系；5.4.2 SPOOLing 系统结构。

第 6 章，讲述文件管理系统的文件及目录结构、用户接口功能及其实现、文件空间管理方法、内存映射文件技术及虚拟文件系统结构。重难点内容是 6.1.4 文件操作应用；6.3 文件物理结构与逻辑结构；6.4.2 文件操作系统调用功能实现；6.4.3 文件共享技术；6.5 文件空间管理技术、内存映射文件的应用。

第 7 章，简述操作系统安全保护机制，了解系统安全隐患与相应的防护措施。

第 8 章，简述多处理机及多计算机环境下操作系统设计思想，了解复杂硬件条件下与单处理机环境下处理机管理的区别。

为了使读者能够近距离、可触摸地感知操作系统的概念和原理知识，尽可能向读者清晰展现操作系统的结构元素和运行逻辑，本书采用可见形式描述复杂抽象的概念和事物。对于相关硬件及软件的重要运作细节力求充分揭示。

对操作系统的内核功能进行实践应用是解除操作系统陌生感的重要学习形式，也是以工程实践能力为培养目标的教学内容的重要组成部分。本书包含了经过多年教学实践积累、完善形成的 Linux 操作系统内核功能完整实验程序和实验环境搭建方法，可供读者无障碍地验证和透彻理解操作系统的相关概念和理论，并在此基础上进行操作系统的应用创新和设计。实验内容包括：Linux 操作系统实验环境的搭建、Linux 程序接口实验、Linux 操作接口实验、Linux 进程控制实验、多线程并发运行与互斥访问实验、Linux 进程同步与互斥实验、Linux 多途径通信实验、Linux 文件操作实验、Linux 内存映射文件实验。实验选材既考虑操作系统概念、理论的验证性需求，同时也考虑相关技术在工程实践中的实用价值，达到学以致用的目的。

总之，本书理论与实践并重，满足各类读者的需要。既方便以理论学习为主的人员具体、完整地理解和掌握操作系统理论知识，又方便需要在理论学习基础上熟练掌握操作系统内核功能应用技术的人员顺利获得工程实践能力。对于安排有独立实验学时的班级，教材中的实验可以在实验学时进行。对于课程安排在实验室或机房，但是没有独立实验学时的班级，教材中的实验可以嵌入在理论讲授的适当时机进行，实验时长由教师根据学生情况及总学时合理确定。建议理论讲授与实验交替进行，防止学习形式的单调性，保持学生学习兴趣。对于不具备统一实验条件的班级，教材中的实验可以由学生课下进行，教师决定验收与否。略过教材中的实验章节，并不影响操作系统理论体系的完整性。

本书内容与知识结构图形象直观地描述了本书核心章节，同时也是操作系统各组成部分与所依赖的硬件系统各部件之间的对应关系及内部结构。该图帮助读者总览知识全局、准确定位知识细节。

本书由申丰山、王黎明编著。作者所在团队的多名成员参与了课程讨论与部分编写工作。王黎明教授一直支持作者从事操作系统教学工作，使得作者有充分的时间和机会熟悉、积累和完善操作系统知识、探索讲授技巧，为本书的成稿积累了重要的素材。王黎明教授参与了教材第 1 章、第 2 章、第 3 章的部分编写工作。张卓博士参与讨论、编写了第 4 章、第 5 章和第 6 章的部分内容，职为梅和张岳参与讨论、编写了第 7 章和第 8 章的部分内容。书中某些章节参考或引用了文献中列出的国内外著作的部分内容以及互联网资源上的某些内容，谨此向各位作者一并表示衷心的感谢！本书的讲义版在卓越工程师班及计算机和软件类专业班的应用极大调动了学生学习和探索操作系统的兴趣，这是促成本书出版的重要动力。

由于作者水平有限，加上操作系统代码规模庞大、复杂，分析不易，难以获得系统、完整、准确的第一手资料作为佐证，书中内容难免存在错误，某些抽象、晦涩的内容可能改进不彻底，敬请读者批评、指正，以便共同改进教材。为方便课程讲授，华信教育资源网（www.hxedu.com.cn）提供了教学课件等资源供教师下载，或与作者联系索取。电子邮箱：iefsshen@zzu.edu.cn。

用于搭建实验环境的 ubuntu Linux 操作系统可从网址 http://www.ubuntu.com/download/alternative-downloads 下载，也可从其他相关网站下载安装。ubuntu 新版本不断推出，读者可能下载到高于本书使用的 ubuntu 版本，高版本 ubuntu 完全可以替代本书使用的低版本 ubuntu 顺利安装和完成实验。

编　者

2015 年 12 月

本书内容与知识结构

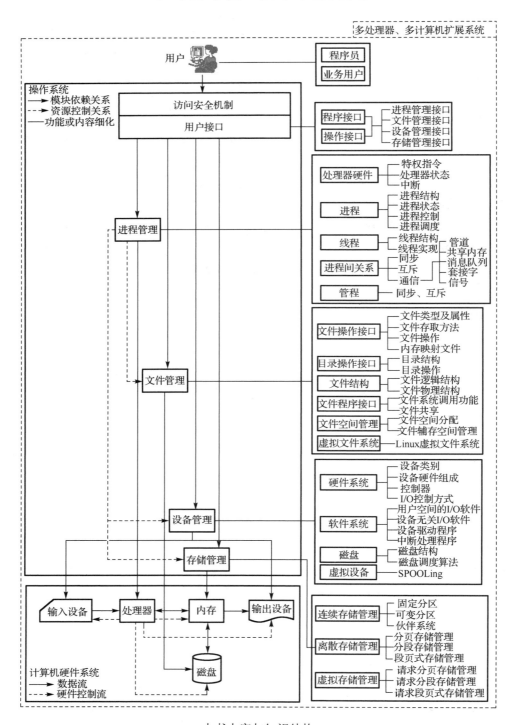

本书内容与知识结构

教 学 建 议

教学章节	教学内容	讲授学时	实验学时
第 1 章 操作系统概论	1.1 操作系统的资源管理功能和目标	2	2
	1.2 操作系统的功能	1	
	1.3 操作系统的主要特性	1	
	1.4 操作系统的发展和分类	1	
	1.5 操作系统的用户接口	1	
	1.6 操作系统的结构设计	2	
第 2 章 处理器管理	2.1 处理器	1	2
	2.2 中断	1	
	2.3 进程及其实现	3	
	2.4 线程及其实现	2	
	2.5 处理器调度系统	2	
	2.6 处理器调度算法	2	
第 3 章 并发进程的同步、互斥与死锁	3.1 并发进程	2	4
	3.2 临界区管理	2	
	3.3 同步	4	
	3.4 管程	2	
	3.5 进程通信	2	
	3.6 死锁	2	
第 4 章 存储管理	4.1 存储器层次	1	0
	4.2 地址重定位、存储保护和存储共享	1	
	4.3 连续存储管理	1	
	4.4 分页存储管理	2	
	4.5 分段存储管理	1	
	4.6 虚拟存储管理	3	
第 5 章 设备管理	5.1 I/O 硬件系统	2	0
	5.2 I/O 软件系统	2	
	5.3 磁盘管理	2	
	5.4 虚拟设备	1	
第 6 章 文件管理	6.1 文件	2	2
	6.2 目录	1	
	6.3 文件结构	2	
	6.4 文件系统功能及实现	2	
	6.5 文件空间管理	2	
	6.6 内存映射文件	1	
	6.7 虚拟文件系统	1	
第 7 章 操作系统安全	7.1 操作系统安全概念	1	0
	7.2 信息安全保护机制	1	
第 8 章 多处理机与多计算机操作系统	8.1 多处理机操作系统	1	0
	8.2 多计算机操作系统	1	
		64	10

讲授及学习建议：

（1）建议课堂教学在配有上机环境的实验室进行，计算机上安装 ubuntu 操作系统。理论讲授和上机实验交替穿插进行，树立重视创新创造的工程意识。一般每周或每两次理论课安排一次实验，每次实验学时不超过 1 个学时。由于实验在各个章节的分布并不均匀，某些章节的讲授内容和实验次序可以适当调整，例如 3.5 节的 4 个进程通信实验可以安排在之前或之后的适当章节完成。

（2）教师在实验进行之前采用图等形式直观、概括介绍实验设计方案和重要细节，学生调试运行本书源程序，观察运行结果，写出/绘制程序关键流程/步骤、Linux 内核函数与所依据概念及理论模型之间的对应关系。在此基础上改写程序，完成新的业务功能。

（3）先导课程建议为微处理器原理与接口、计算机硬件与汇编语言、数据结构及 C 语言程序设计。

（4）建议教学总学时为 64 学时，某些章节的讲授学时和实验学时可以适度压缩合并，课堂上未完成的实验可以由学生课后继续完成。

（5）课程考核形式建议为卷面考试和课程设计相结合，两者成绩占比分别为 70%和 30%。课程设计开始时间建议为第 8 周或学时过半时。课程设计结束时间建议为讲授学时结束时。课程设计题目建议选择具有创新性、实用性的问题为题。题目数量依据工程复杂性和学生人数来定。

目　　录

第 1 章

操作系统概论

操作系统是信息社会正常运转的基础软件，几乎需要部署在每台计算机上，从而与每个用户都相关。操作系统是最受人们关注的一种系统软件，其发展一直非常活跃。总有一些人并不满足于接受目前的主流操作系统，他们乐于创造一种新的受人欢迎的操作系统，为人们学习、使用及开发操作系统创造越来越多的便利条件。了解操作系统无疑是计算机文化的重要组成部分。操作系统位于硬件之上、应用软件之下，既涉及丰富的硬件知识，又涉及软件构造的典型原则和方法，是综合硬件和软件技术的复杂工程产品。学习操作系统意味着综合学习、融会贯通，包括硬件、数据结构与算法、软件工程方法及原则在内的描述和构造复杂系统的多门课程知识。了解操作系统的结构和工作原理不仅有利于更好地应用操作系统，还有利于将其中包含的算法策略和软件工程思想应用到更一般的应用软件开发活动中。开源操作系统 Linux 的出现为深入学习和了解操作系统技术奥妙、为理论学习和实践应用及内核理解和开发提供了重要实践样本，为操作系统的平衡发展和安全问题的解决提供了机会。

1.1 操作系统的资源管理功能和目标

1.1.1 操作系统的定义

操作系统（Operating System，OS）是管理系统资源、控制程序执行、改善人机界面、提供各种服务、合理组织计算机工作流程和为用户有效使用计算机提供良好运行环境的一种系统软件。

根据定义，操作系统对资源进行管理。计算机系统中有哪些资源呢？其主要有两类资源：**硬件资源**和**软件资源**。**硬件资源**主要包括：中央处理器（CPU）、内存、外存、输入/输出（I/O）设备。硬件通过主板连接在一起，可以相互通信，协调工作。图 1-1～图 1-7 列出了计算机系统的硬件资源。图 1-8 为 Linux 创始人 Linus Torvalds。

计算机系统中的**软件资源**包括程序、数据和文档。这些软件资源存放在外存上，使用时复制到内存中。

操作系统课程内容结构正是从操作系统资源管理角度来组织的，全书的重要章节包括处理器管理（进程管理）、存储管理（管理硬件内存）、设备管理（管理输入/输出设备）、文件管理（管理程序、数据和文档）。

图 1-1 计算机硬件系统

图 1-2 中央处理器

图 1-3 内存　图 1-4 硬盘（外存）

（a）键盘　　　（b）鼠标

图 1-5 输入设备

（a）打印机　　　（b）显示器

图 1-6 输出设备

图 1-7 主板

图 1-8 Linux 创始人 Linus Torvalds

1.1.2 操作系统在计算机系统中的位置

操作系统是计算机系统的重要组成部分，整个计算机系统大致可以分为如图 1-9 所示的 4 层结构，自底向上依次如下：硬件（包括 CPU、内存、外存、输入/输出设备）、操作系统、应用软件和用户。操作系统位于硬件之上、应用软件之下，起着承上启下的作用。

操作系统直接安装在硬件上，屏蔽复杂的硬件细节，向上层应用软件及用户提供简单、抽象、统一、友好的使用接口，即应用软件和用户不直接使用硬件的功能，而通过操作系统间接使用硬件功能。

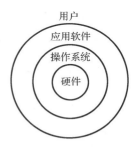

图 1-9 操作系统在计算机系统中的位置

1.1.3 操作系统的资源管理技术

操作系统对计算机系统中的资源进行管理。如何管理资源呢？操作系统主要采用如下 3 种资源管理技术。

1．资源复用

资源复用是指多个进程共享物理资源，包括分割资源为较多更小单位的空分复用和分时轮流使用资源的时分复用。进程是有资格获得系统资源的独立主体。

2．资源虚化

资源虚化指利用一类事物模拟另外一类事物，造成另外一类事物数量更多或容量更大的假象。

3．资源抽象

资源抽象是指利用软件封装复杂的硬件或软件设施，简化资源应用接口的一种资源管理技术。

资源复用和资源虚化的目的都是解决物理资源不足的问题；资源抽象解决的是物理资源的易用性问题。

在某种意义上可以说，操作系统的作用就是通过对计算机的各种硬件（包括处理器、存储器、输入设备、输出设备等）进行虚拟来实现的。

下面列举有关虚拟的例子。

【例1】 虚拟处理器。

多任务操作系统的进程管理功能通过多道程序设计技术将一台物理处理器虚拟成若干台逻辑处理器，从而在单处理机系统中同时运行多道程序。

【例2】 虚拟存储器。

操作系统的虚拟存储管理功能通过进程在内外存之间的对换、部分装入即可运行等操作，虚构了一个比实际内存空间大得多的编程空间，从而能够运行比内存空间大的程序，能够并发运行更多道的程序。

【例3】 虚拟设备。

操作系统的 I/O 设备管理功能通过虚拟操作屏蔽了显示器、打印机、扫描仪、键盘和鼠标等设备的物理细节，使得用户可以使用统一的 I/O 命令、统一的界面来对不同的外部设备进行数据的输入/输出操作。

【例4】 文件管理功能。

操作系统的文件管理功能将磁盘抽象成一组命名的文件，用户通过文件操作，按文件名来存取信息，不必涉及诸如数据物理地址、磁盘记录命令、移动磁头臂、搜索物理块及设备驱动等物理细节，便于使用，效率更高。

【例5】 窗口管理软件。

操作系统的窗口管理软件把一台物理屏幕改造（虚拟）成多个窗口，每个应用可以在各自的窗口中操作，用户可以在窗口环境中方便地与计算机交互。

1.1.4　操作系统运行程序的服务

操作系统提供的最重要的服务是运行程序。操作系统如何为运行程序服务？来看如图 1-10 所示的一个 C 语言程序。

```
#include <stdio.h>
int main(int argc, char *argv[])
{
    int a,b;
    scanf("%d%d",&a,&b);
    printf("a+b=%d\n",a+b);
    return 0;
}
```

图 1-10　一个简单的 C 语言程序

　　该程序编译链接后存放于磁盘（外存）上。当用户输入程序名或在图形用户界面中双击程序名（使用操作系统提供的用户接口）后，操作系统到磁盘上寻找该程序所在扇区（用到操作系统的文件管理功能），根据其大小分配内存空间（用到操作系统的存储管理功能），将其加载到该内存空间（用到装入功能）。在加载程序的过程中，根据程序要装入的内存起始位置，操作系统可以将程序中的逻辑地址转变为内存物理地址。为了管理程序，不使程序运行失控，操作系统还会为该程序创建了一个进程控制块（Process Control Block，PCB），PCB 如同进程的户口本或身份证一样。PCB 和所加载的用户程序代码及数据构成一个执行实体，称为进程，如图 1-11 所示。进程是一个动态实体，随着指令的执行改变资源状态及其自身。计算机中可能同时存在多个已经运行而尚未终止的进程，而处理器通常只有一个，处理器应该分配给多个进程中的哪一个属于操作系统的进程调度功能。新建进程未必能够马上获得处理器而投入运行状态，随着等待时间的延长，新进程的优先级会逐渐升高，最终成为最有资格获得处理器的进程而使处理器转入运行状态。

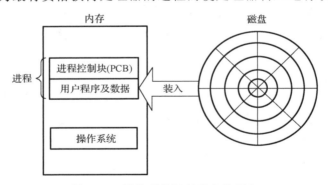

图 1-11　操作系统运行程序的服务

　　当执行到语句 scanf("%d%d",&a,&b);时，进程需要从键盘获得数据，键盘属于输入设备，键盘的操作涉及操作系统的设备管理功能，该功能将键盘复杂的机械特性封装起来，对用户提供的接口仅显示输入数据需要送达的内存单元。这句话的实质是通过键盘向内存变量赋值。键盘的访问在高层被转化为内存的访问。设备管理功能的资源抽象技术简化了键盘访问接口，使用户无需直接与键盘端口打交道，无需知道端口地址即可使用键盘功能输入数据。

　　当执行到语句 printf("a+b=%d\n",a+b);时，进程需要向显示器输出计算结果。显示器属于输出设备，显示器的输出操作涉及操作系统的设备管理功能，该功能将显示器复杂的机械特性和底层访问端口封装起来，仅向用户提供要输出的数据来自哪个接口。显示器的访问被操作系统设备管理功能抽象为内存的访问。

　　最后，执行 return 0;语句，进程结束，将处理器控制权交还给操作系统，操作系统回收结束进程的内存空间及其他资源。

　　通过该程序加载执行到结束的过程分析，可以看到：该程序的执行获得了操作系统进程管理服务、存储管理服务、设备管理服务和文件管理服务。

实验 1　Linux 操作系统实验环境搭建

　　源代码公开的 Linux 给了人们深入学习和探索操作系统内部奥秘的机会，为操作系统理论学习人员提供了十分重要的实验平台。Linux 优异的性能也获得众多公司和技术爱好人员的大力支持，版本不断升级、完善，多个变种先后被推出。Ubuntu 是目前最为流行的 Linux 之一，其界面接近于人们非常熟悉的 Windows，Windows 用户可以非常顺利地转换为 Linux 用户。本课程实验平台选用 Ubuntu。

　　安装 Ubuntu 时有两种方法；第一种是物理安装，将 Ubuntu 安装为开机即可启动的模式；第二种是虚拟安装，将 Ubuntu 安装在虚拟机 VMware Workstation（VM）上。

1．物理安装

　　（1）版本：ubuntu-12.04.5（也可以选择其他版本，建议高于此版本）。

　　（2）安装文件：ubuntu-12.04.5-desktop-i386.iso（756 MB）。

　　该文件可在 Windows 下安装，机器启动时，可在 Windows 和 Ubuntu 之间选择启动一种操作系统。

　　（3）安装前的磁盘分区情况：磁盘可分为 C、D 两个分区，Windows 已经安装在 C 分区，一键 Ghost 也已安装。

　　（4）安装步骤。

　　① 安装虚拟光驱软件，如 daemon4111-lite-x86（或者其他版本）。Windows 10 自带虚拟光驱，故可省略此步。

　　② 使用 daemon4111-lite-x86 装载 ubuntu-12.04.5-desktop-i386.iso，或者使用资源管理器打开.iso 文件，系统自动解压文件到虚拟光驱下，如图 1-12 所示。

　　运行 wubi.exe 程序，出现如图 1-13 所示界面。此后的过程基本无须人工干预，系统自动安装完毕。

　　当进入登录菜单的时候，设置自己的用户名和口令，并将用户名和口令记录在笔记本或手机通讯录上，以免遗忘。以后每次启动 Ubuntu 时都需要输入口令，当机器进入屏幕保护状态需要重新激活时也需要输入该口令。

　　（5）Ubuntu 的启动。Ubuntu 安装成功后，在启动菜单中会自动出现 Windows 和 Ubuntu 启动选项，用户可在这两种操作系统之间进行选择启动。

　　（6）启动后的 Ubuntu 12.04 桌面环境。

　　① Ubuntu 桌面左侧为菜单面板，包含 Home 文件夹、浏览器、办公软件、系统设置等图标。

单击 daemon tool lite 图标

(a)虚拟光驱

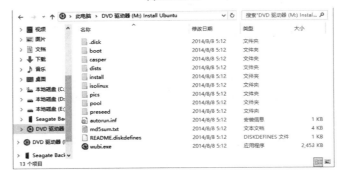

(b) 使用 Windows10 资源管理器解压 Ubuntu 安装文件

图 1-12　解压 Ubuntu 安装文件

(a)初始安装界面　　　(b)光盘启动　　　(c)安装光盘启动程序　　　(d)立即启动

图 1-13　选择安装选项

② Ubuntu 桌面右上角为信息公告区，包含输入方法、网络控制、音量控制、当前注册用户名、系统日期与时间、系统控制（关机、重启、睡眠等）。

③ Ubuntu 桌面底部为窗口面板，包含：桌面显示/隐藏按钮、窗口列表、工作区切换开关、回收站图标。

通过上述功能项目可以完成类似于 Windows 桌面环境下的资源管理器操作、控制面板操作、网络操作等，Ubuntu 自带办公软件以方便用户工作。

（7）Linux 命令的执行途径/方式。

① 通过图形界面执行命令：在 GNOME 图形界面上执行菜单命令。

② 通过命令行执行命令。按 Ctrl+Alt+t 组合键，打开类似 DOS 窗口一样的终端窗口，在该窗口里可以输入 Linux 命令及编写程序、安装软件和编译程序。

2．虚拟安装

在虚拟机 VMware Workstation 上安装 Ubuntu 的步骤如下。

1）安装虚拟机软件 VMware Workstation

在 Windows 下运行 VMware Workstation10（或者更高版本）。安装过程出现的主要界面如图 1-14 所示。

2）在 VMware Workstation 上安装 Ubuntu

首先启动 VMware Workstation，主要过程包括创建新虚拟机（图 1-15）、安装 Ubuntu（图 1-16）、设置用户名及口令（图 1-17）、登录系统（图 1-18）等。

（a）启动界面

（b）输入许可证号

（c）VM 安装完成

图 1-14　VMware Workstation 安装过程中的主要界面

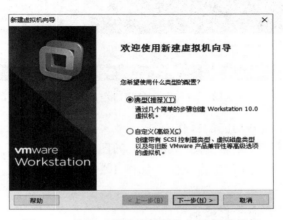

图 1-15　执行"新建虚拟机"创建新虚拟机

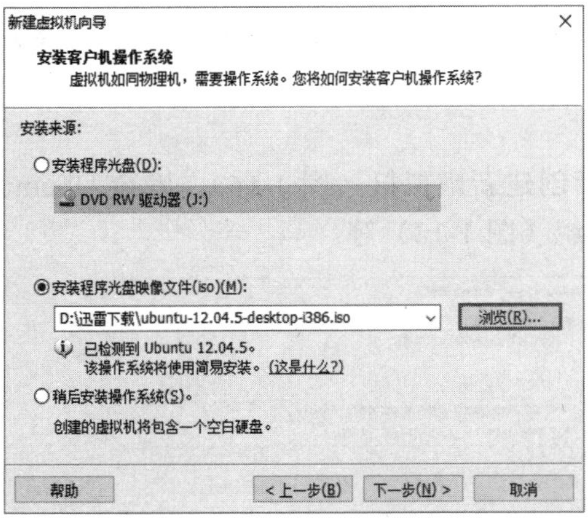

图 1-16   选择"安装程序光盘文件
（iso）"打开 Ubuntu 12.04.5

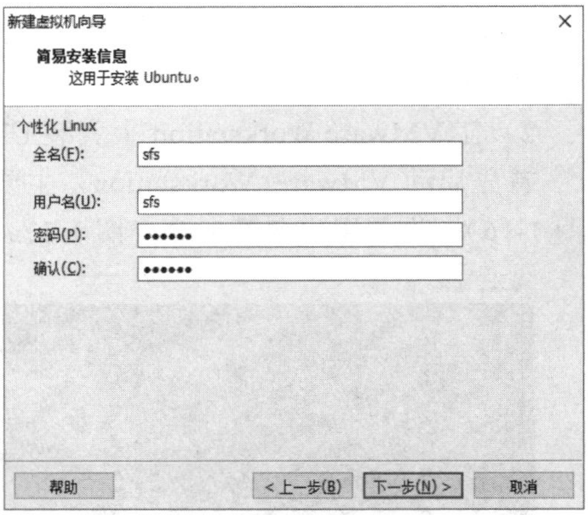

图 1-17   用户名及口令设置

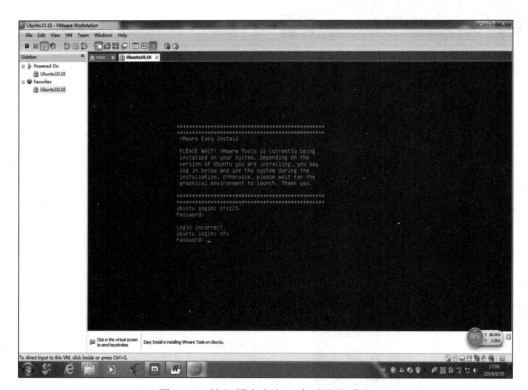

图 1-18   输入用户名和口令后登录系统

3）熟悉系统界面和部分功能的操作方法

单击"开启此虚拟机"，重新启动 Ubuntu，如图 1-19 所示。

输入口令，登录系统，进入工作桌面，如图 1-20 所示。

部分操作应用如下。

① 在图形界面下打开命令行终端窗口。

方法：同时按 Ctrl+Alt+t 组合键，即打开命令行终端窗口。

图 1-19　重新启动 Ubuntu

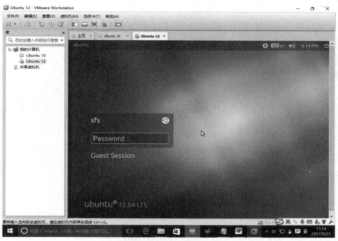

（a）输入口令并登录系统

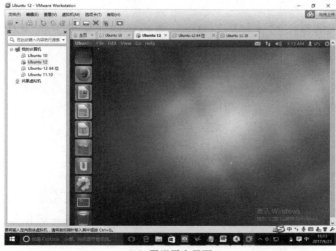

（b）图形用户界面

图 1-20　输入口令，登录系统，进入工作桌面

② 查看 Ubuntu 内核版本号。

```
sfs@ubuntu:~$ uname -a
Linux ubuntu 3.0.0-12-generic #20-Ubuntu SMP Fri Oct 7 14:50:42 UTC 2011
i686 i686 i386 GNU/Linux
```

输入 exit 命令，关闭命令行窗口。

③ 由图形界面切换到文字界面的方法：按 Ctrl + Alt + Shift+F1 组合键。

④ 由命令行界面切换到图形界面：按 Ctrl +Alt 组合键，在 Ubuntu 窗口中单击，使窗口获得焦点，再按 F7 键，即可返回 Ubuntu 操作系统图形界面。

⑤ 关机：执行"关机"命令，或者打开命令行窗口，输入命令 shutdown -h now。

1.1.5　操作系统的目标

1．方便用户使用

操作系统提供了用户与计算机硬件之间的友善接口。操作系统向用户提供的应用接口远比硬件向用户提供的接口简单易用。若只有硬件，则用户几乎无法使用计算机。

2．扩充机器功能

操作系统作为软件赋予了计算机系统远比硬件强大的功能。软件犹如计算机系统的"肌肉"，硬件犹如计算机系统的"骨骼"。如果只有骨骼没有肌肉，躯体就缺乏柔韧性和运动能量。如果没有操作系统，只有硬件的计算机将难以展现出强大的功能。

3．管理系统资源

操作系统代替人来管理计算机系统软硬件资源。慢速的人工操作管理、高速的系统硬件资源及庞大的软件资源将会耗费大量的时间且极易出错，甚至难以实现这种管理。

4．提高系统效率

操作系统代替人实现了对计算机的自动化管理，由此提高了系统效率。

5．构筑开放环境

开放环境的含义：指遵循有关国际标准；支持体系结构的可伸缩性和可扩展性；支持应用程序在不同平台上的可移植性和可互操作性的环境。

1.2　操作系统的功能

操作系统的功能体现为资源管理功能。根据硬件类别，操作系统功能包括：处理器管理功能、存储管理功能、设备管理功能、文件管理功能及网络与通信管理功能。其中包含的详细内容将在各章节阐述，在此预览其梗概。

1．处理器管理功能

处理器管理的硬件对象是处理器，其主要工作是处理中断事件和处理器调度。处理器管理具体包括如下内容。

（1）进程控制和管理：包括进程创建、运行、阻塞、终止等。

（2）进程同步和互斥。

（3）进程通信和死锁。

（4）线程控制和管理。

（5）处理器调度：分作业调度、中程调度、低级调度等。

处理器管理策略的不同会形成不同类型的操作系统或不同类型的任务处理方式，如批处理、分时处理、实时处理等描述的是操作系统处理任务的不同策略。

2．存储管理功能

存储管理的硬件对象是内存储器，其功能包括存储分配、存储共享、地址转换与存储保护、存储扩充。

3．设备管理功能

设备管理的硬件对象是输入/输出设备，其功能包括设备分配、缓冲管理、设备驱动、设备独立性、实现虚拟设备。

4．文件管理功能

文件管理的对象是软件，其任务如下：提供文件逻辑组织方法、提供文件物理组织方法、提供文件的存取方法、提供文件的使用方法、实现文件的目录管理、实现文件的存取控制、实现文件的存储空间管理。

5．网络与通信管理功能

网络是对单机的扩展，其中包含多台互相连接的计算机，网络与通信管理对网络中的硬件和软件资源进行管理，其功能包括：网上资源管理功能；数据通信管理功能；网络管理功能，如故障管理、安全管理、性能管理、记账管理和配置管理。

1.3　操作系统的主要特性

1.3.1　并发性

并发性是指两个或两个以上的事件或活动在同一时间间隔内发生。

已经开始、尚未结束的两个或多个事件或活动是并发的。如果一个事件或活动开始前，另一个事件或活动已经结束，两者没有时间上的重叠，则这两个事件或活动是顺序的。并发的事件或活动在宏观上是同时进行的，在微观上可能是同时进行的，也可能是交替穿插进行的。

操作系统的并发性是指计算机系统中同时存在若干个运行着的程序（包括操作系统

程序和用户程序），这些程序交替、穿插着执行。这些程序能够驱动不同的部件同时工作，如使多个 I/O 设备同时输入/输出，或者使设备 I/O 与 CPU 的计算同时进行，从而消除系统中部件和部件之间的相互等待，有效改善系统资源利用率，改进系统吞吐量，提高系统效率。

在计算机系统中，并发的实质是一个物理 CPU（也可以是多个物理 CPU）在若干道程序之间的多路复用。并发技术的关键在于如何对系统中多个运行程序（进程）进行切换。

与并发性概念相近的是并行性。**并行性**是指两个或两个以上的事件或活动在同一时刻发生。并行的事件或活动在宏观和微观上都是同时进行的。在多道程序环境下，并行性使多个程序同一时刻可在不同 CPU 上同时执行。并行的事件或活动一定是并发的，并发的事件或活动未必是并行的。

1.3.2　共享性

共享性是指操作系统中的资源（包括硬件资源和信息资源）可被多个并发执行的进程共同使用，而不是被其中某一个程序独占。

资源共享方式有两种：互斥访问和同时访问。

互斥访问也称顺序访问，系统中的某些资源同一时间内只允许一个进程访问。许多物理设备，如打印机、磁带机、卡片机等，以及某些数据和表格都是互斥共享的资源，称为临界资源。

临界资源：同一时间内只允许一个程序访问的资源。

临界资源的使用是顺序的，不是并发的，即不能交替、穿插使用。例如，打印机至少以文件为单位顺序使用，确保每个文件的内容连续打印在一起。

同时访问也称并发访问，允许同一时间内多个进程对某些资源进行交替、穿插地并发访问。也就是说，在微观上，某一进程对某一资源的访问不是连续的，各进程对该资源的访问是交错的，这种交错访问的顺序对访问的结果没有影响。典型的可供多个进程同时访问的资源是磁盘，可重入程序也可被同时访问。

磁盘与打印机的不同之处在于，磁盘上信息存放的物理顺序不是最终阅读的逻辑顺序，最终读取文件内容时，需要按照逻辑顺序重新装配文件信息块，装配正确的信息才是最终阅读的文件内容。磁盘上信息块的非连续存放不影响最终访问的正确结果。打印机则不然，打印机打印出的纸质信息是最终阅读的信息，必须与逻辑顺序一致。

并发性和共享性是操作系统两个最基本的特性，程序的并发执行导致资源共享，对共享资源的有效管理才能保证程序的并发执行。

1.3.3　异步性

异步性也称随机性，在多道程序环境中，程序的执行不是一贯到底，而是"走走停停"的，何时"走"何时"停"是不可预知的。但是，只要运行环境相同，操作系统必须保证多次运行同一进程时，都会获得与单道运行时相同的结果。异步性是并发性的表现特征，并发性是异步性的内在原因。

1.3.4　虚拟性

　　虚拟性是操作系统资源管理技术的特性，虚拟资源管理技术即资源虚化，将物理上的一个实体变成逻辑上的多个对应物，或把物理上的多个实体变成逻辑上的一个对应物。一些虚拟资源管理技术如下。

　　【例 6】　通过多道程序和分时使用 CPU 技术，物理上的一个 CPU 变成逻辑上的多个 CPU。

　　【例 7】　通过 Spooling（假脱机）技术把物理上的一台独占设备变成逻辑上的多台虚拟设备。

　　【例 8】　通过窗口技术可把物理上的一个屏幕变成逻辑上的多个虚拟屏幕。

　　【例 9】　IBM 的 VM（虚拟计算机）技术把物理上的一台计算机变成逻辑上的多台计算机。

　　【例 10】　虚拟存储器把物理上的多个存储器（主存和外存）变成逻辑上的一个存储器，即虚拟存储器。

1.4　操作系统的发展和分类

1.4.1　操作系统的发展

1．人工操作阶段

　　从计算机诞生到 20 世纪 50 年代中期的计算机为第一代计算机，机器昂贵，每台价格几百万美元，仅少数大公司和主要政府部门拥有，操作系统及其概念尚不存在，用户及其应用程序与硬件之间没有任何软件屏障，应用程序直接建立在硬件上。该时期，人工控制和使用计算机的过程大致如下。

　　（1）输入源程序：人工把源程序（写在纸上）用穿孔机穿制在卡片或纸带上（卡片和纸带相当于外部存储器），变成计算机可识别的输入形式。

　　（2）加载系统程序：将准备好的汇编解释程序或编译系统（也在卡片或纸带上）装入计算机。

　　（3）加载待汇编/编译源程序：汇编程序或编译系统读入人工装在输入机上的穿孔卡片或穿孔带上的源程序中。

　　（4）执行汇编或编译命令：执行汇编过程或编译过程，产生目标程序，并输出到目标卡片或纸带上。

　　（5）装入可执行程序：通过引导程序把装在输入机上的目标程序读入计算机。

　　（6）执行可执行程序，加载待处理数据：启动目标程序，从输入机上读入人工装好的数据卡片或数据带上的数据。

　　（7）输出结果：产生计算结果，执行结果从打印机上或卡片机上输出。

　　人工操作的严重缺点如下。

　　（1）用户独占全机资源，造成资源利用率不高、系统效率低下。

（2）手工操作多，处理机时间浪费严重，也极易产生差错。

（3）上机周期长。

2．管理程序阶段

在该阶段，作业控制语言代替开关、按钮控制作业执行过程，实现了计算机手工操作方式到脱机操作方式的转变。用户上机时需要向操作员提交由程序、数据和作业控制卡构成的作业，操作员收集到一批作业后把它们一起放到卡片机上输入计算机。计算机上则运行一个驻留在内存的管理程序，对作业进行自动控制和成批处理，自动进行作业转换，减少了系统空闲时间和手工操作时间。其工作流程如下。

操作员集中一批用户提交的作业，由管理程序将这批作业从纸带或卡片机输入到磁带上，每当一批作业输入完成后，管理程序自动把磁带上的第一个作业装入内存，并把控制权交给作业。当该作业执行完成后，作业又把控制权交回管理程序，管理程序再调入磁带上的第二个作业到内存中执行，如此重复，直到磁带上的作业全部运行完毕。

3．多道程序设计和操作系统的形成

多道程序设计是指允许多个程序同时进入一个计算机系统的主存储器并启动进行交替计算的方法，即计算机内存中同时存放了多道程序，它们都处于开始和结束点之间。从宏观上看，多道程序并发运行，它们都处于运行过程中，但都未运行结束。从微观上看，多道程序的执行是串行的，各道程序轮流占用 CPU，交替执行。多道程序设计技术的硬件基础是中断及通道技术。引入多道程序设计技术可以提高 CPU 的利用率，充分发挥计算机系统部件的并行性。

多道程序设计技术提高资源利用率和系统吞吐量的算例分析如下。

【例 11】　单道程序运行问题。

有某个数据处理问题 P1，要求从输入机上输入 500 个字符（花费时间 78ms），经 CPU 处理 52ms 后，将结果的 2000 个字符存到磁带上（花费时间 20ms），重复进行，直至输入数据全部处理完毕。各硬件工作的时间关系如图 1-21 所示。处理器的利用率为 52/(78+52+20) ≈35%，其他硬件的利用率也可类似计算。

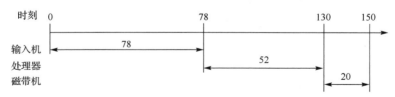

图 1-21　单道程序运行时各硬件工作的时间关系

为提高效率，让计算机同时接收两道算题，当第一道程序在等待外围设备的时候，让第二道程序运行，降低 CPU 空等时间，处理器的利用率显然可以提高。

【例 12】　在计算 P1 的同时，计算机还接收了另一算题 P2：从另一台磁带机 2 上输入 2000 个字符（花费时间 20ms），经 42 ms 的处理后，从行式打印机上输出两行（约花费时间 88ms）。两道算题运行时各硬件工作时间关系如图 1-22 所示。此时，处理机的利用率为 (52+42)/(78+52+20)≈63%。

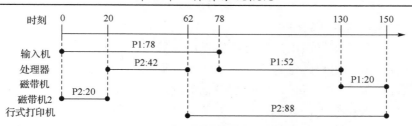

图 1-22　两道程序运行时各硬件工作时间关系

采用多道程序设计提高了 CPU、内存和 I/O 设备的利用率，改进了系统吞吐率，发挥了系统的并行性，提高了效率，增加了单位时间的算题量。

多道程序设计的道数多少不是任意的。并不是道数越多，效率就越高。内存储器的容量和用户的响应时间等因素影响多道程序中道数的多寡。

多道程序设计系统是一种软件技术，可以在单处理机上实现，也可以在多处理机上实现。而且对于多处理机系统，只有采用多道程序设计技术才能发挥各个处理机的作用。

实现多道程序设计必须妥善地解决 3 个问题：存储保护与程序浮动，处理器的管理和调度，系统资源的管理和调度。

随着磁盘的问世，相继出现了多道批处理操作系统、分时操作系统和实时操作系统，这标志着操作系统正式形成。

1.4.2　操作系统的分类

批处理操作系统、分时操作系统和实时操作系统是 3 种基本类型的操作系统。

1．批处理操作系统

批处理操作系统（Batch Operating System）：用户把要计算的应用问题编制成程序，连同数据和作业说明书一起交给操作员，操作员集中一批作业，输入到计算机中；由操作系统来调度和控制作业的执行。这种批量化处理作业的操作系统称为批处理操作系统。

批处理操作系统的主要特征如下。

（1）用户脱机工作：用户提交作业后直至获得结果前不再和计算机及其作业交互，不利于调试和修改程序。

（2）成批处理作业。

（3）多道程序运行。

（4）作业周转时间长。

2．分时操作系统

分时操作系统（Time Sharing Operating System）：允许多个联机用户同时使用一台计算机系统进行计算的操作系统。

分时操作系统实现思想如下：在一台主机上连接有多个终端，每个用户在各自的终端上以问答方式控制程序运行，主机中央处理器轮流为每个终端用户服务一段很短的时间，这段时间称为一个时间片，若一个终端用户的程序在一个时间片内未执行完，则挂起等待再次分到时间片时继续运行。每个用户感觉自己独占了一台计算机。

分时操作系统具有如下特性。

（1）同时性：若干个终端用户同时联机使用计算机。

（2）独立性：每个用户感觉自己独占了一台计算机。

（3）及时性：每个用户可以及时控制自己的程序。

（4）交互性：人机交互，联机工作，方便调试、修改程序。

分时操作系统和批处理操作系统都基于多道程序设计技术，两者的不同之处如下。

（1）目标不同：批处理操作系统以提高资源利用率和作业吞吐量为目标；分时操作系统以满足多个联机用户的立即型命令的快速响应为目标。

（2）适应作业的性质不同：批处理操作系统适应已经调试好的大型作业；分时操作系统适应正在调试的小作业。

（3）资源使用率不同：相对于分时操作系统，批处理操作系统更注重资源使用率。

（4）作业控制方式不同：批处理采用脱机控制方式，分时操作系统采用联机控制方式。

分时操作系统时间片长度应根据机器速度、用户多少、响应要求、系统开销等因素综合考虑、合理选取。时间片设得太短会导致过多的进程切换，减少实际运行用户程序的时间比，降低 CPU 的利用率；时间片设得太长会使小的交互型请求的响应时间变长。

3．实时操作系统

实时操作系统（Real Time Operating System）：当外界事件或数据产生时，能接收并以足够快的速度予以处理，处理的结果又能在规定时间内控制监控的生产过程或对处理系统做出快速响应，并控制所有实时任务协调一致运行的操作系统。

如下为 3 种典型的实时系统。

（1）过程控制系统：如生产过程控制系统、导弹制导系统、飞机自动驾驶系统、火炮自动控制系统。

（2）信息查询系统：计算机同时从成百上千的终端接收服务请求和提问，并在短时间内做出回答和响应，如情报检索系统。

（3）事务处理系统：计算机不仅要对终端用户及时做出响应，还要频繁更新系统中的文件或数据库，如银行业务系统。

实时控制操作系统通常由 4 部分组成：数据采集、加工处理、操作控制、反馈处理。

分时操作系统和实时操作系统的主要区别在于两者设计目标不同，分时操作系统为用户提供一个通用的交互型开发运行环境，实时操作系统通常为特殊用途提供专用系统。

通用操作系统：如果一个操作系统兼有批处理、分时和实时处理的全部或两种功能，则该操作系统称为通用操作系统。

Windows、Linux 等流行操作系统具有批处理、分时处理的功能和弱实时处理功能，因而属于通用操作系统。

1.5　操作系统的用户接口

操作系统为用户提供了两种调用其服务和功能的接口：程序接口和操作接口。

1.5.1　程序接口

程序接口又称为应用编程接口（Application Programming Interface，API），供程序员在编制程序时以程序语句或指令的形式调用操作系统的服务和功能。许多操作系统的程序接口由一组系统调用（System Call）组成，用户程序使用"系统调用"即可获得操作系统的底层服务，使用或访问系统中的各种软硬件资源。

1．系统调用的概念

系统调用：系统调用是为了扩充机器功能、增强系统能力、方便用户使用而在内核中建立的过程（函数），它是用户程序或其他系统程序获得操作系统服务的唯一途径，系统调用也称为广义指令。

机器指令由硬件实现，广义指令（系统调用）是由操作系统在机器指令基础上实现的过程或子程序，其使用形式与机器指令非常相似，区别在于广义指令由软件过程实现，机器指令由硬件实现。

系统调用采用汇编语言或 C 语言来实现。早期操作系统的系统调用使用汇编语言编写。最新推出的一些操作系统，如 UNIX 新版本、Linux、Windows、OS2 等，其系统调用采用 C 语言编写，并以库函数形式提供。

2．系统调用的分类

根据所属资源类型，系统调用分为以下类别。

（1）进程和作业管理：包括进程的创建、装入、执行、撤销、终止，进程属性的获取和设置等。

（2）文件管理：包括文件的建立、打开、读写、关闭、删除，文件属性的获取和设置等。

（3）设备管理：包括设备的申请、输入/输出、释放、重定向，设备属性的获取和设置等。

（4）内存管理：包括内存的申请和释放等。

（5）信息维护：包括日期、时间及系统数据的获取和设置等。

（6）通信：包括通信的建立、连接和断开、信息的发送和接收等。

UNIX/Linux 和 Windows 的部分系统调用如表 1-1 所示。

表 1-1　UNIX/Linux 和 Windows 的部分系统调用

类别	UNIX/Linux	Windows	功能
进程控制	fork/exit	CreateProcess/ExitProcess	创建/中止一个进程
文件管理	create/open	CreateFile	创建/打开文件
文件管理	read/write/close	ReadFile/WriteFile/CloseHandle	读/写/关闭文件
内存管理	malloc/free	GlobalAlloc/GlobalFree	分配/释放内存空间

3．系统调用的实现要点

1）有关概念

陷入或异常处理机制：在操作系统中，实现系统调用功能的机制称为陷入或异常处理机制。

访管指令（陷入指令或异常中断指令）： 由于系统调用而引起处理器中断的机器指令称为访管指令（陷入指令或异常中断指令）。

2）系统调用的实现要点

（1）编写系统调用处理程序。

（2）设计一张系统调用入口地址表，每个入口地址都指向一个系统调用的处理程序。

（3）陷入处理机制需开辟现场保护区，以保存发生系统调用时的处理器现场。

3）系统调用处理过程

当处理器执行到系统调用指令时，其工作状态由用户态切换为核心态。处理器将由执行用户指令变为执行操作系统指令，即执行系统调用处理程序，该程序的入口地址根据系统调用功能号从中断向量表中获得。包括用户进程下一条指令地址（即返回地址在内）的处理器现场被保存起来，然后系统调用处理程序开始执行。结束时，通过中断返回指令，用户进程的现场信息被恢复，处理器重返用户进程后续指令执行。整个过程如图 1-23 所示。

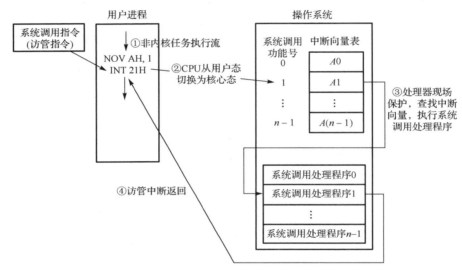

图 1-23　系统调用处理过程

4．系统调用与过程（函数）调用的区别

（1）调用形式不同。过程（函数）调用一般调用指令，其转向地址包含在跳转语句中，但系统调用不包含处理程序入口，仅仅提供功能号，按功能号调用。

（2）被调用代码的位置不同。在过程（函数）调用中，调用程序和被调用代码在同一程序内，经过连接编译后作为目标代码的一部分。当过程（函数）升级或修改时，必须重新编译连接。系统调用的处理代码在调用程序之外（在操作系统中），系统调用处理代码升级或修改时，与调用程序无关。

（3）提供方式不同。过程（函数）由编译系统提供或用户编写，不同编译系统提供的过程（函数）可以不同；系统调用由操作系统提供，一旦操作系统设计好，系统调用的功能、种类与数量即固定不变。

（4）调用的实现不同。程序使用一般机器指令（跳转指令）来调用过程（函数），是在

用户态运行的；程序执行系统调用，是通过中断机构来实现的，需要从用户态转变到核心
态，在管理态执行。

实验 2　Linux 程序接口实验

程序 1：使用 gedit 编写一个简单的 C 程序文件 hello.c，熟悉 Linux 平台的 C 语言开发
工具，为接下来的 Linux 内核编程奠定语言和工具基础。该程序内容如下。

```
#include <stdio.h>
int main(void)
{
printf("Hello, world!\n");
return 0;
}
```

输入下面的命令编译 hello.c，产生可执行程序 hello。

```
sfs@ubuntu:~$ gcc hello.c -o hello
```

输入如下命令执行 hello。

```
sfs@ubuntu:~$ ./hello
Hello, world!
```

程序 2：取进程标志及用户信息，了解 Linux 部分系统调用的用法。使用 gedit 编写程
序 pflag.c。

```
#include <unistd.h>
#include <pwd.h>
#include <sys/types.h>
#include <stdio.h>
int main(int argc,char **argv)
{
    pid_t my_pid,parent_pid;
    uid_t my_uid,my_euid;
    gid_t my_gid,my_egid;
    struct passwd *my_info;
    my_pid=getpid();
    parent_pid=getppid();
    my_uid=getuid();
    my_euid=geteuid();
    my_gid=getgid();
    my_egid=getegid();
    my_info=getpwuid(my_uid);
    printf("Process ID:%ld\n",my_pid);
    printf("Parent ID:%ld\n",parent_pid);
    printf("User ID:%ld\n",my_uid);
    printf("Effective User ID:%ld\n",my_euid);
    printf("Group ID:%ld\n",my_gid);
    printf("Effective Group ID:%ld\n",my_egid);
    if(my_info)
```

```
    {
        printf("My Login Name:%s\n" ,my_info->pw_name);
        printf("My Password :%s\n" ,my_info->pw_passwd);
        printf("My User ID :%ld\n",my_info->pw_uid);
        printf("My Group ID :%ld\n",my_info->pw_gid);
        printf("My Real Name:%s\n" ,my_info->pw_gecos);
        printf("My Home Dir :%s\n", my_info->pw_dir);
        printf("My Work Shell:%s\n", my_info->pw_shell);
    }
}
```

输入以下命令编译 pflag.c，生成可执行程序 pflag。

```
sfs@ubuntu:~$ gcc pflag.c -o pflag
```

输入下面的命令运行程序 pflag。

```
sfs@ubuntu:~$ ./pflag
Process ID:2456
Parent ID:1759
User ID:1000
Effective User ID:1000
Group ID:1000
Effective Group ID:1000
My Login Name:sfs
My Password :x
My User ID :1000
My Group ID :1000
My Real Name:sfs,,,
My Home Dir :/home/sfs
My Work Shell:/bin/bash
sfs@ubuntu:~$
```

1.5.2 操作接口

操作接口又称作业级接口，是操作系统为用户提供的操作并控制计算机工作和提供服务手段的集合，通常有操作控制命令、图形用户界面、批处理系统提供的作业控制语言及新型用户界面等实现手段。操作接口是一个完整的任务单位，可以独立运行；而程序接口不是独立的、完整的任务实体，因而不能够独立运行。

1. 操作控制命令

操作控制命令由一组命令及命令解释程序组成，也称为命令接口或联机用户接口。命令的格式如下。

命令名 参数 1 参数 2…参数 n

在命令行窗口中输入的一条命令也称为一个命令行。

操作控制命令的执行过程如下。

（1）系统启动命令解释程序，输出命令提示符，等待用户输入命令。

（2）用户输入命令并按 Enter 键。

（3）命令解释程序读入命令、分析命令、执行命令。

（4）命令执行结束后，命令提示符再次输出，等待下一条命令。

联机用户通过操作控制命令对作业进行联机控制，联机控制的作业也称为联机作业。

Linux 五大类常用命令如下。

① 文件管理类：cd、chmod、chgrp、comm、cp、crypt、diff、file、find、ln、ls、mkdir、mv、od、pr、pwd、rm、rmdir。

② 进程管理类：at、kill、mail、nice、nohup、ps、time、write、mesg。

③ 文本加工类：cat、crypt、grep、norff、uniq、wc、sort、spell、tail、troff。

④ 软件开发类：cc、f77、login、logout、size、yacc、vi、emacs、dbs、lex、make、lint、ld。

⑤ 系统维护类：date、man、passwd、stty、tty、who。

操作控制命令可以逐条输入、逐条执行，也可以像编写程序一样将各条命令按序集中存放在一个具有特定扩展名的批处理命令文件中，实现一次建立，多次连续自动执行，即批处理。例如，MS-DOS 的 BAT 批处理文件，UNIX 和 Linux 的 Shell。Shell 不仅是一种交互型命令解释程序，还是命令级程序设计语言解释系统。

2．作业控制语言

作业控制语言（Job Control Language，JCL）由一组作业控制卡，或作业控制语句，或作业控制操作命令组成，也称为脱机用户接口。脱机用户可通过作业控制语言对作业进行脱机控制。作业控制语言适用于批处理作业，其工作方式如下。

（1）用户使用 JCL 语句，把运行意图（需要对作业进行的控制和干预）写在作业说明书上，将作业连同作业说明书一起提交给系统。

（2）批处理作业被调度执行时，系统调用 JCL 语句处理程序或命令解释程序对作业说明书进行解释处理，完成对作业的运行和控制。

3．图形用户界面

图形用户界面（Graphical User Interface，GUI）使用窗口、图标、菜单和鼠标等，将系统的功能、各种应用程序和文件用图形符号直观、逼真地表示出来，用户可通过选择窗口、菜单、对话框和滚动条完成对其作业的各种控制和操作。例如，Windows 资源管理器及 Linux 图形桌面。

4．新一代用户界面

虚拟现实接口、多感知通道用户接口、自然化用户接口、智能化用户接口技术的成熟将为操作系统应用带来更大的方便。

实验 3　Linux 操作接口实验

1．Linux 权限用户

（1）超级用户账号：对应 root，对系统进行完全支配和管理。

（2）有较小特权的系统管理账号：如 bin，属于管理员组。

（3）普通用户：只具有管理自己目录的权限，属于普通用户组。

（4）第一用户：Ubuntu Linux 操作系统安装时产生的特别账号，平时权限与普通用户相同，但通过 sudo 命令，输入自己的密码，可以拥有超级用户的权限，这个账户属于超级用户组。

超级用户的默认命令提示符为"#"，普通用户的默认命令提示符为"$"。

2．Linux 部分操作控制命令（操作接口）

1）screenshot——抓图命令

用例：

```
sfs@ubuntu:~$ gnome-screenshot --delay=10
```

功能：延迟 10s 后抓图，抓图效果如图 1-24 所示。

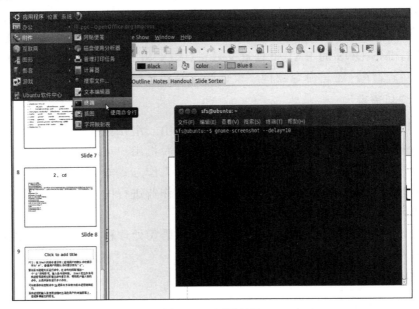

图 1-24　抓图效果

2）pwd——显示当前目录

用法：pwd。

用例：

```
sfs@ubuntu:~$ pwd
/home/sfs
```

注释：当前目录为/home/sfs。

3）ls——列举目录和文件

用法：ls [参数] [文件名]。

参数：

[文件名]：要列举的文件名，可以使用通配符*和？。

-a：列举隐藏文件，即以"."开头的文件。

-d: 显示目录中的内容。

-h: 用 K、M、G 等记号醒目表示文件的大小。

-l: 列举文件的权限、大小等详细资料。

-R: 递归列举一个目录下的所有子目录中的文件。

-X: 以文件的扩展名排列，便于找出同一类的文件。

用例：

```
sfs@ubuntu:~$ ls
examples.desktop  Ubuntu One  公共的  模板  视频  图片  文档  下载  音乐  桌面
```

注释：当前目录下的文件及目录如上。

4）mkdir——创建目录

用法：mkdir [参数] [目录名称]。

参数：

-p: 可以建立很深的子目录，自动建立其中各级父目录结构。

例如，

```
xxxx@xxxx:/$mkdir -p "/home/abc/def/ghi/jkl/the  corresponding  directory
will be built automatically"
```

该语句可以一次建立很多目录，用空格隔开。如果要建立带空格的目录，则需要使用引号或者\符号。

用例：

```
sfs@ubuntu:~$ mkdir mychild
sfs@ubuntu:~$ ls
examples.desktop  Ubuntu One  模板  图片  下载  桌面
mychild           公共的      视频  文档  音乐
```

5）cd——改变路径。

用法：cd [目录]。

参数：

.: 代表当前目录。

..: 代表父目录。

如果目录太长，则可以先输入目录名称前几个字母再按 Tab 键补充其余字符。

用例：

```
sfs@ubuntu:~$ cd mychild
sfs@ubuntu:~/mychild$
```

在图形界面中使用 gedit 在 mychild 下创建一个文件 f1，内容如图 1-25 所示。

图 1-25 文件 f1 内容

列出文件，命令如下。

```
sfs@ubuntu:~/mychild$ ls
f1
sfs@ubuntu:~/mychild$
```

6）cat——输出文件

用法：cat [参数] [文件名]…。

参数：

-b：只对非空行显示行号。

-E：在每一行结束时显示$字符。

-n：对所有行显示行号。

可以一次输入很多文件名，用空格隔开，这些文件会被依次输出。使用 more 命令可以逐屏输出。

用例：

```
sfs@ubuntu:~/mychild$ cat f1
```

在 mychild 下新建一个文档，用于测试，内容如下。

```
How are you today!
我很好，谢谢你！
```

7）cp——复制文件

用法：cp [参数] [源文件]。

参数：类似于 mv。

-H：复制文件时，如果碰到链接，则连同链接所指向的原始文件一起复制。

-l：不复制文件，只建立相应的硬链接。

-L：连同符号链接一同复制。

-p：所有属性都复制。

-P：如果符号链接断开，则强行复制。

-r -R：复制整个目录树。

-s：只是建立相应的符号链接。

用例：

```
sfs@ubuntu:~/mychild$ cp f1 ..
sfs@ubuntu:~/mychild$ cd ..
sfs@ubuntu:~$ ls
examples.desktop mychild    公共的   视频  文档  音乐
f1               Ubuntu One  模板    图片  下载  桌面
sfs@ubuntu:~$ cat f1
```

在 mychild 下新建一个文档，用于测试，内容如下。

```
How are you today!
我很好，谢谢你！
```

8）rm——移去

用法：rm [参数] [文件名/目录名]。

参数：

-i：每次删除的时候都提示，非默认开启参数。

-r：删除整个目录，包括子目录。

用例：

```
sfs@ubuntu:~$ rm f1
sfs@ubuntu:~$ ls
examples.desktop  Ubuntu One  模板  图片  下载  桌面
mychild           公共的      视频  文档  音乐
sfs@ubuntu:~$
```

1.6　操作系统的结构设计

1.6.1　操作系统的主要构件

操作系统构件：通常把组成操作系统程序的基本单位称为操作系统构件。操作系统的构件主要有内核、进程、线程、管程等。

1．内核

操作系统内核是对硬件进行首次抽象的一层软件，也称为硬件抽象层，用于隐藏硬件复杂性，为上层软件提供简洁、统一的硬件无关的接口，使得程序设计和系统移植简单方便。内核管理系统的进程、内存、设备驱动程序、文件和网络系统，决定了系统的性能和稳定性。

操作系统内核结构主要有单体式结构和微内核结构。单体式内核将操作系统的大部分功能以模块调用方式组织为一个不可分割的整体，运行时建立一个单独的二进制映像。Linux 内核属于单体式内核。

微内核将操作系统功能分解为内核和服务器，采用客户机/服务器（C/S）模式。用户进程与操作系统服务进程构成客户机/服务器关系并运行在内核之上。用户进程以客户身份向操作系统服务器进程发出服务请求，服务器向用户进程返回服务结果，内核在客户机和服务器之间递交请求和服务结果。微内核采用消息传递通信方式。Windows 2000 就采用了微内核结构。

2．进程

进程是程序的一次运行过程，用于完成特定任务，因此，进程是一个任务单位。运行进程需要执行设备操作装入进程的程序代码及数据、分配内存、分配处理器、分配设备、分配外存等资源管理工作，进程结束时回收上述资源，操作系统为用户运行进程提供了各种资源管理服务。用户通过在操作系统上运行各种进程完成各种业务。因此，进程也可以视为用户的代表。

3．线程

线程是进程中的一个执行流，一个进程可以包含多个执行流，此时，称该进程为多线程进程。每个执行流分别承担一个计算任务，多线程进程包含多个任务。多线程进程可以将分散在多个进程中的任务集中在同一个进程中，有利于降低任务切换、资源共享的开销。

4．管程

管程是用来管理共享资源的一种对象。管程封装了对共享资源进行同步、互斥操作的数据结构和一组过程，进程调用管程过程访问共享资源时，如同其他进程不存在一样。管程将分散在进程中的同步互斥操作集中起来统一管理，简化进程编制，减少出错机会。

1.6.2　操作系统的结构

操作系统主要有单体式结构、层次式结构和微内核结构。

1．单体式结构

在单体式结构中，操作系统由过程集合构成，链接成一个大型可执行二进制程序。整个操作系统在内核态中以单一程序的方式运行。每个过程可以自由调用其他过程。由于过程非常多，过程之间的调用关系十分复杂，系统难以理解和维护。

2．层次式结构

层次式结构是把操作系统划分为内核和若干模块（或进程），这些模块（或进程）按功能的调用次序排列成若干层次，各层之间只能是单向依赖或单向调用关系，即低层为高层服务，高层可以调用低层的功能，反之则不能。这样不但系统结构清晰，而且不构成循环调用。

层次结构的构造方法有自底向上和自顶向下方法。自底向上的方法从裸机开始，逐步添加各层软件，形成越来越接近目标虚拟机的系统。自顶向下的方法从目标系统出发，通过若干层软件过渡到宿主机器，其实质是对目标系统的逐步求精。

分层的原则如下。

（1）与机器硬件有关的程序模块放在最底层，形成硬件相关层，以便将硬件与上层软件隔离开来。这样既可增强系统的适应性，又有利于系统的可移植性，移植时，只需把硬件相关层按新机器硬件的特性加以改变，其他层内容可以基本不动。

（2）为进程（线程）的正常运行创造环境和提供条件的内核程序应该尽可能放在底层。

（3）反映系统外部特性的软件放在最外层，这样，需要对系统外部特性改变或扩充时，只涉及对外层的修改，内层共同使用的部分保持不变。批处理方式、联机控制方式、实时控制方式等都属于系统外部特性。

（4）按照实现操作系统命令时模块间的调用次序或按进程间单向发送信息的顺序来分层。例如，文件管理要调用设备管理，因此，文件管理诸模块（或进程）应放在设备管理诸模块（或进程）的外层。一个操作系统按照层次结构的原则，自底向上可以分为裸机、CPU 调度及其他内核功能、内存管理、设备管理、文件管理、作业管理、命令管理、用户。

层次结构可使问题局部化，系统的正确性可通过各层的正确性来保证。增加、修改或替换某个层次不影响其他层次，有利于系统的维护和扩充。

3．客户机/服务器与微内核结构

客户机/服务器与微内核结构将操作系统分成两大部分：一部分是运行在用户态并以客户机/服务器方式活动的进程；另一部分是运行在核心态的内核。除内核部分外，操作系统的其他部分被分成若干个相对独立的进程，每一个进程实现一类服务，称为服务器进程（如文件服务、进程管理服务、存储管理服务、网络通信服务等），用户进程也在该层并以客户机/服务器方式活动。由于每个进程具有不同的虚拟地址空间，客户机和服务器进程之间采用消息传递进行通信，而内核被映射到所有进程的虚拟地址空间内，它可以控制所有进程。客户进程发出消息，内核将消息传送给服务器进程，服务器进程执行客户提出的服务请求，通过内核发送消息并将结果返回给客户。内核只实现极少任务，主要起信息验证、消息交换的作用，因而，称为微内核（Microkernel），这种结构也称为客户机/服务器与微内核结构。通常，微内核只提供进程通信、少量内存管理、底层进程管理和底层 I/O 操作在内的最小服务。微内核用水平型代替传统的垂直型结构操作系统，如图 1-26 所示。

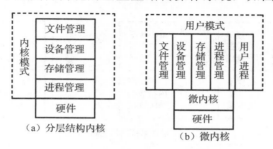

图 1-26　分层结构内核与微内核

微内核结构的优点如下。

（1）具有一致性接口。微内核对进程的请求提供了一致性接口，进程不必区别内核级服务或用户级服务，因为，所有服务均借助消息传递机制提供。

（2）可扩充性好。微内核结构允许增加新服务，以及在相同功能范围内提供多种可选服务。

（3）可移植性强。在微内核结构中，所有与特定 CPU 有关的代码均在内核中，因而，把系统移植到一个新 CPU 上所做的修改较小。

（4）可靠性高。较少的微内核代码容易进行测试。

（5）支持分布式系统。客户机和服务器进程可以驻留在不同机器上。

（6）支持面向对象的操作系统。

微内核结构的缺点是进程间发送/接收消息的通信代价高，所有进程只能通过微内核相互通信，微内核会成为系统的瓶颈。改进方法是把核外的某些功能放回核内，减少通信开销。

1.6.3　操作系统运行模型

在操作系统中，用户程序以进程为单位运行，那么操作系统是否也以进程为单位运行呢？实际上，操作系统运行模型有进程模式和非进程模式，而且操作系统运行模式与内核结构密切相关。单体式操作系统功能一般以非进程模式运行，微内核结构操作系统功能则以进程模式运行。

1．非进程模式

以非进程模式（内核模块调用模式）运行的操作系统，其功能组织成一组例行程序，操作系统服务例程以系统调用的形式与用户进程代码结合在一起执行，构成形式上的单一进程。这种模式也称为内核模块调用模式或系统调用模式。

在内核模块调用模式下，进程映像包括用户程序及数据，也包括服务于该进程的操作系统内核程序及数据，而且两者使用不同的堆栈，前者使用用户堆栈，后者使用系统堆栈，如图 1-27 所示。处理器执行两种程序时处于不同工作状态：执行用户程序时处于用户态，执行操作系统内核程序时处于核心态。操作系统代码和数据位于共享地址空间中，被所有的用户进程共享。内核程序的一次执行可看做用户进程执行的一部分，即内核程序的执行不构成独立的进程。

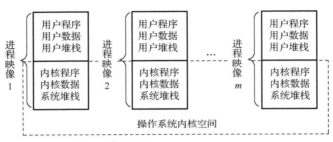

图 1-27　非进程模式（内核模块调用模式）

2．进程模式

进程模式将操作系统组织成一组系统进程，即操作系统功能是这些系统进程集合运行的结果，这些系统进程也称为服务器或服务器进程，它们与用户进程或其他服务器进程之间构成了客户机/服务器关系，如图 1-28 所示。Windows 2000/ XP 采用了这种结构。显然，客户机/服务器与微内核结构操作系统是将操作系统功能作为进程执行的。

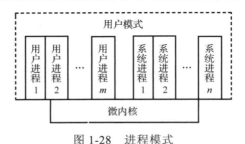

图 1-28　进程模式

习　题　1

1-1　计算机系统有两道程序 A 和 B 并发运行，分别使用不同的硬件资源，程序 A 的运行轨迹为：计算 50ms、打印 100ms、再计算 50ms、打印 100ms、结束。程序 B 的运行轨迹为：计算 50ms、输入 80ms、再计算 100ms、结束。假设程序 A 首先开始运行。问题：

（1）分别绘制处理器、打印机、输入机、程序 A、程序 B 的工作和空闲时间线段图；

（2）分别计算程序 A、程序 B 单独运行时的 I/O 时间比率、处理器利用率；

（3）计算程序 A 和程序 B 并发运行时处理器的利用率。

1-2 在单 CPU 多道程序系统中，有两台 I/O 设备 I1 和 I2 可供并发进程使用，CPU、I1 和 I2 能够并行工作，现有三个作业 Jobl、Job2 和 Job3 投入运行。它们的执行轨迹如下：

Jobl：I2（30ms）、CPU（10ms）、I1（30ms）、CPU（10ms）、I2（20ms）；

Job2：I1（20ms）、CPU（20ms）、I2（40 ms）；

Job3：CPU（30ms）、I1（20ms）、CPU（10ms）、I1（10ms）；

（1）假设按照非抢占的调度方式依次调度 Jobl、Job2 和 Job3，请计算每个作业从投入到完成分别所需的时间、从投入到完成 CPU 的利用率和 I2 设备利用率。

（2）假设按照优先级调度三个作业，优先级高的作业可以抢占优先级低的作业的 CPU，但不抢占设备 I1 和 I2，三个作业优先级从高到低为 Jobl、Job2 和 Job3，请计算每个作业从投入到完成分别所需的时间、从投入到完成 CPU 的利用率和 I2 设备利用率。

1-3 在多道程序系统中并发运行多道程序。

（1）假设每个用户进程等待 I/O 操作的时间为 80%，则 4 个进程并发运行时，CPU 的利用率是多少？8 个进程呢？

（2）假设每个用户进程等待 I/O 操作的时间为 20%，则 4 个进程并发运行时，CPU 的利用率是多少？8 个进程呢？

1-4 上机熟悉 Linux 用户权限管理系统。

1-5 列举 Linux 常用命令及用法实例并上机实践。

1-6 熟悉 Linux C 编译方法。

第 2 章

处理器管理

处理器是计算机系统中最重要的部件，计算机通过执行处理器指令对硬件及软件资源进行控制。

2.1 处 理 器

处理器用于执行指令对数据进行加工处理，处理器具有暂存数据的寄存器、加工数据的指令系统及指令执行权限控制机制。

2.1.1 寄存器

处理器属于时分复用型的共享资源，其中的寄存器被操作系统和各个进程所共享，任意瞬时的寄存器内容构成处理器工作现场。当进程或任务发生切换时，寄存器内容必须被保存，以便进程或任务恢复执行时，还原处理器工作现场。

根据寄存器的内容，寄存器分为数据类寄存器、地址类寄存器、控制类寄存器。数据类寄存器用于存放操作数或计算结果。地址类寄存器用于存放要访问的内存地址或设备 I/O 地址。控制类寄存器用于存放处理器的控制和状态信息。

Intel x86 处理器的寄存器主要如下。

（1）通用寄存器：EAX、EBX、ECX、EDX、EBP、ESP、ESI、EDI。

（2）段寄存器：CS、DS、SS、ES。

（3）标志寄存器：EFLAGS。

（4）指令指针寄存器：EIP。

（5）控制寄存器：CR0～CR3。

（6）系统地址寄存器：包括全局描述符表寄存器 GDTR、局部描述符表寄存器 LDTR、中断描述符表寄存器 IDTR、任务状态寄存器 TR。

2.1.2 指令系统、特权指令与非特权指令

1. 指令分类

指令大致分为如下 3 类。

（1）数据传输类指令：完成处理器与存储器之间、处理器与 I/O 设备之间的数据传送操作。

（2）数据处理类指令：完成运算器对数据的算术操作、逻辑操作等计算功能。

（3）控制类指令：这类指令可以改变指令执行顺序及控制资源的使用权限。

2．特权指令与非特权指令

指令的执行涉及系统资源的操作，系统资源供多个用户程序共享，必须赋予操作系统高于普通用户的资源管理权限，以便维护资源的有序使用。根据指令执行主体为操作系统还是普通用户程序，指令划分为特权指令和非特权指令。

特权指令是仅提供给操作系统核心程序使用的指令，执行特权指令时，操作系统可以对整个系统进行控制。特权指令包括启动 I/O 设备、设置时钟、控制中断屏蔽位、清内存、建立存储键、加载 PSW（程序状态字）等。特权指令与共享资源的使用相关。共享资源在操作系统的调度下被各个用户进程有序共享，避免恶性竞争，导致系统崩溃。只有操作系统才能执行指令系统中的全部指令（包括特权指令和非特权指令），用户程序只能执行指令系统中的非特权指令。如果用户程序试图执行特权指令，则将产生保护性中断，转交给操作系统的"用户非法执行特权指令"的特殊处理程序处理。

2.1.3 处理器状态及切换

操作系统可以执行特权指令，而用户程序只能执行非特权指令。处理器如何知道当前执行的程序是操作系统程序还是普通用户程序，以便对程序所能执行的指令集加以限制呢？此时，需要在执行两种不同权限的程序时对处理器设置不同状态。

1．处理器状态分类

处理器状态又称为处理器运行模式，一般把处理器状态简单划分为管理状态（特权状态、系统模式，简称特态或管态）和用户状态（目标状态、用户模式，简称目态或常态）。当处理器处于管理状态时，程序可以执行全部指令，使用硬件等共享资源的所有功能；当处理器处于用户状态时，程序只能执行非特权指令，访问资源功能的子集。

2．Intel Pentium 的处理器状态

Intel Pentium 的处理器状态有 4 种，支持 4 个保护级别，0 级权限最高，3 级权限最低。一般的，典型应用中的 4 个特权级别依次如下。

（1）0 级为操作系统内核级，处理 I/O、存储管理和其他关键操作。

（2）1 级为系统调用处理程序级。用户程序调用这里的过程执行系统调用。

（3）2 级为共享库过程级，它可以被很多正在运行的程序共享，用户程序可以调用这些过程，读取它们的数据，但是不能修改它们。

（4）3 级为用户程序级，受到的保护最少。

各个操作系统可以有选择地使用硬件提供的保护级别，如运行在 Pentium 上的 Windows 操作系统只使用了 0 级和 3 级。

3．处理器状态之间的转换

1）用户状态向管理状态的转换

下面两种情况会导致处理器从用户状态转变为管理状态：一是执行系统调用，请求操

作系统服务；二是程序运行时，一个中断事件产生，运行程序被中断，操作系统接管处理器，中断处理程序开始工作。这两种情况都是通过中断机构发生的。中断是目态到管态转换的唯一途径。

2）管理状态向用户状态的转换

每台计算机通常会提供一条特权指令，称为加载程序状态字（Load PSW，LPSW），用来实现操作系统向用户程序的转换。

2.1.4　程序状态字寄存器

处理器的工作状态记录在程序状态字（Program Status Word，PSW）寄存器中，每个正在执行的程序都有一个与其执行相关的 PSW，而每个处理器都设置了一个程序状态字寄存器。程序状态字寄存器一般包括以下内容。

（1）程序的基本状态。

① 程序计数器：指明下一条执行的指令地址。

② 条件码：表示指令执行的结果状态。

③ 处理器状态位：指明当前的处理器状态，如目态或管态、运行或等待。

（2）中断码：保存程序执行时当前发生的中断事件。

（3）中断屏蔽位：指明程序执行中发生中断事件时，是否响应出现的中断事件。

大多数计算机的处理器现场中可能找不到一个称为程序状态字寄存器的具体寄存器，但总是有一组控制与状态寄存器实际上起到了这一作用。

在 Intel Pentium 中，PSW 由标志寄存器 EFLAGS 和指令指针寄存器 EIP 组成，均为 32 位。EFLAGS 的低 16 位称为 FLAGS，标志可划分为 3 组：状态标志、控制标志、系统标志。

① 状态标志：使得一条指令的执行结果影响后面的指令，如溢出标志、符号标志、结果为零标志、辅助进位标志、进位标志、奇偶校验标志等。

② 控制标志：如串指令操作方向标志、虚拟 86 方式标志、步进标志、陷阱标志等。

③ 系统标志：与进程管理有关，如 I/O 特权级标志、嵌套任务标志和恢复标志等。

2.2　中　　断

中断是改变指令执行流程、实现操作系统并发多任务功能的重要硬件机构，也是操作系统实现计算机控制的重要途径。

2.2.1　中断概念

请求系统服务、实现并行工作、处理突发事件、满足实时要求，都需要利用中断机制打断处理器正常工作。

中断：指程序执行过程中，当发生某个事件时，中止 CPU 上现行程序的运行，引出处理该事件的程序执行的过程。

在提供中断装置的计算机系统中，在每两条指令或某些特殊指令执行期间都检查是否有中断事件发生，若无则立即执行下一条指令，否则响应该事件并转去处理中断事件。

中断源是引起中断的事件。中断装置是发现中断源并产生中断的硬件。中断机制的重要特征在于：当中断事件发生后，它能改变处理器内操作执行的顺序。因此，中断是现代操作系统实现并发性的基础之一。

2.2.2　中断源分类

1．按照中断事件的性质和激活的手段分类

从中断事件的性质和激活的手段可以把中断源分成两类：强迫性中断事件和自愿性中断事件。

1）强迫性中断事件

强迫性中断事件不是正在运行的程序所期待的，而是由于随机发生的某种事故或外部请求信号引起的。正在运行的程序不可预知强迫性中断事件发生的时机。这类中断事件大致有：

（1）机器故障中断事件，如电源故障、主存储器出错等。

（2）程序性中断事件，如定点溢出、除数为 0、地址越界等，又称异常。

（3）外部中断事件，如键盘中断、时钟定时中断等。

（4）输入输出中断事件，如设备出错、传输结束等。

2）自愿性中断事件

自愿性中断事件是正在运行的程序所期待的事件。这种事件由程序执行访管指令而引发，表示用户进程请求操作系统服务。

2．按照中断信号的来源对中断源分类

按照中断信号的来源，可把中断分为外中断和内中断。

1）外中断

外中断（又称中断）是指来自处理器和主存之外的中断。

外中断包括：电源故障中断、时钟中断、控制台中断、打印机中断和 I/O 中断等。

不同的中断具有不同的中断优先级，处理高一级中断时，往往会屏蔽部分或全部低级中断。

2）内中断

内中断（又称异常）是指来自处理器和主存内部的中断。

内中断包括：通路校验错、主存奇偶错、非法操作码、地址越界、页面失效、调试指令、访管中断、算术操作溢出等各种程序性中断。

内中断是不能被屏蔽的，一旦出现应立即响应并加以处理。

3）中断和异常的区别

中断是由与现行指令无关的中断信号触发的（异步的），且中断的发生与 CPU 处在用户模式或内核模式无关，通常在两条机器指令之间才可响应中断，一般来说，中断处理程

序提供的服务不是当前进程所需的，如时钟中断。异常是由处理器正在执行现行指令而引起的，异常处理程序为当前进程提供服务以及可能的错误处理。

IBM 中大型机操作系统使用上述第一种分类方法，Windows 2000/XP 则采用上述第二种分类方法。

3．硬中断与软中断

（1）硬中断：硬中断是由硬件设施产生的中断信号。

（2）软中断：软中断是利用软件模拟产生的中断信号，用于实现内核与进程或进程与进程之间的通信。

硬中断发生时会立刻响应。软中断发生时，如果接收中断信号的进程处于非运行状态，则软中断不会立即响应。

2.2.3　中断处理

所有计算机系统都采用硬件和软件（硬件中断装置和软件中断处理程序）结合的方法实现中断处理。硬件（即中断装置）发现中断源并产生中断信号，硬件包括中断逻辑线路和中断寄存器。

中断寄存器用来记录中断事件，中断寄存器的内容称为中断字，中断字的每一位对应一个中断事件。每当一条机器指令执行结束时，中断控制部件扫描中断字，查看是否有中断事件发生，若有则处理器响应此中断请求。

中断发生后，中断字的相应位会被置位。由于同一时刻可能有多个中断事件发生，中断装置将根据中断屏蔽要求和中断优先级选取一个，然后把中断寄存器的内容送入程序状态字寄存器的中断码字段，且把中断寄存器相应位清"0"。

1．（硬件）中断装置

中断装置对中断做如下处理。

（1）发现中断源，响应中断请求。

（2）保护现场。将运行程序中断点在处理器中某些寄存器的现场信息（又称运行程序的执行上下文）存放于内存储器。

（3）启动处理中断事件的程序。

例如，在 IBM PC 上，设备 I/O 操作完成后中断装置的典型操作序列如下。

① 设备给处理器发送一个中断信号，处理器发现中断源。

② 处理器向设备发送确认信号，处理器响应中断请求。

③ 中断现行程序，保护现场：处理器保存当前程序断点信息到系统栈以备将来恢复执行还原现场，断点信息包括程序状态字（PSW）、程序计数器 IP（包含下一条要执行的指令地址）及段寄存器（CS）。

④ 启动中断处理程序：处理器根据硬件中断装置提供的中断向量号，获得被接收的中断请求的中断向量地址，再按照中断向量地址把中断处理程序的 PSW 送入现行程序状态字寄存器，加载新的程序状态字，将中断处理程序入口地址装入程序计数器 PC。

⑤ 中断返回：中断处理程序执行结束，立刻或者将来返回原程序时，把系统栈顶内容送入程序计数器 IP、CS 和 PSW。

2．（软件）中断处理程序

处理中断事件的程序称为中断处理程序，它的主要任务是处理中断事件和恢复正常操作。中断处理程序由硬件中断装置激活后继续进行中断处理，主要完成以下 4 项工作。

（1）保护未被硬件保护的一些必需的处理器状态，如保存通用寄存器的内容到主存储器中。

（2）识别各个中断源，分析产生中断的原因。

（3）处理发生的中断事件。

（4）中断返回。恢复中断前的程序，使其从断点执行或者重新启动一个新的程序，甚至可以重新启动操作系统。

3．中断处理程序入口地址的寻找

不同中断源对应不同的中断处理程序，寻找中断处理程序入口地址的方法如下：在主存储器中设置一张向量地址表，存储单元的地址对应向量地址，存储单元的内容为入口地址。CPU 响应中断后，根据预先规定的次序找到相应的向量地址，便可获得该中断事件处理程序的入口地址。

2.3　进程及其实现

计算机工作起来后，其中存在各种活动，操作系统的重要任务之一就是对这些活动进行管理，进程是最基本的活动单位。

2.3.1　引入进程概念的必要性

进程与程序是极其容易混淆的两个概念。两者虽然都包含程序，但是程序是静态的，进程是动态的，进程是程序执行时的动态过程。同一个程序在一段时间内可以同时存在多个执行活动（即进程），分别对不同的数据进行处理。这时，程序与进程之间存在一对多的关系。多个进程执行了相同的程序。例如，用于计算阶乘的程序既可以计算 10 的阶乘，又可以计算 15 的阶乘，两个计算工作（进程）可以同时进行，互不影响。虽然计算阶乘的具体数值不同，但是算法相同，即都执行同一个程序。这时，两个数值的计算活动不能称为程序，因为"程序"这个名词无法将两者区分开来。必须称这两个计算活动为进程，而且是不同的、相互独立的进程。

2.3.2　进程定义和属性

1．进程的概念

进程：进程是一个可并发执行的、具有独立功能的程序关于某个数据集合的一次执行过程，也是操作系统进行资源分配和保护的基本单位。

该定义表明：进程至少包含程序和数据两个部分。有些系统称进程为"任务"或"活动"。

2．进程的属性

（1）结构性：进程包含了数据集合和运行于其上的程序。每个进程至少包含 3 个组成要素：程序块、数据块和进程控制块。程序也具有结构性，外存上的程序文件包括文件头（也称为程序前缀控制块）、代码及数据结构部分。代码及数据结构部分定义了程序的功能，进程的程序块和数据块就来自于程序代码及数据结构部分。

（2）共享性：同一程序运行于不同数据集合上构成不同的进程。多个不同的进程可以共享相同的程序，所以进程和程序不是一一对应的。

（3）动态性：进程由创建而产生，由调度而执行，由撤销而消亡。进程运行时需要使用处理器、内存、外设、外存等资源。程序是静态的、不活动的，并不使用处理器、内存等执行资源。

（4）独立性：进程是系统中资源分配和保护的基本单位，也是系统调度的独立单位。

（5）制约性：并发进程之间存在着制约关系，进程在执行的关键点上需要相互等待、互通消息。

（6）并发性：在单处理器系统环境下，各个进程轮流占用处理器。

2.3.3　进程状态与切换

操作系统必须对各个进程的活动进行控制，进程控制的依据是进程的状态，进程状态刻画了进程在不同运行阶段所具备的资源利用条件。

1．三态模型

1）进程的 3 种基本状态

一个进程从创建而产生至撤销而消亡的整个生命周期至少有如下 3 种基本状态。

（1）运行态（Running）：进程占用处理器正在运行。

（2）就绪态（Ready）：进程具备运行条件，等待系统分配处理器以便运行。

（3）等待态（Wait）：又称为阻塞（Blocked）态或睡眠（Sleep）态，进程不具备运行条件，正在等待某个事件完成。

通常，当一个进程创建后，就处于就绪状态。进程在执行过程中处于上述 3 种状态之一。随着进程的执行，其状态将会发生变化，如图 2-1 所示。

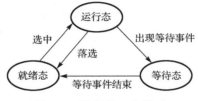

图 2-1　进程的三态模型

2）引起进程状态转换的具体原因

运行态→等待态：等待使用资源或某事件发生。

等待态→就绪态：资源得到满足或事件发生。

运行态→就绪态：运行时间片到或者出现更高优先级进程。

就绪态→运行态：CPU 空闲时选择一个就绪进程。

2．五态模型

五态模型在三态模型的基础上，引进了新建态和终止态，如图 2-2 所示。新建态进程刚被创建，尚未提交参与处理器竞争，正在等待操作系统完成创建进程的必要操作。终止态进程已经终止，不再参与处理器竞争，但是进程尚未退出主存。一旦其他进程完成了对终止态进程的信息抽取，则系统将删除该进程。

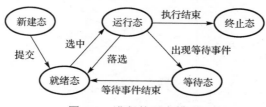

图 2-2　进程的五态模型

进程状态转换的具体原因如下。

NULL→新建态：创建一个子进程。

新建态→就绪态：系统完成进程创建操作，且当前系统性能和内存容量均允许接纳新进程。

运行态→终止态：进程自然结束，或出现无法克服的错误，或被操作系统终结，或被其他有终止权的进程终结。

终止态→NULL：完成善后操作，进程撤离系统。

就绪态→终止态：父进程终结子进程，进程被强行终止。

等待态→终止态：父进程终结子进程，进程被强行终止。

3．具有挂起状态的七态模型

1）引入"挂起"状态的原因

由于进程的不断创建，系统资源已不能满足进程运行的要求，必须把某些进程挂起，对换到磁盘镜像区中，暂时不参与进程调度，起到平滑系统负荷的目的。

2）引起进程挂起的主要原因

① 当系统中的进程均处于等待状态时，需要把一些阻塞进程对换出去，以腾出足够内存来装入就绪进程运行。

② 进程竞争资源，导致系统资源不足，负荷过重，需要挂起部分进程以调整系统负荷，保证系统的实时性或使系统正常运行。

③ 将定期执行的进程（如审计、监控、记账程序）对换出去，以减轻系统负荷。

④ 用户要求挂起自己的进程，以便进行某些调试、检查和改正。

⑤ 父进程要求挂起后代进程，以进行某些检查和改正。

⑥ 操作系统需要挂起某些进程，检查运行中资源的使用情况，以改善系统性能；或当系统出现故障或某些功能受到破坏时，需要挂起某些进程以排除故障。

3）两个挂起状态

① 挂起就绪态（Ready Suspend）：表明进程就绪但位于外存，待对换到内存后方可调度执行。

② 挂起等待态（Blocked Suspend）：表明进程阻塞并位于外存。

具有挂起状态的进程状态转换关系如图 2-3 所示。

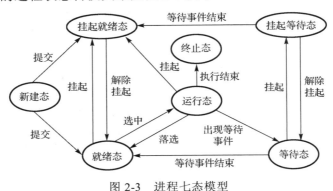

图 2-3　进程七态模型

4）引起进程状态转换的具体原因

等待态→挂起等待态：当前不存在就绪进程，至少一个等待态进程将被对换出去成为挂起等待态。

挂起等待态→挂起就绪态：引起进程等待的事件结束之后，相应的挂起等待态进程将转换为挂起就绪态。

挂起就绪态→就绪态：内存中没有就绪态进程，或挂起就绪态进程优先级高于就绪态进程，挂起就绪态进程将转换为就绪态。

就绪态→挂起就绪态：为了减轻系统负荷，满足运行进程的资源使用和性能要求，将就绪态进程对换出去成为挂起就绪态。

挂起等待态→等待态：当内存空间充足，某个挂起等待态进程优先级较高，并且导致该进程阻塞的事件即将结束时，该等待进程将被对换到内存中。

运行态→挂起就绪态：当一个高优先级挂起等待进程的等待事件结束后，它将抢占 CPU，而此时主存不够，从而可能导致正在运行的进程转化为挂起就绪态。

新建态→挂起就绪态：根据系统当前资源状况和性能要求，可以将新建进程对换出去成为挂起就绪态。

挂起的进程将不参与低级调度直到它们被对换到主存中。

5）挂起进程的特征

① 挂起进程不能立即被执行。

② 挂起进程所等待的事件独立于挂起条件，事件结束并不能导致进程具备执行条件。

③ 进程进入挂起状态是由于操作系统、父进程或进程本身阻止它的运行。

④ 结束进程挂起状态的命令只能通过操作系统或父进程发出。

2.3.4 进程描述

1. 操作系统的控制结构

为了管理进程和资源，操作系统需要构造相应的数据结构来登记各个进程和资源信息，同样类型的数据结构组成表，称为控制表。操作系统的控制表分为如下 4 类。

（1）进程控制表：管理进程及其相关信息。

（2）存储控制表：管理主存和外存，主要内容包括主存储器的分配信息（分配给进程的内存），辅助存储器的分配信息（分配给进程的外存），存储保护和分区共享信息（哪些进程可以访问共享内存区域），虚拟存储器管理信息。

（3）I/O 控制表：管理计算机系统的 I/O 设备和通道，主要内容包括 I/O 设备和通道是否可用，I/O 设备和通道的分配信息，I/O 操作的状态和进展，I/O 操作传输数据所在的主存区。

（4）文件控制表：管理文件，主要内容包括被打开文件的信息，文件在主存储器和辅助存储器中的位置信息，被打开文件的状态和其他属性信息。

以上 4 种表分别管理计算机系统中的硬件资源（如 CPU、内存、I/O 设备）和软件资源（如文件），如图 2-4 所示。

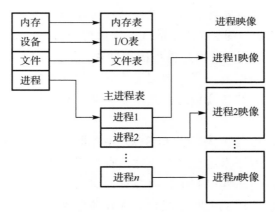

图 2-4 操作系统控制表结构

进程是内存、I/O 设备和文件资源的使用者，为了使操作系统能够跟踪进程对资源的使用情况，内存表、I/O 表和文件表需与进程表关联。主进程表的每项都分别包含一个指向进程映像的指针。在执行期间，进程映像需要驻留内存。

2. 进程实体（进程映像）的组成

进程实体包括：程序块、数据块、进程控制块和核心栈，如图 2-5 所示。其中，程序块和数据块定义进程的行为和功能，进程控制块用于操作系统跟踪、管理进程，核心栈用于进程运行在核心态下时跟踪过程调用和过程间参数传递信息。

图 2-5 进程实体结构

1）进程控制块

每一个进程都捆绑一个进程控制块，用来存储进程的标志信息、现场信息和控制信息。进程创建时建立进程控制块，进程撤销时回收进程控制块，进程控制块与进程一一对应。

2）程序块

程序块即被执行的程序，规定了进程一次运行应完成的功能。程序块通常是纯代码，可被多个进程共享。

3）数据块

数据块是进程的私有地址空间，是程序运行时加工处理的对象，包括全局变量、局部变量和常量、用户栈等的存放区，常常为一个进程专用。

4）核心栈

每一个进程都将捆绑一个核心栈，进程在核心态工作时使用，用来保存中断/异常现场，保存函数调用的参数和返回地址。

进程实体的内容随着进程的执行不断发生变化，某时刻进程实体的内容及其状态集合称为**进程映像**。

3．进程上下文

进程上下文：指进程物理实体和支持进程运行的环境。

UNIX 进程上下文包括如图 2-6 所示的 3 个组成部分。

（1）**用户级上下文**：由正文（用户进程的程序块，只读，用于保存程序指令）、用户数据块、共享存储区和用户栈组成，它们占用进程的虚拟地址空间。用户栈用于保存用户态下过程调用和返回地址、参数传递信息。共享存储区是与其他进程共享的数据区域，用于进程间的通信。

（2）**寄存器上下文**：由程序状态字（PSW）寄存器、指令计数器、栈指针、控制寄存器、通用寄存器等组成。程序未运行时，上述信息保存在寄存器上下文中。

（3）**系统级上下文**：由进程控制块、内存管理信息、核心栈等组成。核心栈用于进程在核心态执行时保存过程调用或中断返回时需恢复的信息。

图 2-6　进程上下文与进程实体（进程映像）结构

4．进程控制块

每个进程都有且只有一个进程控制块，进程控制块是操作系统用于记录和刻画进程状态及有关信息的数据结构，也是操作系统掌握进程的唯一结构，是操作系统控制和管理进程的主要依据，是进程存在的唯一标识。它包括了进程执行时的情况，以及进程让出处理器后所处的状态、断点等信息。

进程控制块包含 3 类信息：标识信息、现场信息、控制信息。

（1）标识信息：用于唯一地标识一个进程，常常分为由用户使用的外部标识符和被系统使用的内部标识号（进程号）。每个进程都被赋予一个唯一的、内部使用的、数值型的进程号，操作系统的其他控制表通过进程号来交叉引用进程控制表。常用的标识信息有进程标识符 ID、进程组标识 ID、用户进程名、用户组名等。

（2）现场信息：用于保留进程运行时存放在处理器现场的各种信息，进程让出处理器时必须把处理器现场信息保存到 PCB 中，当该进程重新恢复运行时也应恢复处理器现场。现场信息包括：通用寄存器内容、控制寄存器（如 PSW 寄存器的）内容、栈指针等。

（3）控制信息：用于管理和调度进程，常用的控制信息如下。

① 进程调度信息，如进程状态、等待事件和等待原因、进程优先级、队列指引元等。

② 进程组成信息，如正文段指针、数据段指针。

③ 进程间通信信息，如消息队列指针、信号量等。

④ 进程在二级（辅助）存储器内的地址信息：如段/页表指针、进程映像在外存中的地址等。

⑤ CPU 资源的占用和使用信息，如时间片余量、进程已占用 CPU 的时间、进程已执行时间总和，记账信息。

⑥ 进程特权信息，如内存访问权限和处理器特权。

⑦ 资源清单，包括进程所需全部资源、已经分得的资源，如主存资源、I/O 设备、打开文件表等。

进程控制块各部分的信息所在位置及其与进程实体其他部分的关系，如图 2-7 所示。

进程控制块的使用权和修改权属于操作系统程序，包括调度程序、资源分配程序、中断处理程序、性能监视和分析程序等。操作系统是根据 PCB 来对并发执行的进程进行控制和管理的。

5. 进程队列及其管理

进程队列：处于同一状态的所有 PCB 链接在一起的数据结构称为**进程队列**（Process Queues）。

进程队列的排队原则如下。

① 同一状态下进程的 PCB 按先来先到、优先级或其他原则排成队列。

② 等待态进程队列按照等待原因细分为多个队列。

进程队列结构如图 2-8 所示。

在一个队列中，链接进程控制块的方法有单向链接和双向链接。

队列管理模块的操作有入队和出队。新提交进程进入就绪队列，操作系统进程调度程序依次调度就绪队列的每个进程占用处理器并获得运行机会。获得处理器的进程进入运行状态，如果在分得的时间片内进程执行完毕，则撤离系统，否则重返就绪队列。如果正在运行的进程产生等待事件，则该进程释放处理器并加入该事件等待队列。待等待事件结束时，进程离开事件等待队列并加入就绪队列，开始等待获得处理器的新一轮的机会。进程在各个队列中入队、出队的情况如图 2-9 所示。

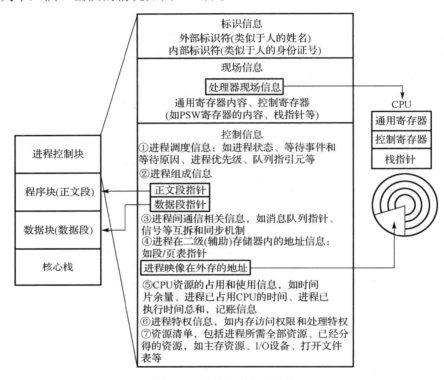

图 2-7　进程控制块的信息

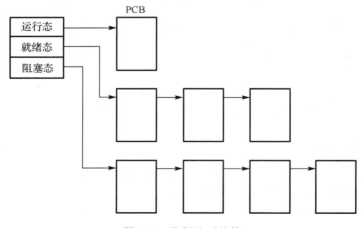

图 2-8　进程队列结构

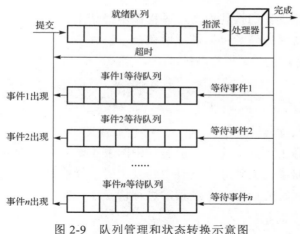

图 2-9 队列管理和状态转换示意图

2.3.5 进程切换

进程切换即中断一个进程的执行转而执行另一个进程，被中断进程上下文需要保存到进程控制块中，然后装入新进程上下文，使其从上次断点恢复执行，或者调度一个新的进程。进程切换意味着处理器、输入/输出设备等共享资源的切换，必须将其中的现场信息保存起来，以便进程重新获得调度时恢复现场信息。

1. 允许发生进程上下文切换的 4 种情况（即进程调度时机）

（1）当进程进入等待态时：一个进程等待时处理器会空闲下来，一个就绪进程应该获得处理器。进程等待事件激活操作系统，并实施进程切换。

（2）当进程完成其系统调用返回用户态，但不是最有资格获得 CPU 时：如图 2-10 所示，当进程 P_1 完成其系统调用即将返回用户态时，操作系统调度程序从众多进程中挑选最有资格获得 CPU 的进程，发现 P_2 而不是 P_1 最有资格获得 CPU，则 P_2 获得 CPU，进程切换发生。

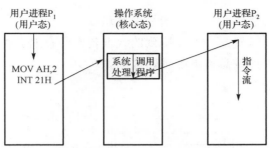

图 2-10 发生进程切换的一种情形（系统调用返回）

（3）当内核完成中断处理，进程返回用户态但不是最有资格获得 CPU 时：这种情况类似于第二种情况，不同之处在于第二种情况中的系统调用是自愿性中断，由当前进程主动引发，其发生时机可以预知。这里说的中断是强迫性中断，非当前进程主动引发，其发生时机不可预知。其处理过程类似于第二种情况。

（4）当进程执行结束时：当进程执行结束时，不再需要处理器，处理器理应分配给其他进程使用，需要实施进程切换。通常，进程调用"结束进程，返回操作系统"系统调用显式请求操作系统做结束处理，包括进程切换。

例如，IBM PC 汇编程序末尾的语句：

```
MOV AH,4CH
INT 21H
```

表示"结束程序，返回操作系统"。

上述 4 种情况实际上可归纳为一种情况：中断发生时才有可能发生进程上下文切换。上述 4 种情况是对中断事件的细分。只有中断发生时，操作系统才能接管处理器，才有机会把处理器由一个进程转交给另一个进程，进程切换才会发生。

2．Linux 进程调度时机

Linux 进程调度时机主要有以下几种。

（1）进程状态转换的时刻，如进程终止（结束）、进程睡眠（阻塞等待），进程调用 sleep()或 exit()等函数进行状态切换，这些函数会主动调用调度程序实施进程切换。

（2）当前进程的时间片用完时，时间片由时钟中断更新，时钟中断处理程序隶属于操作系统内核程序，该情况与第 4 种情况相同。

（3）设备驱动程序执行时，设备驱动程序执行重复而耗时的任务时，会根据调度标志决定是否调用调度程序。

（4）进程从中断、异常或系统调用将要返回用户态时，操作系统将调度和进程切换的时机安排在处理中断事件的时候，因为中断是激活操作系统的唯一方法。

3．进程切换的步骤

（1）保存被中断进程的处理器现场信息。

（2）修改被中断进程的进程控制块的有关信息，如进程状态等。

（3）把被中断进程的进程控制块加入有关队列。

（4）选择下一个占用处理器运行的进程。

（5）修改被选中进程的进程控制块的有关信息。

（6）根据被选中进程设置操作系统用到的地址转换和存储保护信息。

（7）根据被选中进程的信息恢复处理器现场。

进程切换的步骤如图 2-11 所示。

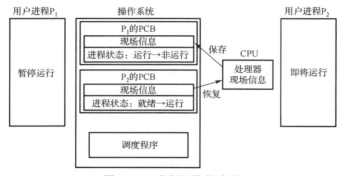

图 2-11　进程切换的步骤

2.3.6　模式切换

CPU 模式切换即处理器管态（核心态）与目态（用户态）之间的切换。中断发生时，处理器由执行用户进程代码的用户态切换为执行操作系统内核程序（中断处理程序）的核心态，这是由用户态到核心态的模式切换。内核中断处理程序执行结束后，通过执行程序状态字加载指令可以使处理器由核心态切换为用户态，这是核心态到用户态的模式切换。被中断的进程可以是正在用户态下执行的，也可以是正在核心态下执行的（这属于中断嵌套或多重中断），内核都要保留足够信息以便以后恢复被中断了的进程。

模式切换的步骤如下。

（1）保存被中断进程的处理器现场信息。

（2）处理器由用户状态切换到内核状态，准备执行中断处理程序。

（3）根据中断级别设置中断屏蔽位。

（4）根据系统调用号或中断号，从系统调用表或中断入口地址表中找到系统服务程序或中断处理程序的地址。

进程切换包含两次模式切换，一次是处理器由一个进程的用户态切换到核心态，另一次是处理器由核心态切换到另一个进程的用户态。

如果两次模式切换仅仅发生在一个用户进程与操作系统内核程序之间，则进程切换并未发生。进程切换与模式切换的区别如图 2-12 所示。

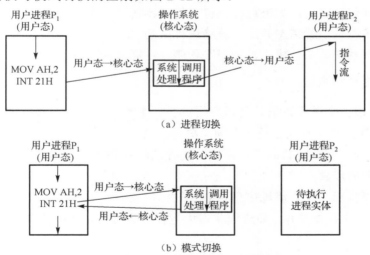

图 2-12　进程切换与模式切换的区别

2.3.7　进程控制与管理

进程控制是处理器管理的主要工作，包括进程创建、进程阻塞、进程唤醒、进程挂起、进程激活、进程终止和进程撤销等。这些控制和管理功能是由操作系统中的原语来实现的。

原语（Primitive）：在管态下执行、完成系统特定功能的不可中断的过程，具有原子操作性。

根据定义，原语的执行是顺序的而不可能是并发的。

原语的实现方法：原语可以采用屏蔽中断的系统调用来实现，以保证原语操作不被打断。也就是说，原语和系统调用都使用访管指令实现，具有相同的调用形式。但普通系统调用可以被中断，原语不可中断。

1．进程的创建

1）进程创建的事件来源

① 提交一个批处理作业。

② 交互式作业登录。

③ 操作系统创建一个服务进程。

④ 存在的进程创建（孵化）新的进程。

生成其他进程的进程称为父进程（Parent Process），被生成的进程称为子进程（Child Process），即一个父进程可以创建子进程，从而形成树形结构。

2）进程的创建过程

① 在主进程表中增加一项，并从 PCB 池中取一个空白 PCB，为新进程分配唯一的进程标识符。

② 为新进程的进程映像分配地址空间，装入程序和数据。

③ 为新进程分配内存空间外的其他资源。

④ 初始化进程控制块，如进程标识符、处理器初始状态、进程优先级等。

⑤ 把进程状态置为就绪态并加入就绪进程队列。

⑥ 通知操作系统的某些模块，如记账程序、性能监控程序。

2．进程的阻塞和唤醒

进程阻塞是指一个进程让出处理器，去等待一个事件。通常，进程调用阻塞原语阻塞自己，所以，阻塞是自主行为，是一个同步事件。当一个等待事件结束时会产生一个中断，从而激活操作系统，将被阻塞的进程唤醒。进程的阻塞和唤醒是由进程切换来完成的。

1）进程阻塞的步骤

① 停止进程执行，保存现场信息到 PCB 中。

② 修改 PCB 的有关内容，如进程状态由运行改为等待，并把修改状态后的 PCB 加入相应等待队列。

③ 转入进程调度程序，调度其他进程并运行。

2）进程唤醒的步骤

① 从相应等待队列中移出进程。

② 修改 PCB 的有关信息，如将进程状态改为就绪并把修改 PCB 后的进程加入就绪队列。

③ 若被唤醒的进程优先级高于当前运行的进程，则重新设置调度标志。

在 UNIX/Linux 中，与进程的阻塞与唤醒相关的原语主要有：sleep（暂停）、pause（暂停并等待信号）、wait（等待子进程暂停或终止）和 kill（终止进程）。

3．进程的撤销

1）进程撤销的主要原因

① 进程正常运行结束。

② 进程执行了非法指令，或在常态下执行了特权指令。

③ 进程运行时间或等待时间超越了最大限定值。

④ 进程申请的内存超过最大限定值。

⑤ 越界错误、算术错误、严重的输入/输出错误。

⑥ 操作员或操作系统干预。

⑦ 父进程撤销其子进程、父进程撤销、操作系统终止。

2）进程撤销步骤

① 根据撤销进程标识号，从相应队列找到它的 PCB。

② 将该进程拥有的资源归还给父进程或操作系统。

③ 若该进程拥有子进程，则先撤销它的所有子孙进程，以防它们脱离控制。

④ 撤销进程出队，将它的 PCB 归还给 PCB 池。

4．进程的挂起和激活

挂起原语执行过程：检查要被挂起进程的状态，若处于活动就绪态，则修改为挂起就绪态；若处于阻塞态，则修改为挂起阻塞态。被挂起 PCB 的非常驻部分要交换到磁盘对换区中。

激活原语主要处理过程：把 PCB 非常驻部分调入内存，修改它的状态，将挂起等待态改为等待态，将挂起就绪态改为就绪态，加入相应队列。挂起原语既可由进程自己也可由其他进程调用，但激活原语只能由其他进程调用。

实验 4　Linux 进程控制实验

1．进程的创建、阻塞、终止

使用 kill 终止进程，使用 sleep 使进程自己睡眠，使用 waitpid 等待子进程结束。

编写程序 killer.c：

```c
#include <sys/wait.h>
#include <sys/types.h>
#include <stdio.h>
#include <stdlib.h>
#include <signal.h>
int main( void )
{
    pid_t childpid;
    int status;
    int retval;
    childpid = fork();
    if ( -1 == childpid )
    {
        perror( "fork()" );
```

```
            exit( EXIT_FAILURE );
        }
        else
        if ( 0 == childpid )
        {
            puts( "In child process" );
            printf("子进程号=%d,子进程睡眠 100 秒\n",(int) getpid ());
            sleep( 100 );
            exit(EXIT_SUCCESS);
        }
        else
        {
            printf("父进程号=%d,父进程等待子进程结束,若未结束则立即返回\n",(int)
                getpid ());
            if ( 0 == (waitpid( childpid, &status, WNOHANG )))   //立即返回
            {
                printf("杀死子进程前当前的活跃进程\n");
                retval = kill( childpid,SIGKILL );
                printf("父进程杀死子进程\n");
                if ( retval )
                {
                    puts( "kill failed." );
                    perror( "kill" );
                    waitpid( childpid, &status, 0 );
                }
                else
                {
                    printf( "%d killed\n", childpid );
                    printf("杀死子进程后当前的活跃进程\n");
                }
            }
        }
        exit(EXIT_SUCCESS);
}
```

编译 killer.c：

```
sfs@ubuntu:~$ gcc killer.c -o killer
```

运行进程 killer：

```
sfs@ubuntu:~$ ./killer
```

系统调用简要说明：

（1）int kill(pid_t pid,int sig)：传送参数 sig 指定的信号给参数 pid 指定的进程。

（2）unsigned int sleep(unsigned int sec)：使进程休眠 sec 秒。

（3）pid_t waitpid(pid_t pid,int*status,int options)：暂时停止目前进程的执行，直到有信号来到或子进程结束。

2．获取进程标识符信息

使用到的系统调用（库函数）如下。

（1）getpid ()：获取本进程标识号。

（2）getppid ()：获取父进程标识号。

用例：

```
#include <stdio.h>
#include <unistd.h>
int main()
{
    printf("The process ID is %d\n",(int) getpid ());
    printf("The parent process ID is %d\n",(int) getppid ());
    return 0;
}
```

2.4　线程及其实现

2.4.1　多线程的引入

在操作系统中，进程代表一个任务单元，如果该任务仅由一个执行流承担，则该进程称为单线程进程。如果进程任务被划分为若干并发子任务，分别由不同执行流承担，则该进程称为多线程进程。进程中的每个执行流称为一个线程。线程代表从进程划分出来的更小的任务单元。

单线程进程代表的任务与其中线程代表的任务是同一个任务。单线程进程既是系统进行资源分配的基本单位，又是处理器调度的基本单位。线程切换意味着进程切换，即线程调度与进程调度重合。

多线程进程包含多个并发任务、并发执行流构成的集合，每个线程代表一个相对独立的任务。在多线程进程中，进程是系统进行资源分配的基本单位，线程是处理器调度的基本单位。线程切换并不意味着进程切换，即处理器调度分为线程调度和进程调度两级。

通过任务分解可以在一个进程内产生多个并发多线程，通过任务合成可以将原本分散在多个进程中的任务集中在一个进程中，每个任务分别由一个线程来承担，形成多线程进程。

对于由多个任务构成的应用，既可以采用多进程来实现，又可以采用多线程进程来实现。采用多进程实现时，每个进程承担一个任务。采用多线程进程实现时，一个进程中的每个线程承担一个任务。

多线程进程运行模型在客户机/服务器类应用中很有效。在客户机/服务器应用环境中，一个服务器接收来自多个客户机的请求并应答。如果服务器是单线程的，则一旦阻塞，将无法响应其他客户的请求。如果服务器是多线程的，则针对每个客户请求，服务器可以分别创建一个线程为之服务。一个线程的阻塞不影响其他线程继续为其他客户服务，不同的线程可以共享服务器进程中的内存数据，减少 I/O 设备的访问，提高服务器效率和响应实时性，如图 2-13 所示。

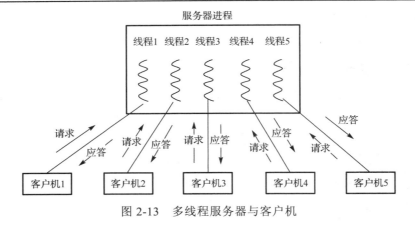

图 2-13　多线程服务器与客户机

2.4.2　多线程环境中的进程与线程

多线程进程将任务执行实体与资源分配和拥有实体分离开来,线程属于任务执行实体,进程则作为资源分配和拥有实体,多个线程共享进程拥有的资源。多线程进程将进程间的合作变为进程内多个线程间的合作。

1. 多线程环境中的进程

在多线程环境中,进程被定义为资源分配和保护的单位,多线程进程不再作为处理器调度和分派的基本单位,线程不是资源分配和保护的基本单位,而是处理器调度和分派的单位。同一进程中的所有线程共享该进程拥有的资源,线程之间可以直接访问共享内存区,实现通信和数据共享。多线程进程实体包括进程控制块、容纳程序和数据的用户地址空间、用户栈、核心栈,每个线程都有一个用户栈和核心栈,每个线程具有一个线程控制块(Task Control Block,TCB)。

2. 多线程环境中的线程

线程是进程中能够独立执行的实体(控制流),是处理器调度和分派的基本单位。

线程是进程的组成部分,每个进程内允许包含多个并发执行的实体(控制流),这就是多线程。

同一进程中的所有线程驻留在同一块地址空间中,可以访问到相同的数据。各个线程共享进程获得的主存空间和资源,如内存、I/O 设备、I/O 通道和文件等,但不拥有资源。

单线程和多线程进程的实体结构如图 2-14 所示。

每当创建一个进程时,至少要同时为该进程创建和启动一个线程,已经启动的线程又可创建和启动其他线程,从而使所有线程都活动起来。

线程实体包括如下 3 种。

1)线程控制块

线程控制块是存放线程结构信息和活动情况的档案资料,包括:线程唯一标识符及线程状态信息、未运行时保存的线程上下文(如处理器寄存器值、优先级)等。每个线程暂停执行时,都有自己独立的上下文,需要保存在各自的 TCB 中。

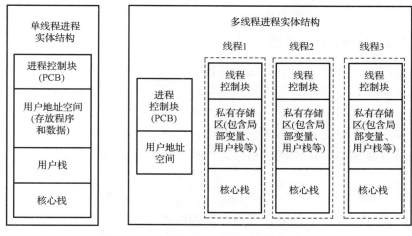

图 2-14   单线程和多线程进程实体结构

2）私有存储区

私有存储区用于存放线程局部变量及用户栈。用户栈用于线程在用户态下工作时存放函数调用传递的参数、返回地址等。

3）核心栈

核心栈用于线程在核心态下工作时存放函数调用传递的参数、返回地址等。

3．线程的状态及进程级状态

线程的关键状态有运行、就绪和阻塞，线程的状态转换类似于进程。某些状态只在进程级有意义。例如，挂起状态对线程没有意义，如果进程挂起后被对换出主存，则它的所有线程因共享了进程的地址空间，必须全部对换出去。所以挂起状态是进程级状态，不作为线程级状态。类似的，进程的终止会导致所有线程的终止。

某些状态在进程和线程级均有意义，如阻塞态。对某些线程实现机制，如用户级线程，由于该机制对操作系统不可见，操作系统仅支持单线程进程，所以其中任何用户级线程的阻塞都代表整个进程的阻塞，进程因此转换为阻塞态，即使这个进程存在另一个处于就绪态的用户级线程；对其他线程实现机制，如内核级线程，当一个内核级线程阻塞时，如果存在另外一个处于就绪态的内核级线程，则调度该线程处于运行态，否则进程转换为阻塞态。

由于多线程进程不是调度单位，因此，进程状态不必划分过细，如 Windows 操作系统中仅把进程分为可运行和不可运行状态，挂起态属于不可运行状态。

4．线程的控制

线程的控制操作如下。

（1）创建：当进程创建后，系统会默认创建并启动一个线程，已经启动的线程可以再创建和启动同一进程中的其他线程。

（2）阻塞：也称等待，暂停线程执行。

（3）恢复：当被阻塞线程等待的事件发生时，线程变成就绪态或相应状态。

（4）结束：线程终止，撤销线程。

5．并发多线程程序设计的优点

（1）切换速度快、切换开销小。同一进程中的各个线程共享同一地址空间，切换线程不需要切换地址空间，因而切换速度快、切换开销小。进程切换需要切换不同进程的虚地址空间，切换开销大。

（2）易于实现任务间的通信协作。同一进程内线程间的通信可以通过访问进程地址空间来实现，这样快捷省时。进程间的通信需借助于操作系统提供的服务功能，通信过程复杂耗时。

（3）提高并发度，线程切换开销小。在同样时间内，处理器可以在更多线程间切换，却只能在较少进程间切换。小的并发任务，即细粒度并发任务适合采用线程实现。

2.4.3　多线程实现方法

目前，线程的实现方法有如下 3 种。

1．用户级线程

1）用户级线程实现原理

用户级线程（User Level Thread，ULT）是在一个进程内部实现了类似进程调度、进程切换功能的一种进程内多任务应用功能，其中调度、切换的任务单位是线程。显然，操作系统感知不到用户级线程的存在，因而并不参与用户级线程的调度，操作系统仍然维持原来的处理器调度单位和调度策略。Java 实现了用户级线程。

2）用户级线程的优点

（1）线程切换不需要内核特权方式。因为所有线程管理数据结构均在进程的用户空间中，管理线程切换的线程库也在用户地址空间中运行，因而进程不需要切换为内核方式来做线程管理，线程切换不会导致进程失去处理器控制权。

（2）针对不同进程，按需选择不同的线程调度算法。线程库的线程调度算法与操作系统的低级调度算法无关，可以根据多线程任务的不同特征对进程选择合适的多线程调度算法。

（3）用户级线程可以运行在任何操作系统上，不需对内核做任何改造。

3）用户级线程的缺点

（1）线程执行系统调用时，不但该线程被阻塞，而且进程内的所有线程均被阻塞。

（2）纯用户级线程不能利用多处理器技术。在一段时间里，一个进程仅分配一个 CPU，进程中仅有一个线程能够执行。

4）用户级线程不能利用多处理器技术问题的解决办法

方法 1：把应用程序改写为多进程程序而非多线程程序。这种方法消除了线程的主要优点，进程切换开销较大。

方法 2：使用 jacketing 技术，把产生阻塞的系统调用转化成一个非阻塞的系统调用。

例如，当线程需要执行 I/O 操作时，不直接调用一个系统 I/O 例程，而是调用一个应用级的 I/O jacket 例程，该 jacket 例程检查 I/O 设备是否忙。如果忙，则该线程阻塞，控制传送给另一个线程。当这个线程将来重新获得控制时，jacket 例程会再次检查 I/O 设备。

2. 内核级线程

1）内核级线程实现原理

内核级线程（Kernel Level Thread，KLT）是在操作系统内核层对进程实现的多线程功能，操作系统以线程作为处理器调度和分派的基本单位，线程管理工作由内核完成，内核为进程及其内部的每个线程维护上下文信息，如 Windows NT 和 OS/2。

2）内核级线程主要优点

（1）内核可以同时把同一进程中的多个线程调度到多个处理器上并行执行。

（2）进程中的一个线程被阻塞了，内核能调度同一进程的其他就绪线程运行。

（3）内核线程数据结构和堆栈小，切换速度快，内核自身也可采用多线程技术实现，提高系统执行速度和效率。

内核级线程的主要缺点是同一进程中的线程切换需要内核介入，需要经过用户态-内核态-用户态的模式切换，系统开销较大。

用户级线程与内核级线程的优劣与应用程序的性质有关。如果应用程序中的多数线程涉及频繁的阻塞式内核访问操作，则用户级线程方案不如内核级线程方案对系统并发性改进效果好。

3. 混合式线程

某些操作系统（如 Solaris）提供了同时支持用户级线程与内核级线程的混合式线程设施，线程的创建、调度和同步在用户空间进行。一个应用程序中的多个用户级线程被映射到一些（小于或等于用户级线程的数目）内核级线程上。程序员可以为特定的应用程序和处理器调节内核级线程的数目。

在混合方法中，同一个应用程序中的多个线程可以在多个处理器上并行运行，某个线程的阻塞式系统调用不会阻塞整个进程。

Linux 提供一种不区分进程和线程的解决方案，该方案使用一种类似于 Solaris 轻量级进程的方法，用户级线程被映射到内核级线程上。组成一个用户级进程的多个用户级线程被映射到共享同一个组 ID 的多个 Linux 内核级进程上。这使得这些进程可以共享文件和内存等资源，同一组中的进程切换时不需要切换上下文。

实验 5 结果不唯一的多线程并发运行实例

Linux 多线程并发运行：编写包含一个主线程和 3 个子线程的多线程并发程序。

```
#include <pthread.h>
#include <stdio.h>
void* printyou (void* unused)
{
    int c=2000;
    while (c--)      fputs ("你", stderr);
    return NULL;
}
void* printme (void* unused)
```

```
{
    int c=2000;
    while (c--)    fputs("我", stderr);
    return NULL;
}
void* printhim (void* unused)
{
    int c=2000;
    while (c--)    fputs("他", stderr);
    return NULL;
}
int main ()
{
    int c=2000;
    pthread_t thread_id1,thread_id2,thread_id3;
    pthread_create (&thread_id1, NULL, &printyou, NULL);
    pthread_create (&thread_id2, NULL, &printme, NULL);
    pthread_create (&thread_id3, NULL, &printhim, NULL);
    while (c--)    fputc ('o', stderr);
    return 0;
}
```

编译程序 create-threads.c：

```
sfs@ubuntu:~$ gcc create-threads.c -o create-threads -lpthread
```

运行程序 create-threads：

```
sfs@ubuntu:~$ ./create-threads
```

系统调用（库函数）说明：

int pthread_create(pthread_t*restrict tidp,const pthread_attr_t *restrict_attr,void*(*start_rtn)(void*),void *restrict arg)：创建线程函数。第一个参数为指向线程标识符的指针，第二个参数用来设置线程属性，第三个参数是线程运行函数的起始地址，最后一个参数是运行函数的参数。在编译时要注意加上-lpthread 参数，以调用链接库。因为 pthread 并非 Linux 操作系统的默认库，而是 posix 线程库，在 Linux 中将其作为一个库来使用，因此加上 -lpthread（或-pthread）以显式地链接该库。新创建的线程从 start_rtn 函数的地址开始运行。

实验 6　多线程共享资源并发访问控制

（1）一个进程中的多个线程对共享变量的非互斥并发访问会导致运行结果的不唯一。

例如，有一个共享变量 num 值为 200，3 个线程分别使该变量减一 30 次，正确结果应为 200−30×3=110。但是 3 个线程对共享变量 num 的非互斥并发访问会导致该变量最终结果可能不是 110。

程序实例 thrmainsharevar2.c 如下。

```
#include <stdio.h>
#include <stdlib.h>
```

```c
#include <pthread.h>
#include <unistd.h>
#include <string.h>
int num=200,count=30;
void *sub1(void *arg)          //线程执行函数，执行 num 减一 30 次
{
    int i = 0,tmp;
    for (; i <count; i++)
    {
        printf("线程 1 num 减 1 前值为: %d,",num);
        tmp=num-1;
        printf("线程 1 num 减 1 后 tmp 值为: %d,",tmp);
        num=tmp;
        printf("线程 1 num 减 1 后值为: %d\n",num);
    }
    return ((void *)0);
}
void *sub2(void *arg)          //线程执行函数，执行 num 减一 30 次
{
    int i = 0,tmp;
    for (; i <count; i++)
    {
        printf("线程 2 num 减 1 前值为: %d,",num);
        tmp=num-1;
        printf("线程 2 num 减 1 后 tmp 值为: %d,",tmp);
        num=tmp;
        printf("线程 2 num 减 1 后值为: %d\n",num);
    }
    return ((void *)0);
}
int main(int argc, char** argv)
{
    pthread_t tid1,tid2;
    int err,i=0,tmp;
    void *tret;
    err=pthread_create(&tid1,NULL,sub1,NULL); //创建线程
    if(err!=0)
    {
        printf("pthread_create error:%s\n",strerror(err));
        exit(-1);
    }
    err=pthread_create(&tid2,NULL,sub2,NULL);
    if(err!=0)
    {
        printf("pthread_create error:%s\n",strerror(err));
        exit(-1);
    }
```

```
        for(;i<count;i++)
        {
            printf("main num 减 1 前值为：%d,",num);
            tmp=num-1;
            printf("main num 减 1 后 tmp 值为：%d,",tmp);
            num=tmp;
            printf("main num 减 1 后值为：%d\n",num);
        }
        printf("两个线程运行结束\n");
        err=pthread_join(tid1,&tret);//阻塞等待线程 ID 为 tid1 的线程，直到该线程退出
        if(err!=0)
        {
            printf("can not join with thread1:%s\n",strerror(err));
            exit(-1);
        }
        printf("thread 1 exit code %d\n",(int)tret);
        err=pthread_join(tid2,&tret);
        if(err!=0)
        {
            printf("can not join with thread1:%s\n",strerror(err));
            exit(-1);
        }
        printf("thread 2 exit code %d\n",(int)tret);
        return 0;
    }
```

编译程序 thrmainsharevar2.c：

```
administrator@ubuntu:~$ gcc thrmainsharevar2.c -o thrmainsharevar2 -lpthread
```

运行程序 thrmainsharevar2：

```
administrator@ubuntu:~$ ./thrmainsharevar2
```

（2）改进上述程序，为共享变量的访问加上互斥锁 pthread_mutex_t mylock，使各个线程对共享变量 num 的访问只能顺序进行，而不能并发进行，观察程序执行结果的唯一性。

加锁调用：int pthread_mutex_lock (pthread_mutex_t *__mutex);。

解锁调用：int pthread_mutex_unlock (pthread_mutex_t *__mutex);。

加上互斥量的程序实例 thrmutex.c 如下。

```
#include <stdio.h>
#include <stdlib.h>
#include <pthread.h>
#include <unistd.h>
#include <string.h>
int num=200,count=30;
pthread_mutex_t mylock=PTHREAD_MUTEX_INITIALIZER;
void *sub1(void *arg)          //线程执行函数，执行 num 减一 30 次
```

```
{
    int i = 0,tmp;
    for (; i <count; i++)
    {
        pthread_mutex_lock(&mylock);
        printf("线程 1 num 减 1 前值为：%d,",num);
        tmp=num-1;
        printf("线程 1 num 减 1 后 tmp 值为：%d,",tmp);
        num=tmp;
        printf("线程 1 num 减 1 后值为：%d\n",num);
        pthread_mutex_unlock(&mylock);
    }
    return ((void *)0);
}
void *sub2(void *arg)          //线程执行函数，执行 num 减一 30 次
{
    int i = 0,tmp;
    for (; i <count; i++)
    {
        pthread_mutex_lock(&mylock);
        printf("线程 2 num 减 1 前值为：%d,",num);
        tmp=num-1;
        printf("线程 2 num 减 1 后 tmp 值为：%d,",tmp);
        num=tmp;
        printf("线程 2 num 减 1 后值为：%d\n",num);
        pthread_mutex_unlock(&mylock);
    }
    return ((void *)0);
}
int main(int argc, char** argv)
{
    pthread_t tid1,tid2;
    int err,i=0,tmp;
    void *tret;
    err=pthread_create(&tid1,NULL,sub1,NULL);       //创建线程
    if(err!=0)
    {
        printf("pthread_create error:%s\n",strerror(err));
        exit(-1);
    }
    err=pthread_create(&tid2,NULL,sub2,NULL);
    if(err!=0)
    {
        printf("pthread_create error:%s\n",strerror(err));
        exit(-1);
    }
    for(;i<count;i++)
```

```
    {
        pthread_mutex_lock(&mylock);
        printf("main num 减 1 前值为: %d,",num);
        tmp=num-1;
        printf("main num 减 1 后 tmp 值为: %d,",tmp);
        num=tmp;
        printf("main num 减 1 后值为: %d\n",num);
        pthread_mutex_unlock(&mylock);
    }
    printf("两个线程运行结束\n");
    err=pthread_join(tid1,&tret);//阻塞等待线程 ID 为 tid1 的线程,直到该线程退出
    if(err!=0)
    {
        printf("can not join with thread1:%s\n",strerror(err));
        exit(-1);
    }
    printf("thread 1 exit code %d\n",(int)tret);
    err=pthread_join(tid2,&tret);
    if(err!=0)
    {
        printf("can not join with thread1:%s\n",strerror(err));
        exit(-1);
    }
    printf("thread 2 exit code %d\n",(int)tret);
    return 0;
}
```

编译程序 thrmutex.c:

```
administrator@ubuntu:~$ gcc thrmutex.c -o thrmutex -lpthread
```

运行程序 thrmutex:

```
administrator@ubuntu:~$ ./ thrmutex
```

2.5　处理器调度系统

　　处理器调度考虑如何从多个作业中选择一些作业加载到内存中为其创建进程（称为作业调度或高级调度、长程调度）和如何从多个进程中选择一个进程占用处理器运行（称为进程/线程调度、低级调度或短程调度）的问题。

　　处理器调度策略与作业类型密切相关。用户作业包括批处理作业和终端交互型作业。批处理作业进入系统后在磁盘后备队列中等候作业调度，终端交互型作业一旦被接纳，直接创建进程，接受进程调度。

　　从系统接收到运行结束退出系统为止，作业可能要经历如图 2-15 所示的三级调度过程：高级调度、中级调度和低级调度。

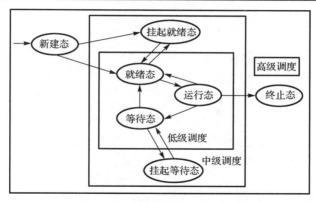

图 2-15　处理器调度层次与进程状态转换关系

高级调度发生在新进程的创建中，它决定一个进程能否被创建，或者创建后能否被置成就绪态；中级调度反映到进程状态上就是挂起和解除挂起，它根据系统的当前负荷情况决定停留在主存中的进程数；低级调度决定哪一个就绪进程占用 CPU。

调度层级与调度队列的关系如图 2-16 所示。

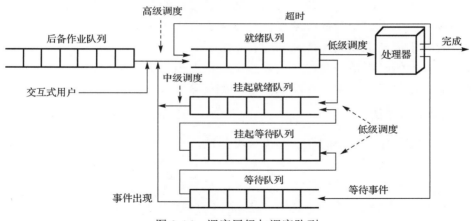

图 2-16　调度层级与调度队列

1. 高级调度

高级调度（作业调度、长程调度）从磁盘后备作业队列中挑选若干作业进入内存，为其分配资源，创建进程；作业完成后还要做善后处理工作。高级调度根据 CPU 空闲时间控制多道程序的道数，每当作业结束后，装入新的作业到内存中。高级调度配置在批处理系统或者操作系统的批处理部分中。

新提交的批处理作业保存在磁盘后备作业队列中等候创建进程。高级调度涉及两个决策：进程创建时机和为哪个或哪些作业创建进程。进程创建时机取决于系统并发度。创建的进程越多，每个进程获得的 CPU 可执行时间比越低。为了给当前进程集提供满意的服务，高级调度可能限制系统并发度。每当一个作业结束或者处理器空闲时间片超过一定阈值时，高级调度都可以增加一个或几个新作业到内存中。为哪个或哪些作业创建进程的决策有基于先来先服务原则、基于优先级原则、基于期待执行时间和 I/O 需求的原则等。

交互性作业将直接接纳，直至系统饱和为止。

2．中级调度

中级调度（平衡调度、中程调度）是进程对换的一部分。中级调度决定哪些进程参与竞争处理器资源，途径是把一些进程换出主存，使之进入"挂起"状态，不参与进程调度；或者将进程对换到内存中，解除挂起状态。中级调度根据主存资源决定主存中所能容纳的进程数目，并根据进程的当前状态来决定外存和主存中进程的对换。中级调度起到平滑和调整系统负荷的作用，提高主存利用率和系统吐吞率。

3．低级调度

低级调度（进程调度、线程调度、短程调度）的主要功能是按照某种原则决定就绪队列中的哪个进程或内核级线程获得处理器，并将处理器出让给它进行工作。低级调度执行分配 CPU 的程序称为分派程序。

低级调度程序是操作系统最为核心的部分，执行十分频繁。低级调度策略的优劣直接影响到整个系统的性能。

低级调度是各类操作系统必须具有的功能；在纯粹的分时或实时操作系统中，通常不需要配备高级调度，而仅配置低级调度；一般的操作系统配置了高级调度和低级调度；引进中级调度有利于提高主存利用率和作业吞吐量。

低级调度执行的时机是当前进程阻塞或可能抢占当前运行进程的事件发生时，这类事件有时钟中断、操作系统调用、中断和信号（如信号量）。

4．选择调度算法的原则

操作系统调度程序所使用的算法称为调度算法。根据调度所要达到的目标，设计调度算法通常应考虑如下原则。

1）资源利用率

资源包括 CPU 及 I/O 设备等，其中 CPU 资源的利用率最为关键。在一定 I/O 操作等待时间的比率下，运行程序的道数越多，CPU 空闲时间所占百分比越低。CPU 利用率的计算公式如下。

$$CPU 利用率 = CPU 有效工作时间 / CPU 总的运行时间$$

$$CPU 总的运行时间 = CPU 有效工作时间 + CPU 空闲等待时间$$

2）吞吐率

吞吐率是单位时间内 CPU 处理的作业数。这是批处理系统调度性能的一个指标。显然，处理的长作业多则吞吐率低，短作业多则吞吐率高。

3）公平性

调度算法要确保每个用户每个进程获得合理的 CPU 份额或其他资源份额，不会出现"饥饿"现象。

4）响应时间

交互式进程从提交一个请求到接收到响应之间的时间间隔称为响应时间。响应时间包括命令传输到 CPU 的时间、CPU 处理命令的时间和处理结果返回终端的时间。使交互式用户的响应时间尽可能短，或尽快处理实时任务，是分时系统和实时系统衡量调度性能的一个重要指标。

5）周转时间

批处理用户从作业提交给系统开始，到作业完成为止的时间间隔称为作业周转时间。周转时间包括：作业在后备队列等待时间、作业进程在就绪队列等待时间、进程在 CPU 上运行时间和等待事件（在等待队列）时间。

应使作业周转时间或平均作业周转时间尽可能短，这是批处理系统衡量调度性能的一个重要指标。批处理系统的调度性能主要用作业周转时间和作业带权周转时间来衡量，此时间越短，则系统效率越高，作业吞吐量越大。

对于单个作业，采用周转时间衡量该作业的运行效率。设作业 i 提交给系统的时刻是 t_1，完成时刻是 t_2，则该作业的周转时间为

$$t_i = t_2 - t_1$$

周转时间是作业在系统中的等待时间与运行时间之和。

对于一批作业，采用平均作业周转时间衡量该批作业的运行效率。n 个作业的平均周转时间为

$$T = (\Sigma t_i) / n$$

为了比较不同长度作业的运行效率，将周转时间转换为带权周转时间。若作业 i 的周转时间为 t_i，所需运行时间为 t_k，则作业 i 的带权周转时间为

$$w_i = t_i / t_k$$

其中，t_i 是等待时间与运行时间之和，故带权周转时间总大于 1。

平均带权周转时间可以用来比较不同作业流的运行效率。平均作业带权周转时间为

$$W = (\Sigma w_i) / n$$

5．操作系统中的任务调度单位——作业、进程和线程

作业、进程和线程是操作系统中不同级别的任务单位。任务的分级反映了业务的分解处理属性。作业对应一个完整的业务处理过程，该过程包含若干个相对独立又相互关联的顺序加工步骤，每个加工步骤称为一个作业步。进程或线程对应一个作业步的处理过程。

例如，"开发一个程序"是一项业务，该业务可以采用如下 4 个步骤来完成：编写源程序；编译源程序，产生目标程序；链接目标程序为可执行程序；运行可执行程序，对用户数据进行处理，产生结果。完成该业务的整个过程可以看做一个作业，其中的每一步分别是一个作业步，上一个作业步的输出往往是下一个作业步的输入。每一个作业步由进程完成。例如，源程序的编写由编辑进程完成；源程序的编译由编译进程完成；目标程序的链接由链接进程完成；对用户数据的处理由生成的用户进程完成。

用户进程在执行过程中可生成作业步子进程，子进程还可以生成其他子进程。进程还可以生成线程。

作业概念更多地应用在批处理操作系统中，而进程则可以应用在各种多道程序设计系统中。

作业调度系统对不同类型的作业采用不同的组织和管理方式，作业分为批处理作业和终端交互型作业。

6. 批处理作业的组织和管理

1）批处理作业的组成结构

批处理作业采用脱机控制方式，作业实体由作业控制块、程序、数据和作业说明书组成，如图 2-17 所示。作业说明书是按规定格式书写的一个文件，把用户对系统的各种请求和对作业的控制要求集中描述，并与程序和数据一起提交给系统（管理员）。计算机系统成批接收用户作业输入，把它们放到输入井中，并在操作系统的管理和控制下执行。

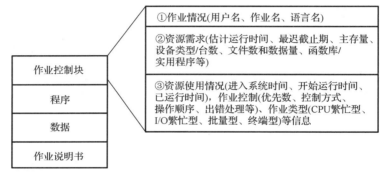

图 2-17　作业实体结构

2）批处理作业的创建

多道批处理操作系统具有独立的作业管理模块，必须像进程管理一样为每一个作业建立作业控制块（Job Control Block，JCB）。JCB 通常是在批作业进入系统时，由 SPOOLing 系统建立的，它是作业存在于系统中的标志，作业撤离时，JCB 也被撤销。

JCB 的主要内容如下。

① 作业情况（用户名、作业名、语言名）。

② 资源需求（估计 CPU 运行时间、最迟截止期、主存量、设备类型/台数、文件数和数据量、函数库/实用程序等）。

③ 资源使用情况（进入系统时间、开始运行时间、已运行时间），作业控制（优先数、控制方式、操作顺序、出错处理等），作业类型（CPU 繁忙型、I/O 繁忙型、批量型、终端型）等信息。

3）批处理作业的调度

批处理作业调度程序完成以下几项任务。

① 选择作业：由作业调度程序根据资源状况和多道程序道数决定选择哪些作业。

② 分配资源：分配内存、设备等。

③ 创建进程：进程调度程序负责为进程分配处理器。进入计算机系统的作业只有经过两级调度后才能占用处理器。第一级是作业调度，使作业进入主存储器；第二级是处理器调度，使作业进程占用处理器。

④ 作业控制：作业控制块和 SPOOLing 管理程序控制作业的启动、作业步转接、程序调入、数据 I/O、异常处理。

⑤ 后续处理：作业正常结束或出错终止时，作业调度程序回收资源、撤销作业控制块，并选择新作业进入主存。

7．交互型作业的组织和管理

交互型作业采用联机控制方式，在分时系统中需要配置交互型作业管理程序。

操作系统启动时，为连接至系统的每个终端创建一个终端进程，该进程接收用户输入的交互型命令、解释和执行命令。用户输入退出命令即可结束本次上机过程。

分时系统的作业就是用户的一次上机过程，交互型作业开始于终端进程的创建，结束于退出命令。用户输入一条命令，操作系统就创建一个或若干个进程。一个命令即一个作业步。

现代操作系统很少使用真正的批处理策略，往往以联机方式执行批处理命令，以减少输入重复的多个命令。

2.6　处理器调度算法

处理器调度算法是对一批进程或者线程确定处理器分配顺序的方法，即在众多进程或者线程中，当前选择哪个进程或者线程运行。对于低级调度（即进程调度或者线程调度），处理器调度算法还有剥夺与非剥夺之分。

2.6.1　低级调度的功能和类型

低级调度的对象是进程或线程。

1．低级调度的主要功能

低级调度程序包含两项任务：调度和分派。调度实现调度策略，确定就绪进程/线程竞争使用处理器的顺序，即进程/线程何时应放弃处理器和选择哪个进程/线程来执行。对于单处理器系统来说，调度就是完成多选一的功能。分派实现调度机制，将处理器分配给被选中的进程或线程，处理进程或线程上下文交换细节，完成进程/线程和 CPU 的绑定或放弃的实际工作。

2．调度机制的逻辑功能模块

调度机制包含以下 3 个功能模块。

（1）队列管理程序：进程/线程状态变化时，该进程/线程被加入不同队列。

（2）上下文切换程序：负责进程/线程上下文切换，将当前运行的进程/线程上下文信息保存至其 PCB/TCB 中，恢复选中进程/线程的上下文信息。

（3）分派程序：从就绪队列中选择下一个运行的进程/线程。

3．低级调度的基本类型

根据处理器是否可以被剥夺，低级调度分为剥夺和非剥夺两种方式。

1）剥夺方式

系统可以根据规定的原则剥夺正在运行进程/线程的处理器，而把处理器分配给其他进程/线程使用。常见的剥夺原则有两种：高优先级剥夺原则和时间片剥夺原则。高优先级剥夺原则即高优先级进程或线程可以剥夺低优先级进程或线程并运行。时间片剥夺原则即当运行进程/线程所分得的处理器时间片用完后被剥夺处理器。

2）非剥夺方式

非剥夺方式是指一旦某个进程或线程开始执行便不再出让处理器，除非该进程或线程运行结束或发生了某个事件不能继续执行。

剥夺调度方式剥夺的对象是进程/线程的处理器，而对于 I/O 设备等慢速资源的调度，多采用非剥夺方式。

剥夺和非剥夺调度策略一般组合使用，内核关键程序采用非剥夺调度方式，用户进程采用剥夺调度方式。

2.6.2　作业调度和低级调度算法

1．先来先服务算法

（1）策略：在到达系统的一批作业中，先来先服务（FCFS）算法按照作业进入系统的先后次序挑选作业，先进入系统的作业优先被挑选。这是一种非剥夺式调度算法。

（2）效果：算法容易实现，但只顾及作业等候时间，没有考虑作业要求服务时间的长短，不利于短作业而优待了长作业，有利于 CPU 繁忙型作业而不利于 I/O 繁忙型作业。

FCFS 算法举例：设 3 个作业到达系统的时刻和所需 CPU 时间如表 2-1 所示。

表 2-1　作业到达与运行时间

作业名	作业到达时刻	所需 CPU 时间
作业 1	0	8
作业 2	3	9
作业 3	4	3

按照先来先服务算法调度 3 个作业，请分别计算各作业的周转时间、带权周转时间、平均周转时间和平均带权周转时间。

解：3 个作业的调度时序如图 2-18 所示。

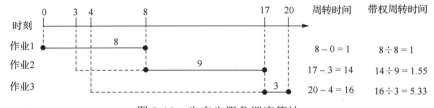

图 2-18　先来先服务调度算法

图中虚线表示作业/进程等待的时间，实线表示进程占用处理器运行的时间。3 个作业顺序执行，每个作业的周转时间和带权周转时间如图 2-18 所示。

3 个作业的平均周转时间为(8+14+16)÷3=12.67。

3 个作业的平均带权周转时间为(1+1.55+5.33)÷3=2.63。

2. 最短作业优先算法

（1）策略：在到达系统的一批作业中，最短作业优先（SJF）算法选取估计计算时间最短的作业投入运行。这是一种非剥夺式调度算法。

（2）性能：算法易于实现。弱点是需要预先知道作业所需的 CPU 时间，而这个时间只能靠估计，估计值很难精确。若估计过低，则系统可能提前终止该作业。SJF 算法忽视了作业等待时间，因此会出现饥饿现象。由于缺少剥夺机制，因此不利于分时、实时处理。

SJF 算法举例：设 4 个作业到达系统的时刻和所需 CPU 时间如表 2-2 所示。

表 2-2　作业到达与运行时间

作业名	作业到达时刻	所需 CPU 时间
作业 1	0	8
作业 2	3	9
作业 3	4	3
作业 4	6	10

按照最短作业优先算法调度 4 个作业，请分别计算各作业的周转时间、带权周转时间、平均周转时间和平均带权周转时间。

解：4 个作业的调度时序如图 2-19 所示。

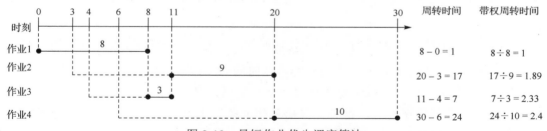

图 2-19　最短作业优先调度算法

4 个作业的平均周转时间为(8+17+7+24)÷4=14。

4 个作业的平均带权周转时间为(1+1.89+2.33+2.4)÷4=1.905。

3. 最短剩余时间优先算法

最短剩余时间优先（SRTF）算法是剥夺式的最短时间优先调度算法。如果新作业需要的 CPU 时间比当前正在执行的作业剩余所需 CPU 时间短，则新作业将抢占当前作业的处理器。此算法适用于作业调度和进程调度。

SRTF 算法举例：设 4 个就绪作业到达系统和所需 CPU 时间如表 2-3 所示。

表 2-3　作业到达与运行时间

作业名	到达系统时间	所需 CPU 时间
作业 1	0	8
作业 2	2	4
作业 3	3	9
作业 4	5	5

按照最短剩余时间优先算法调度 4 个作业，请分别计算各作业的周转时间、带权周转时间、平均周转时间和平均带权周转时间。

解： 4 个作业的调度时序如图 2-20 所示。

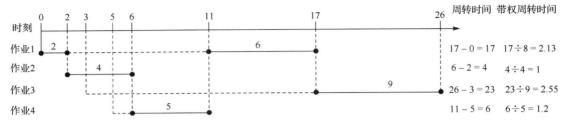

图 2-20　最短剩余时间优先调度算法

4 个作业的平均周转时间为(17+4+23+6)÷4=12.5。

4 个作业的平均带权周转时间为(2.13+1+2.55+1.2)÷4=1.72。

4．响应比最高者优先算法

先来先服务算法与最短作业优先算法都有明显的片面性。FCFS 算法只考虑作业等候时间而忽视了作业的计算时间，SJF 算法只考虑用户估计的作业计算时间而忽视了作业等待时间。响应比最高者优先（HRRF）算法是介于 FCFS 算法和 SJF 算法的折中算法，既考虑作业等待时间，又考虑作业运行时间，既照顾短作业又不使长作业等待时间过长，力图改进公平性。

响应比 ＝ 作业的响应时间/作业处理时间＝1+已等待时间/作业处理时间

作业的响应时间 ＝ 作业进入系统后的等待时间 ＋ 处理时间，因此，响应比＝1+作业已等待时间/作业处理时间。作业处理时间由用户给出，是一个常量。

每当调度一个作业运行时，都要计算后备作业队列中每个作业的响应比，选择响应比最高者投入运行。HRRF 算法采用非剥夺式方式调度作业。

HRRF 算法举例：如表 2-4 所示的 4 个作业先后到达系统进入调度。

表 2-4　作业到达与运行时间

作业名	到达系统时间	所需 CPU 时间
作业 1	0	20
作业 2	5	15
作业 3	10	5
作业 4	15	10

按照响应比最高者优先算法调度 4 个作业，请分别计算各作业的周转时间、带权周转时间、平均周转时间和平均带权周转时间。

解： 由于 HRRF 算法采用非剥夺式方式调度作业，因此，响应比的计算时机为作业结束时。

在 0 时刻，作业 1 首先到达系统，系统此时仅有一个作业，作业 1 立即被调度执行。作业 1 需要计算 20min，即到时刻 20 结束。在时刻 20 之前，作业 2、作业 3、作业 4 相继到达。

第 1 次计算响应比的时刻为 20，即作业 1 运行结束时。此时，作业 2、作业 3、作业 4 的响应比依次如下。

作业 2 响应比=1+作业 2 等待时间/作业 2 所需 CPU 时间=1+(20−5)/15=2。
作业 3 响应比=1+作业 3 等待时间/作业 3 所需 CPU 时间=1+(20−10)/5=3。
作业 4 响应比=1+作业 4 等待时间/作业 4 所需 CPU 时间=1+(20−15)/10=1.5。

作业 3 的响应比最高，因此，在时刻 20 调度作业 3 运行，如图 2-21 所示。

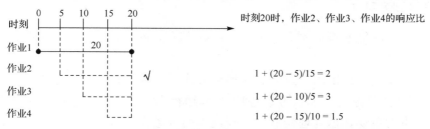

图 2-21 时刻 20 时作业 2、作业 3、作业 4 的响应比

作业 3 需要 5 个单位的计算时间，于时刻 25 计算结束。

第 2 次计算响应比的时刻为 25，即作业 3 运行结束时。此时，作业 2、作业 4 的响应比依次如下。

作业 2 响应比=1+作业 2 等待时间/作业 2 所需 CPU 时间=1+(25−5)/15=2.33。
作业 4 响应比=1+作业 4 等待时间/作业 4 所需 CPU 时间=1+(25−15)/10=2。

作业 2 的响应比最高，因此，在时刻 25 调度作业 2 运行，如图 2-22 所示。

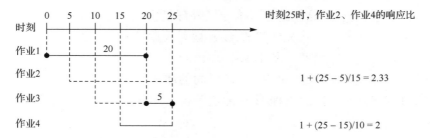

图 2-22 时刻 25 时作业 2、作业 4 的响应比

作业 2 需要计算 15 个单位时间，于时刻 40 运行结束。此后仅剩一个作业 4，无需计算响应比，直接调度运行。各作业调度时序如图 2-23 所示。

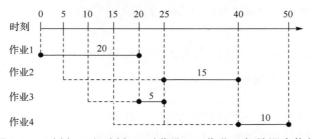

图 2-23 时刻 25 和时刻 40 时作业 2、作业 4 相继调度执行

响应比最高者优先（HRRF）算法的优点如下。

（1）短作业容易得到较高响应比。

（2）长作业等待时间足够长后，也将获得足够高的响应比。

（3）饥饿现象不会发生。

响应比最高者优先算法的缺点是每次计算各道作业的响应比会有一定的时间开销，性能比 SJF 算法略差。

5．优先级调度算法

优先级调度算法根据确定的优先级选取进程/线程，每次总是选择就绪队列中优先级最高者运行。

优先级调度算法可采用剥夺或非剥夺调度方式。如果就绪队列中出现优先级更高的进程/线程，则剥夺式调度可立即调度该进程/线程运行。非剥夺式调度待当前运行进程结束或者出现等待事件主动让出处理器后，才会调度另一进程投入运行。

用户进程/线程优先级的规定者有如下两种。

（1）用户。用户自己提出优先级，称为外部指定法。优先级越高，费用越高。

（2）系统。由系统综合考虑有关因素来确定用户进程/线程的优先级，称为内部指定法。确定优先级的因素有进程/线程类型、空间需求、运行时间、打开文件数、I/O 操作多少、资源申请情况等。

优先级通常用 0～4095 的整数表示，该整数称为优先数。UNIX/Linux 规定优先数越小，优先级越高，有些系统规定则相反。

根据优先级是否随时间而变，进程/线程优先级的确定可分为静态和动态两种方式。

（1）静态优先级在进程/线程创建时确定（外部指定或内部指定），此后不再改变。静态指定法会产生饥饿现象，低优先级进程/线程被无限期推迟执行。

（2）动态优先级随时间而变，基本原则如下。

① 正在运行的进程/线程随着占用 CPU 时间的增加，而优先级逐渐降低。

② 就绪队列中等待 CPU 的进程/线程随着等待时间增加，优先级逐渐提高。

6．轮转调度算法

1）算法思想

轮转法调度也称为时间片调度，调度程序每次将 CPU 分配给就绪队列中的首进程/线程使用一个时间片，通常为 10～200ms，就绪队列中的每个进程/线程轮流运行一个时间片。当这个时间片耗尽时，强迫当前进程/线程让出处理器，排到就绪队列尾部，等候下一轮调度。

轮转策略可防止那些很少使用外围设备的进程过长的占用处理器而使要使用外围设备的进程没有机会启动外围设备。

2）实现原理

实现轮转调度要使用一个间隔时钟。当一个进程开始运行时，将时间片的值置入间隔时钟内，当发生间隔时钟中断时，中断处理程序会通知处理器调度程序切换处理器。

3）常用轮转法

最常用的轮转法是等时间片轮转法，每个进程轮流运行相同时间片。改进的轮转法对不同的进程分配不同的时间片，时间片的长短可以动态修改。

4）时间片的选取

轮转法调度是一种剥夺式调度，系统耗费在进程切换上的开销比较大，时间片大小的确定与进程切换开销密切相关。如果时间片取值太小，多数进程不能在一个时间片内运行完毕，切换就会频繁，开销显著增大。从系统效率来看，时间片取大一点为好。如果时间片取值较大，随着就绪队列里进程数目的增加，轮转一次的总时间将增大，系统对进程的响应速度就会变慢。如果时间片大到每个进程足以完成其所有任务，轮转调度算法就退化为先来先服务算法。为满足响应时间要求，要么限制就绪队列中进程的数量，要么采用动态时间片法，根据负载状况，及时调整时间片的大小。

时间片大小的确定要从进程个数、切换开销、系统效率和响应时间等方面考虑。

7. 多级反馈队列调度算法

1）主要思想

多级反馈队列调度算法建立两个或多个就绪进程队列，每个队列赋予不同优先级，较高优先级队列一般分配给较短的时间片。处理器调度每次先从高优先级就绪队列中选取可占用处理器的进程，只有在无进程时，才从较低优先级就绪队列中选取进程。同一队列中的进程按先来先服务原则排队。

开始工作时，新进程首先进入高优先级队列等候调度，若能在该级队列的一个时间片内执行完成，则进程撤离系统，否则进入低一级队列等候调度。队列级别越低，时间片越大，低优先级队列中的进程获得调度时运行的时间就会长一些。

图 2-24 所示为三级反馈队列调度模型。进程首先在高优先级就绪队列中按时间片 20ms 轮转执行各进程一次，完成的进程撤离系统，未完成的进程进入次优先级就绪队列，按时间片 40ms 轮转执行各进程一次，完成的进程撤离系统，未完成的进程进入第 3 优先级就绪队列，按时间片 100ms 反复轮转，直到进程完成撤离系统。当处理器正在执行低优先级就绪队列中的进程时，若新进程到达高优先级就绪队列，则处理器暂停当前低优先级队列进程的执行，转而执行高优先级就绪队列中的新到进程。因此，多级反馈队列调度是一种剥夺式调度。

图 2-24　三级反馈队列调度模型

2）效果

多级反馈队列调度性能较好，能满足各类用户作业的需要。

（1）分时交互式作业通常可在最高优先级队列规定的一个时间片内完成，响应时间快。

（2）长批处理型作业可以从高到低在各优先级队列中运行一个时间片，直到在某个级别队列中执行完毕或者在最后一个队列中经过若干个时间片执行完毕，绝不会发生长批处理型作业长期得不到调度的情况。

3）不足及解决方法

多级反馈队列调度算法存在饥饿问题，当新进程不断到来时，进入较高优先级队列，CPU 忙于运行高优先级队列中的进程，低优先级队列中的进程将长时间得不到调度，产生饥饿现象。

解决饥饿问题的办法是设置一个队列间时间片 K，在一个队列间时间片内，高优先级队列和低优先级队列中的进程均要至少调度一次。而队列内部的时间片 n 为队列内每个进程轮流执行的时间段。队列间时间片 K 值较大，每当低优先级队列进程超过时间片 K 而没有被运行时，CPU 无条件地为低优先级队列的全部或部分进程服务不超过时长 K 的时间，再返回高优先级队列服务。先来先服务和轮转法是解决饥饿问题的最简单方法。

习 题 2

2-1　下列指令中哪些只能在核心态运行？

（1）读时钟日期；（2）访管指令；（3）设时钟日期；（4）加载 PSW；（5）启动 I/O 指令；（6）执行中断返回指令；（7）执行过程调用指令。

2-2　如果操作系统中只有一个用户进程在运行，该进程的执行是否是严格连续的？即处理器仅执行该进程的指令？为什么？

2-3　5 个批处理作业 A~E 到达系统的时间、需要运行的时间及各自的优先级如下表所示，分别采用先来先服务算法、最短作业优先算法、最短剩余时间优先算法、抢占式优先数算法、时间片轮转算法（每个作业获得 2min 长的时间片）、最高响应比优先算法计算平均作业周转时间和平均带权作业周转时间。（备注：优先数越大，优先级越高）

作业	到达时间（min）	需要运行时间（min）	优先级
A	8	10	3
B	3	6	5
C	0	2	2
D	2	4	1
E	6	8	4

2-4　在单 CPU 多道程序系统中，有两台 I/O 设备 I1 和 I2 可供并发进程使用，CPU、I1 和 I2 能够并行工作。在作业等待执行 I/O 操作时，CPU 分配给其它就绪作业。现有三个作业 Job1、Job2 和 Job3 分别在时刻 0ms、3ms 和 5ms 到达系统并投入运行。它们的执行轨迹如下：

Job1：I2（30ms）、CPU（10ms）、I1（30ms）、CPU（10ms）、I2（20ms）；

Job2：I1（20ms）、CPU（20ms）、I2（40 ms）；

Job3：CPU（30ms）、I1（20ms）、CPU（10ms）、I1（10ms）；

（1）对 CPU 及各类 I/O 设备资源均按照作业最新等待该资源的先后顺序执行调度算法，请计算作业的平均周转时间和平均带权周转时间；

（2）对最新等候使用 CPU 的作业按照时间片轮转算法执行调度，每个作业每次分得 5ms 的时间片，本次未使用完的剩余时间片作废，立即开始一个新的时间片。请计算作业的平均周转时间和平均带权周转时间。

2-5　4 个作业到达多道程序系统的时间、估计运行的时间如下表所示：

作业	进入系统时刻	估计运行时间（min）
Job1	10:00	30
Job2	10:05	20
Job3	10:10	5
Job4	10:20	10

（1）系统采用 SJF 算法调度进程。不限进程道数，计算作业的平均周转时间和平均带权周转时间；

（2）系统采用 SJF 算法调度作业，采用 SRTF 算法调度进程。限制进程道数不超过 2 道，计算作业的平均周转时间和平均带权周转时间。

2-6　多道程序系统现有内存 100KB，磁带机 2 台，打印机 1 台可供用户进程使用。采用可变分区内存管理，对设备采用静态分配方式，即在进程运行前获得所有所需设备资源。忽略用户作业 I/O 操作时间。现有作业序列如下表所示：

作业	到达系统时间	估计运行时间(min)	内存需求量(KB)	磁带机需求（台）	打印机需求（台）
Job1	8:00	25	15	1	1
Job2	8:20	10	30	0	1
Job3	8:20	20	60	1	0
Job4	8:30	20	20	1	0
Job5	8:35	15	10	1	1

采用 FCFS 策略调度作业，即按照作业到达系统的时间顺序启动作业运行。到达时间相同的，则按获得资源的顺序启动作业运行。假定各个作业的设备是顺序工作的。优先分配内存低地址区，且内存作业无法移动，求：

（1）作业调度的先后次序；

（2）各个作业开始和结束的时间；

（3）作业的平均周转时间和平均带权周转时间。

2-7　多道批处理系统配有一台处理器和两台外部设备 I1 和 I2，用户可用内存空间为 100MB。系统采用抢占式优先数算法调度作业和进程，高优先数进程可抢占低优先数进程。内存采用可变分区分配策略且作业不可移动，设备采用动态分配方法，即在需要时申请和分配。现有 4 个作业先后到达系统，情况如下表所示，求作业平均周转时间。

作业	到达系统时间	优先数	估计运行时间(min)及资源使用顺序	内存需求量(MB)
A	0	7	CPU: 1, I1: 2, I2: 2	50
B	1	3	CPU: 3, I1: 1	10
C	2	9	CPU: 2, I1: 3, CPU: 2	60
D	3	4	CPU: 4, I1: 1	20

2-8　4 个作业到达系统的时刻及各自所需 CPU 的时间如下表所示：

作业名	到达系统时刻（秒）	所需 CPU 时间（秒）
Job1	0	60
Job2	30	50
Job3	40	30
Job4	50	10

现在采用两级反馈队列算法执行调度，第一级队列为高优先级队列，该队列中的每个进程分配 5 秒的时间片，第二级队列为低优先级队列，该队列中的每个进程分配 10 秒的时间片。两个队列均按照时间片轮转方法调度进程。到达系统的进程按照到来的时间顺序首先进入第一级队列执行一个时间片，如果任务完成则撤离系统，否则进程进入第二级队列轮转，直到完成任务撤离系统。系统采用非剥夺式调度，即新到某个队列的进程不可抢占时间片未用完或未结束进程的 CPU。但是，新到第一级队列的进程可以优先于第二级队列的就绪进程获得处理器。对同一队列中的多个进程调度时，遵循公平性原则，即各个进程获得 CPU 的机会均等。如果进程在不足一个时间片内结束，则在进程结束时开始一个新的时间片。请绘制进程工作时间图，计算各个作业的周转时间。

2-9　请使用 Linux 进程控制函数实现进程的创建、执行、暂停、阻塞、唤醒、结束执行等功能。

2-10　请使用 Linux 线程控制函数开发多线程并发、互斥应用程序。

2-11　请使用 Linux 相关函数实现客户机-服务器应用程序系统。

第 3 章

并发进程的同步、互斥与死锁

第 2 章讲述了单个进程的结构及控制问题，本章将讲述多个进程之间的关系，包括进程之间的同步、互斥、通信、死锁等交互行为及问题。

3.1 并 发 进 程

3.1.1 程序执行的顺序性

1．程序执行的顺序性含义

程序执行的顺序性包括两个含义：程序内部的顺序性和程序外部的顺序性。

程序内部的顺序性是指一个进程内部语句的执行是顺序的，只有当一个操作结束后，才能开始后继操作。单线程进程执行时呈现程序内部的顺序性。单线程进程内部的活动不是并发的，而是顺序的。

程序外部的顺序性是指多个进程间的顺序执行关系，这些进程在时间上按调用次序严格有序地执行，完成一个作业级的任务。单任务操作系统一次仅能执行一个进程，在前一个进程结束前，下一个进程无法创建和执行，多个进程只能依次顺序执行。对于存在流水线关系的多个进程，一个进程的输出是另一个进程的输入，在前一个进程产生输出数据前，后一个进程由于缺乏可用数据而无法先于前一个进程执行，即使在多任务操作系统环境下，这种存在数据依赖关系的多个进程也只能顺序执行。

传统的程序设计方法是顺序程序设计，即把一个业务（或称为作业）实现为仅含一个执行流的顺序执行的程序模块；或者实现为若干个依次顺序执行的程序。

2．顺序程序设计的特点

（1）程序执行的顺序性：一个程序在处理器上的执行是严格按顺序执行的，即每个操作必须在下一个操作开始之前结束。

（2）程序环境的封闭性：运行程序独占全部资源，除初始状态外，其所处的环境由程序本身决定，只有程序本身的动作才能改变其环境。

（3）程序执行结果的确定性：程序执行过程中允许被中断，但这种中断对程序的最终结果无影响，即程序的执行结果与它的执行速率无关。

（4）计算过程的可再现性：在同一个数据集合上重复执行一个程序会得到相同结果，因而错误可以重现，便于分析。

3.1.2　程序执行的并发性

1. 进程的并发性含义

进程的并发性是指一组进程的执行在时间上是重叠的，即一个进程执行的第一条指令是在另一个进程执行的最后一条指令完成之前开始的。

例如，有两个进程 A 和 B，进程 A 执行操作 a_1、a_2、a_3，进程 B 执行操作 b_1、b_2、b_3。进程 A 和 B 顺序（串行）执行的一种情况如下：在单处理器上，进程 A 执行完，进程 B 才开始执行，它们的操作次序为 a_1、a_2、a_3、b_1、b_2、b_3。

进程 A 和 B 并发执行的一种情况如下：在单处理器上，进程 A 和 B 交替（交叉）执行，它们交替执行的操作次序可能为 a_1、b_1、b_2、a_2、a_3、b_3。

从宏观上看，并发运行的几个进程都在同一处理器上处于运行还未结束的状态。从微观上看，任一时刻仅有一个进程在处理器上运行。

并发的实质是一个处理器在几个进程之间的多路复用，并发是对有限的物理资源强制行使多用户共享，消除计算机部件之间的互等现象，提高系统资源利用率。

2. 并发程序设计

并发程序设计：（由程序员）把一个程序编制为若干个可同时执行的程序模块的方法。如果这些模块都属于一个进程，在进程内部执行，则称为并发多线程程序设计；若模块属于不同进程，则称为并发多进程程序设计。每个程序模块和它执行时所处理的数据组成一个进程。

并发程序在执行时将被创建多个进程或多个线程。而顺序程序在执行时仅创建一个进程。并发程序需要运行在多任务操作系统上。多任务操作系统可以同时运行多个进程。

多道程序设计可以同时启动多台设备操作，充分利用处理器与外围设备、外围设备与外围设备之间的并行工作能力，减少设备间的等待，提高资源利用率和计算机的工作效率。而顺序程序设计则顺序操作设备，设备利用率较低。

例如：

```
P1=while(I<Count)
{
    input (data[I]);
    process (data[I]);
    output (data[I] );
}
```

这段顺序程序对一批数据（Count 组）进行处理。input 过程涉及输入设备的操作，process 过程涉及处理器的计算工作，output 过程涉及输出设备的操作。程序的编制决定了程序执行一次仅能操作一台物理设备，设备之间存在等待现象，循环迭代一次仅能处理一组数据。程序 P1 属于串行执行的程序。

若对这个计算问题改用 3 个程序来实现（I=J=K=1）：

输入程序 PI：`while(I<Count) { input (data[I++]), send}`

计算程序 PC：`while(J<Count) {receive, process (data[J++]), send}`

输出程序 PO：`while(K<Count) {receive, output (data[K++]) }`

其中，send、receive 为通信控制操作，则 3 个程序可以并发运行，使输入设备、处理器和输出设备尽可能并行操作。

输入程序 PI	计算程序 PC	输出程序 PO
`input(data[1])`		
`input(data[2])`	`process(data[1])`	
`input(data[3])`	`process(data[2])`	`output(data[1])`
`input(data[4])`	`process(data[3])`	`output(data[2])`
`input(data[5])`	`process(data[4])`	`output(data[3])`
	`process(data[5])`	`output(data[4])`
		`output(data[5])`

3．并发进程分类

并发进程之间的关系分为两类：无关的和交互的。

无关的并发进程：一组并发进程分别在不同的变量集合上操作，一个进程的执行与其他并发进程的进展无关，即一个并发进程不会改变另一个并发进程的变量值。无关的并发进程之间不存在合作关系。

交互的并发进程：一组并发进程共享某些变量，一个进程的执行可能影响其他并发进程的执行结果。交互的并发进程之间存在合作关系和制约关系，这种交互必须是有控制的，否则会出现不正确的结果。

并发进程的无关性是进程的执行与时间无关的一个充分条件，又称为 Bernstein 条件。

Bernstein 条件：设 $R(p_i)=\{a_1,a_2,\cdots,a_n\}$ 是程序 p_i 在执行期间引用的变量集，$W(p_i)=\{b_1,b_2,\cdots,b_m\}$ 是程序 p_i 在执行期间改变的变量集，若两个程序 p_1、p_2 的引用变量集与改变变量集交集之和为空集，即 $R(p_1)\cap W(p_2)\cup R(p_2)\cap W(p_1)\cup W(p_1)\cap W(p_2)=\{\}$，则并发进程的执行与时间无关。

并发可以是程序内部语句之间或模块之间的并发，也可以是程序与程序之间的并发。

并发进程关系判断实例：设一个程序 P_S 有如下 4 条语句。

$$S_1:\ a=x+y;$$

$$S_2:\ b=z+1;$$

$$S_3:\ c=a-b;$$

$$S_4:\ w=c+1;$$

这 4 条语句的书写次序定义了一个顺序程序的执行顺序，也定义了程序的逻辑意义，程序执行时将按 S_1、S_2、S_3、S_4 的次序执行。现在要将该程序 P_S 进行变换，得到一个并发程序 P_C，而且 P_C 与 P_S 等价。

分析：该问题的核心是找出哪些语句能够同时执行，而这些语句同时执行时对变量的访问和修改合乎程序 P_S 的原有逻辑。

（1）求出各条语句的引用变量集与改变变量集。

$R(S_1)=\{x,y\}$，$R(S_2)=\{z\}$，$R(S_3)=\{a,b\}$，$R(S_4)=\{c\}$；$W(S_1)=\{a\}$，$W(S_2)=\{b\}$，$W(S_3)=\{c\}$，$W(S_4)=\{w\}$。

（2）分析语句间的 Bernstein 条件是否满足。

① 考察 S_1 与 S_2 之间的变量引用关系。由于 $R(S_1)\cap W(S_2)\cup W(S_1)\cap R(S_2)\cup W(S_1)\cap W(S_2)=\varphi$，所以 S_1 与 S_2 可以同时执行。可以画出如图 3-1 所示的前趋图。

② 考察 S_3 与 S_1、S_2 之间的变量引用关系。先考察 S_3 与末节点 S_2 的变量引用关系。由于 $R(S_3)\cap W(S_2)\cup W(S_3)\cap R(S_2)\cup W(S_3)\cap W(S_2)=\{b\}$，所以 S_3 与 S_2 只能顺序执行。再考察 S_3 与末节点 S_1 的变量引用关系。由于 $R(S_3)\cap W(S_1)\cup W(S_3)\cap R(S_1)\cup W(S_3)\cap W(S_1)=\{a\}$，所以 S_3 与 S_1 只能顺序执行。可以画出如图 3-2 所示的前趋图。

图 3-1　语句 S_1 与 S_2 之间的前驱关系　　　图 3-2　语句 S_3 与 S_1、S_2 之间的前驱关系

③ 考察 S_4 与 S_3、S_2、S_1 之间的变量引用关系。先考察 S_4 与末节点 S_3 之间的变量引用关系。由于 $R(S_4)\cap W(S_3)\cup W(S_4)\cap R(S_3)\cup W(S_4)\cap W(S_3)=\{c\}$，所以 S_4 与 S_3 只能顺序执行。根据关系的传递性，这时可不必分析 S_4 与 S_1、S_2 之间的变量引用关系。可以画出如图 3-3 所示的前趋图。

④ 依据 4 条语句之间的前趋关系图，可以得到并发程序 P_C，即

S_1：　a=x+y;

S_2：　b=z+1;

S_3：　c=a−b;

S_4：　w=c+1;

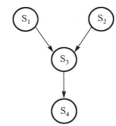

图 3-3　语句 S_4 与 S_3、S_2、S_1 之间的前驱关系

4．并发程序设计的特征

采用并发程序设计技术构造的一组程序模块在执行时具有如下特征。

（1）并发性：进程的执行在时间上可以重叠，在单处理器系统中可以并发执行，在多处理器环境中可以并行执行。

（2）共享性：并发进程通过引用共享变量交换信号，从而使程序运行的环境不再是封闭的。

（3）制约性：进程并发执行或协同完成同一任务时，会产生相互制约关系，必须对它们并发执行的次序加以协调。

（4）交互性：由于并发进程共享某些变量，因此，一个进程的执行可能影响其他进程的执行结果，程序运行结果可能不确定，计算过程具有不可再现性。所以，这种交互必须是有控制的，否则会出现不正确的结果。

5．并发程序设计的优点

（1）对于单处理器系统，可以使处理器和 I/O 设备、I/O 设备与 I/O 设备同时工作，发挥硬部件的并行工作能力。

（2）对于多处理器系统，可以使各进程在不同处理器上物理地并行运行，加快计算速度。

（3）简化程序设计任务。

3.1.3　与时间有关的错误

对于一组交互的并发进程，若执行的相对速度无法相互控制，则各种与时间有关的错误就有可能出现。与时间有关的错误有两种表现形式：结果不唯一和永远等待。

1．结果不唯一

多次运行并发进程对共享数据进行同样的修改时，产生的结果不唯一。例如，购买飞机票问题：一个飞机订票系统有两个终端，分别运行订票进程 T_1 和 T_2。该系统的公共数据区 A_j（$j=1$，$2\cdots$）中存放某月某日某次航班的余票数，X_1、X_2 是 T_1、T_2 的局部变量。

```
process Tᵢ ( i = 1, 2 )
{
    int Xᵢ;
    {按旅客订票要求找到 Aⱼ};
    Xᵢ = Aⱼ;
    if (Xᵢ>=1)
    {
        Xᵢ=Xᵢ-1;
        Aⱼ=Xᵢ;
        {输出一张票};
    }
    else {输出票已售完};
}
```

T_1 和 T_2 并发执行时导致出错的一种可能情况如表 3-1 所示。

表 3-1　售票终端进程 T_1 和 T_2 并发执行轨迹

进程 T_1 执行流	进程 T_2 执行流	变量的即时值
$X_1= A_j$;		$A_j=m$(初始值), $X_1=m$
	$X_2= A_j$;	$A_j=m$, $X_1=m$, $X_2=m$
	$X_2= X_2-1$; $A_j= X_2$; 输出一张票;	$A_j=m-1$, $X_1=m$, $X_2=m-1$
$X_1= X_1-1$; $A_j= X_1$; 输出一张票;		$A_j=m-1$, $X_1=m-1$, $X_2=m-1$

这时出现了把同一张票出售给两个旅客的情况，余票数本应减少 2 张，但实际上余票数只减少了 1 张。

实例概括：两个旅客同时抢购到了同一张机票，违背了一人一票一座的规矩，引起争执，这是一种错误的执行结果。正确的做法是，两个人执行购买操作时，只能一先一后，而不能同时进行。并发进程在关键片段需要保持必要的顺序性。

2．永远等待

当合作进程之间等待、唤醒之类的同步信号发送次序颠倒时，等待进程因错过了唤醒信号而永远等待。例如，内存管理问题：有 2 个并发进程 borrow 和 return，分别负责申请和归还主存资源。在下面的算法中，x 表示现有空闲主存容量，B 表示申请或归还的主存量。并发进程的算法及执行描述如下。

```
procedure borrow (int B)
{
    if (B>x)
    {
        {申请进程，进入等待队列等主存资源}
        x:=x-B;
        {修改主存分配表，申请进程获得主存资源}
    }
}
procedure return (int B)
{
    x:=x+B;
    {修改主存分配表}
    {释放等待主存资源的进程}
}
cobegin
    int x;
    while(1)  borrow(M);
    while(1)  return (M);
coend
```

若 borrow 和 return 按表 3-2 所示的次序执行，则 borrow 将无限等待。

表 3-2　内存申请和释放进程并发执行轨迹

时刻	进程 B：borrow（6）执行流	进程 R：return（9）执行流
1	if (6>x)//进程 B 暂停执行且转为就绪态，CPU 切换到进程 R	
2	进程 B 暂停执行但未阻塞	x:=x+9;
3	进程 B 暂停执行但未阻塞	{修改主存分配表}
4	进程 B 暂停执行但未阻塞	{释放等待主存资源的进程}//空操作
5	申请进程 B 进入等待队列，等待主存资源//永远等待，没有其他进程将其唤醒	结束

实例概括：现有可用内存数 x=3，进程 B 要申请 6 个单位的内存，超过当前可用内存数，准备等待，尚未等待，CPU 切换到进程 R，R 归还内存 9 个单位，然后唤醒内存等待者。但此时没有进程等待，于是唤醒信号丢弃。CPU 切换回 B，B 执行等待操作。以后没有进程唤醒 B，于是 B 会永远等待。

3.1.4　进程的交互

并发进程之间存在两种基本关系：竞争关系和协作关系。

1．并发进程之间的竞争关系

并发进程之间的竞争关系是由于并发进程共用一套计算机系统资源引起的，一个进程的执行可能影响与其竞争资源的其他进程。操作系统必须协调好各进程对资源的争用。一旦一个进程要使用已分配给另一个进程的资源，则该进程必须等待。

资源竞争会产生如下两个问题。

一个是死锁（Deadlock）问题，即一组已经获得部分资源的进程等待获得其他进程所占用的资源，最终该组进程陷入死锁僵局。

另一个是饥饿（Starvation）问题，是指一个进程由于其他进程总是优先于它而被无限期拖延。

解决饥饿问题的最简单策略是 FCFS 资源分配策略。由于操作系统负责资源分配，资源竞争的控制应由系统来解决，操作系统应该提供各种支持。

进程互斥是解决进程竞争关系（间接制约关系）的手段。进程互斥是指若干进程要使用同一共享资源时，任何时刻最多允许一个进程使用，其他要使用该资源的进程必须等待，直到占有资源的进程释放该资源。临界区管理可以解决进程互斥问题。

2．并发进程之间的协作关系

某些并发进程为完成同一任务而共享某些数据，形成协作关系，不同进程对共享数据的某些操作有着严格的顺序关系，协作进程在某些协调点上必须协调各自的工作，控制进程推进的速度。当协作进程中的一个到达协调点后，在尚未得到其伙伴进程发来的消息或信号之前应阻塞自己，直到其他合作进程发来协调信号或消息后才被唤醒并继续执行。这种协作进程之间相互等待对方消息或信号的协调关系称为进程同步。

进程同步是指两个以上进程基于某个条件协调彼此的活动，一个进程的执行依赖于协作进程的消息或信号，当一个进程没有得到来自于协作进程的消息或信号时需等待，直到消息或信号到达才被唤醒。进程的同步是解决进程间协作关系（直接制约关系）的手段。

进程间的协作可以是双方不知道对方名称的间接协作，如多个进程通过访问一个公共缓冲区进行松散式协作；也可以是双方知道对方名称的直接协作，进程间通过通信机制紧密协作。

3.2　临界区管理

3.2.1　临界区调度原则

Dijkstra 在 1965 年首先提出了临界区（Critical Section）的概念。

1．"临界区"与"临界资源"

并发进程中与共享变量有关的程序段称为"临界区"，共享变量代表的资源称为"临界资源（Critical Resource）"。

在飞机票售票系统中，进程 T1 的临界区为

```
X₁= Aⱼ;
if (X₁>=1) {X₁= X₁-1; Aⱼ= X₁;{输出一张票}}
```

进程 T2 的临界区为

```
X₂= Aⱼ;
if (X₂>=1) {X₂= X₂-1; Aⱼ= X₂;{输出一张票}}
```

与同一变量有关的临界区分散在各进程的程序段中，而各进程的执行速度不可预知。如果能保证进程在临界区执行时，禁止另一个进程进入临界区，即各进程对共享变量的访问是互斥的，则不会造成与时间有关的错误。

2．临界区的调度原则

（1）一次至多允许一个进程进入临界区内执行。

（2）如果已有进程在临界区，则其他试图进入的进程应等待。

（3）进入临界区内的进程应在有限时间内退出，以便使等待进程中的一个进入。

临界区调度原则概括如下：互斥使用，有空让进，忙则等待，有限等待，择一而入，算法可行。

算法可行是指所选的调度策略不能造成进程饥饿甚至死锁。

3.2.2　实现临界区管理的几种错误算法

先来讨论用软件方法如何实现互斥。软件方法是为在具有一个处理器或共享主存的多处理器上执行的并发进程实现的。这种方法假定对主存中同一个单元的同时访问由存储器进行仲裁，使其串行化。图 3-4 所示的程序是采用标志方法实现互斥的一种尝试。

```
bool inside1=false;    //P1 不在其临界区内
bool inside2=false;    //P2 不在其临界区内
cobegin               /*cobegin 和 coend 表示括号中的进程是一组并发进程*/
process P1( )                              process P2( )
{                                          {
    while(inside2);//等待                      while(inside1);//等待
    inside1=true;                              inside2=true;
    {临界区};                                   {临界区};
    inside1=false;                             inside2=false;
}                                          }
coend
```

图 3-4　实现临界区管理的第 1 种软件尝试

这种方法是错误的，表 3-3 所示为一个表明错误的执行场景。

表 3-3　临界区管理第 1 种尝试分析

全局共享变量： inside1= false,true inside2= false,true	
process P1	process P2
while (inside2);	
	while (inside1);
inside1 = true;	
	inside2 = true;
临界区；	
	临界区；
inside1 = false;	
	inside2 = false;

进程 P1、P2 同时进入了临界区，违反了临界区互斥进入原则。

图 3-5 所示为第二种尝试，它会造成永远等待。

```
bool inside1=false;   //P1 不在其临界区内
bool inside2=false;   //P2 不在其临界区内
cobegin
process P1( )                    process P2( )
{                                {
     inside1=true;                    inside2=true;
     while(inside2);//等待             while(inside1);//等待
     {临界区};                         {临界区};
     inside1=false;                   inside2=false;
}                                }
coend
```

图 3-5　实现临界区管理的第 2 种软件尝试

上述两个进程按表 3-4 所示轨迹执行将导致进程 P1 和 P2 的永远等待。

表 3-4　临界区管理第 2 种尝试分析

全局共享变量： inside1= false,true inside2= false,true	
process P1	process P2
inside1 = true;	
	inside2 = true;
while (inside2);//无限等待	
	while (inside1);//无限等待

3.2.3　实现临界区管理的 Peterson 算法

1981 年，Peterson 提出了一个简单巧妙的算法，解决了进程互斥进入临界区的问题。该算法为每个进程设置一个标志，当该标志为 true 时，表示此进程要求进入临界区。另外，设置一个指示器 turn，以指示哪个进程可以进入临界区。若 turn=i，则进程 Pi 可以进入临界区。Peterson 算法如图 3-6 所示。

```
bool inside[2];
inside[0]=false;
inside[1]=false;
enum {0,1} turn;
cobegin
process P0( )                                  process P1( )
{                                              {
      inside[0]=true;                               inside[1]=true;
      turn=1;                                       turn=0;
      while(inside[1]&&turn==1);                    while(inside[0]&&turn==0);
      {临界区};                                      {临界区};
      inside[0]=false;                              inside[1]=false;
}                                              }
                                               coend
```

图 3-6　Peterson 算法

Peterson 算法能够正确实现两个进程的互斥，符合临界区调度三原则，即两个进程不会同时进入临界区，也不会同时阻塞在临界区外，也就是说，两个进程不会同时在 while 语句处循环等待，也不会同时结束 while 循环而进入临界区。因为两个进程执行到 while 语句时，inside[0]=true 且 inside[1]=true。若 turn=1，则进程 P0 的 while 条件为真，P0 等待，进程 P1 的 while 条件为假，不等待，P1 可以进入临界区；反之，若 turn=0，则 P1 等待，P0 可进入临界区。

3.2.4　实现临界区管理的硬件设施

在单处理器计算机中，并发进程只会交替执行。为了保持互斥，仅需保证一个进程不被中断即可。管理临界区的软件尝试算法中用到了标志，在进入临界区之前需要先测试标志，再设置标志，这两个动作不能分开，否则，两个进程可能同时进入临界区。

用来实现互斥的硬件设施主要有：关中断、测试并建立指令、对换指令。

1．关中断

关中断是实现互斥的最简单方法之一。进程在进入临界区之前先关中断，退出临界区时开中断。在关中断期间，进度调度程序失去中断激活的机会，不会切换进程，保证了临界区的互斥执行。

但是，关中断方法存在如下缺点。

（1）关中断时间过长会影响系统效率，限制处理器交叉执行程序的能力。

（2）关中断方法不适用于多 CPU 系统，因为，在一个处理器上关中断时，并不能防止进程在其他处理器上执行相同的临界区代码。

（3）关中断权利赋予用户会很危险，如果用户未开中断，则系统可能因此终止。

2．测试并建立指令

硬件提供的测试并建立指令的过程如下。

```
TS(x)
{
```

```
      若 x=true，则 x=false；return true；
      否则 return false；
  }
```

利用 TS 指令管理临界区时，可把一个临界区与一个布尔变量 s 关联起来，由于变量 s 代表了临界资源的状态，因此可把它看做一把锁。s 初值为 true，表示没有进程在临界区内，资源可用。

用 TS 指令实现临界区管理（互斥）的算法如下。

```
bool TS(bool &x)
{
    if(x)
    {
        x=false;
        return true;
    }
    else    return false;
}
```

利用 TS 指令实现进程互斥的算法如下。

```
bool s=true;
cobegin
    process Pi( )
    { //i=1,2,...,n
        while(!TS(s));          //上锁
        {临界区};
        s=true;                 //开锁
    }
coend
```

3. 对换指令

对换指令的功能是交换两个字的内容，其处理过程如下。

```
void SWAP(bool &a,bool &b)
{
    bool temp=a;
    a=b;
    b=temp;
}
```

在 Intel 80x86 中，对换指令为 XCHG 指令。
用对换指令实现进程互斥的程序如下。

```
bool lock=false;
cobegin
    Process Pi( )
    {//i=1,2,...,n
        bool keyi=true;
```

```
        do
        {
            SWAP(keyi,lock);
        }while(keyi);                //上锁
        {临界区};
        SWAP(keyi,lock);             //开锁
    }
    coend
```

3.3　同　　步

并发进程之间存在竞争或协作关系，并发进程数目并不确定。当多个进程因竞争资源或者等待伙伴进程发来的信号而阻塞时，需要有对进程队列进行有序管理的完善的同步机制。

3.3.1　同步与同步机制

生产者-消费者问题是计算机操作系统中并发进程内在关系的一种抽象，是典型的进程同步问题。解决好生产者-消费者问题即可解决一类并发进程的同步问题。在操作系统中，生产者进程是向其他进程输出或者发送数据的进程；消费者进程是从其他进程接收数据的进程。

生产者-消费者问题描述如下：有一环形缓冲池，包含 n 个缓冲区（0～$n-1$）；有两类进程，即 m 个生产者进程和 n 个消费者进程，生产者进程向空的缓冲区中投放产品，消费者进程从满的缓冲区中取走产品。采用算法描述生产者进程、消费者进程通过缓冲池交互的行为。

未考虑进程同步的生产者进程和消费者进程交互算法如下。

```
int k;                                  //缓冲池中缓冲区的个数
typedef anyitem item;                   //产品类型
item buffer[k];                         //缓冲池
int in=0,out=0,counter=0;               //读写指针和满缓冲区的个数
process producer(void)                  //生产者进程
{
    while (true)
    {                                   //无限循环
        {produce an item in nextp};     //生产一个产品
        if (counter==k) sleep(producer); //缓冲区满时，生产者睡眠
        buffer[in]=nextp;               //将一个产品放入缓冲区
        in=(in+1)%k;                    //指针推进
        counter++;                      //缓冲内产品数加 1
        if(counter==1) wakeup(consumer); //缓冲池非空后唤醒消费者
    }
}
process consumer(void)                  //消费者进程
{
```

```
while (true)
{                                      //无限循环
    if (counter==0) sleep(consumer);   //缓冲区空，消费者睡眠
    nextc=buffer[out];                 //取一个产品到 nextc 中
    out=(out+1)%k;                     //指针推进
    counter--;                         //取走一个产品，计数减 1
    if(counter==k-1)   wakeup(producer); //缓冲区不满，唤醒生产者
    {consume the item in nextc};        //消耗产品
}
}
```

需要注意的是，生产者进程和消费者进程分别有多个，生产者进程与生产者进程之间、消费者进程与消费者进程之间、生产者进程与消费者进程之间均存在资源竞争，如果进程顺序执行，则结果是正确的；如果并发执行，则会出现差错。例如，多个生产者进程可能向同一个缓冲区中投入产品；多个消费者进程可能从同一个缓冲区中取走产品。还会出现生产者进程无法正常唤醒消费者进程的情况，导致缓冲区满，所有进程睡眠。出现错误的原因在于各个进程访问缓冲区的速率不同，缓冲区操作顺序错误。要得到正确结果，需要调整并发进程的速度，需要在进程间交换信号或消息来调整相互速率，达到进程协调运行的目的。这种协调过程就是进程同步。

操作系统实现进程同步的机制称为同步机制，它通常由同步原语组成。常用的同步机制有：信号量与 PV 操作、管程和消息传递。本节主要讲述信号量与 PV 操作。

3.3.2　信号量与 PV 操作

1．临界区调度尝试算法中存在的问题

（1）对不能进入临界区的进程，采用忙式等待测试法，浪费 CPU 时间。

（2）将测试能否进入临界区的责任推给各个竞争的进程会削弱系统的可靠性，加重用户编程负担。

2．信号量同步机制的提出

1965 年,荷兰计算机科学家 E. W. Dijkstra 提出了新的同步工具——信号量和 PV 操作。他将交通管制中使用多种颜色信号灯管理交通的方法引入操作系统，让两个或多个进程通过特殊变量展开交互。一个进程在某一特殊点上被迫停止执行直到接收到一个对应的特殊变量值，这种特殊变量就是信号量。进程可以使用 P、V 两个特殊操作来发送和接收信号。

在操作系统中，信号量用来表示物理资源的实体，信号量是一种软资源，是一个与队列有关的整型变量。信号量实现为记录型数据结构，包含两个分量：一个是信号量的值，另一个是信号量队列的队列指针，如图 3-7 所示。

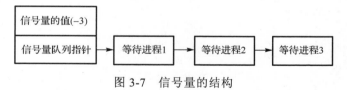

图 3-7　信号量的结构

除赋初值外，信号量仅能由同步原语对其进行操作，没有任何其他方法可以检查和操作信号量。

原语是操作系统内核中执行时不可中断的过程，即原子操作。Dijkstra 发明了两个信号量操作原语：P 操作原语和 V 操作原语[荷兰语中"测试（Proberen）"和"增量（Verhogen）"的首字母]。常用的其他符号有：wait 和 signal，up 和 down，sleep 和 wakeup 等。利用信号量和 P、V 操作既可以解决并发进程的竞争互斥问题，又可以解决并发进程的协作同步问题。

3．信号量的分类

信号量按其用途分为如下两种。

（1）公用信号量：初值常常为 1，用来实现进程间的互斥。相关进程均可对其执行 P、V 操作。

（2）私有信号量：初值常常为可用资源数，多用来实现进程同步。拥有该信号量的一类进程可以对其执行 P 操作，而另一类进程可以对其执行 V 操作。

信号量按其取值分为如下两种。

（1）二元信号量：仅允许取值为 0 或 1，主要用于解决进程互斥问题。

（2）一般信号量：初值常常为可用资源数，可以大于 1，多用来实现进程同步。

4．一般信号量的结构和操作描述

设 s 为一个记录型数据结构，一个分量为整型量 value，另一个为信号量队列 queue，P 和 V 操作原语定义如下。

P(s)：将信号量 s 减去 1，若结果小于 0，则调用 P(s)的进程被置为等待信号量 s 的状态。

V(s)：将信号量 s 加 1，若结果不大于 0，则释放一个等待信号量 s 的进程。

信号量和 P、V 操作可以用如下伪代码描述。

```
typedef struct semaphore
{
    int value;                  //信号量值
    struct pcb *list;           //信号量队列指针
} semaphore;
void P(semaphore &s)
{
    s.value--;
    if(s.value<0)  W(s.list); /*将 P 操作调用者进程置为阻塞状态并移入 s 信号
                                量队列，转入进程调度*/
}
void V(semaphore &s)
{
    s.value++;
    if(s.value<=0)  R(s.list);
    /*从信号量 s 队列中释放一个等待信号量 s 的进程并转换成就绪态，自己继续执行*/
}
```

说明：P(s)和 V(s)中的 s 为两个过程的共享变量。信号量 s 的初值在初始化时根据其用途进行设置。通常，P 操作意味着请求一个资源，V 操作意味着释放一个资源。W(s.list)和 R(s.list)是操作系统的基本系统调用。进程 A 调用 W(s.list)，则转为等待 s 的状态，A 移入 s 信号量队列，释放 CPU，转向进程调度。进程 A 调用 R(s.list)，则释放一个等待信号量 s 的进程 B，将 B 从 s 信号量队列中移出，B 转为就绪态并移入就绪队列，A 继续执行或转向进程调度。进程从信号量队列中移出的次序可以依据先进先出的原则实现公平调度。

推论 1：若信号量 s 为正值，则该值等于 s 所代表的实际还可以使用的物理资源数。

推论 2：若信号量 s 为负值，则其绝对值等于信号量 s 队列中等待的进程数。

推论 3：通常，P 操作意味着请求一个资源，V 操作意味着释放一个资源。在一定条件下，P 操作代表挂起进程操作，而 V 操作代表唤醒被挂起进程的操作。

5. 二元信号量

设 s 为一个记录型数据结构，一个分量为 value，它仅能取值 0 和 1，另一个分量为信号量队列 queue，把二元信号量上的 P、V 操作记为 BP 和 BV，BP 和 BV 操作原语的定义如下。

```
typedef struct binary_semaphore
{
    int value;                  //value 取值 0 或 1
    struct pcb *list;
};
void BP(binary_semaphore &s)
{
    if(s.value==1)  s.value=0;
    else            W(s.list);
}
void BV(binary_semaphore &s)
{
    if(s.list is empty())  s.value=1;
    else                   R(s.list);
}
```

3.3.3　利用信号量实现互斥

1. 方法

为临界资源设一个互斥信号量 mutex，初值为 1，将临界区置于 P(mutex)和 V(mutex)之间，P(mutex)和 V(mutex)一定成对儿出现于同一个进程中。

2. 应用模式

应用模式的代码如下。

```
semaphore mutex;
mutex=1;
cobegin
process Pi( )
{ //i=1,…,n
```

```
    P(mutex);
    {临界区};
    V(mutex);
}
coend
```

注意：P、V 操作只对信号量测试一次，而 TS 指令必须反复测试。

3. 互斥细节分析

分析两个并发进程 P1、P2 异步运行的实例，验证两个进程是否有机会同时处于临界区，即两个进程是否能够实现正确互斥。并发进程运行轨迹如表 3-5 所示。

表 3-5　利用信号量实现并发进程互斥的运行场景分析

并发进程		变量
P1	P2	mutex.value=1 mutex.list=空
P(mutex);		mutex.value=0 mutex.list=空
临界区;//切换		
	P(mutex);//阻塞，切换	mutex.value=-1 mutex.list=P2
V(mutex);//唤醒 P2		mutex.value=0 mutex.list=空
	临界区;	
	V(mutex);	mutex.value=1 mutex.list=空

3.3.4　利用信号量实现进程同步

本小节将分析几个经典进程同步问题：哲学家进餐问题、生产者-消费者问题、读者-写者问题、睡眠理发师问题。

1. 哲学家进餐问题

问题描述：有 5 个哲学家围坐在一张圆桌旁，桌面中央有一盘通心面，每人面前有一只空盘子，每两人之间放一把叉子。每个哲学家思考、饥饿、吃面。为了吃面，每个哲学家必须获得两把叉子，且每人只能从自己左边或右边取叉子，如图 3-8 所示。

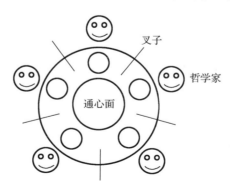

图 3-8　哲学家进餐问题

实现哲学家进餐问题的数据结构分析：每把叉子都应互斥使用，因此每把叉子都是一个临界资源，都应定义一个信号量 fork[i](i=0,1,2,3,4)，每个信号量的初值为 1。哲学家吃东西之前必须同时拿起左右两边的叉子，因此需要执行两次 P 操作。哲学家进餐问题伪代码描述如下。

```
semaphore fork[5];
for (int i=0;i<5;i++)
fork[i]=1;
cobegin
    process philosopher_i( )
    { //i= 0,1,2,3,4
        while(true)
        {
            think( );
            P(fork[i]);
            P(fork[(i+1)%5]);
            eat( );
            V(fork[i]);
            V(fork[(i+1)%5]);
        }
    }
coend
```

算法分析：若每个哲学家都各自拿起其左边的一把叉子，再去拿其右边的叉子时，都会拿不到右边的叉子，他们又都不会放下手中的叉子，大家在相互等待别人放下叉子，相当于系统进入死锁状态。

哲学家进餐死锁问题解决方案如下。

（1）至多允许 4 位哲学家同时去拿左边的叉子，保证至少有一位哲学家能够进餐，（至多可以有两位哲学家能够进餐）。该方法的伪代码描述如下。

```
semaphore fork[5];
semaphore four=4;                      //用于获得拿叉子的资格，最多 4 人有资格
for (int i=0;i<5;i++)
fork[i]=1;
cobegin
    process philosopher_i( )
    { //i= 0,1,2,3,4
        while(true)
        {
            think( );
            P(four);                   //获得拿叉子的资格，若 four<=0，则阻塞
            P(fork[i]);
            P(fork[(i+1)%5]);
            eat( );
            V(fork[i]);
```

```
                V(fork[(i+1)%5]);
                V(four);              //释放资格
            }
        }
    coend
```

（2）规定奇数号哲学家先拿其左边的叉子，再拿其右边的叉子；偶数号哲学家先拿其右边的叉子，再拿其左边的叉子。

（3）仅当哲学家的左右两把叉子均可用时，才允许他进餐，否则一把叉子也不取。

2．生产者-消费者问题

生产者-消费者：指存在数据供给与需求关系的两类进程。实现生产者-消费者问题的数据结构设计如下。

（1）含有 n 个缓冲区的公用缓冲池。

（2）互斥信号量 mutex：实现诸进程对缓冲池的互斥使用，一次仅允许一个进程读或写公用缓冲池，初值为 1。

（3）资源信号量 empty：记录空缓冲区的个数，初值为 n。

（4）资源信号量 full：记录满缓冲区的个数，初值为 0。

操作要求：多个生产者进程之间、多个消费者进程之间、生产者进程与消费者进程之间均能正确同步、互斥。算法描述如下。

```
    item B[k];
    semaphore empty;
    empty=k;                             //可以使用的空缓冲区数
    semaphore full;
    full=0;                              //缓冲区内可以使用的产品数
    semaphore mutex;
    mutex=1;                             //互斥信号量
    int in=0;                            //写缓冲区指针
    int out=0;                           //读缓冲区指针
    cobegin
    process producer_i ( )//生产者进程    process consumer_j ( )//消费者进程
    {                                    {
        while(true)                          while(true)
        {                                    {
            produce( );                          P(full);
            P(empty);                            P(mutex);
            P(mutex);                            take( ) from B[out];
            append to B[in];                     out=(out+1)%k;
            in=(in+1)%k;                         V(mutex);
            V(mutex);                            V(empty);
            V(full);                             consume( );
        }                                    }
```

```
    }                                        }
  coend
```

生产者-消费者问题的运行场景分析：现在假定有一个生产者进程 P1 和一个消费者进程 C1，两个缓冲区，此时 $n=2$，empty 初值为 2。各进程的执行轨迹如表 3-6 所示。

表 3-6　生产者-消费者问题运行场景分析

并发进程		变量
P1	C1	in=0,out=0, buffer(0)=,buffer(1)=,mutex.value=1,mutex.list=空 full.value=0,full.list=空,empty.value=2,empty.list=空
	P(full);//阻塞	in=0,out=0, buffer(0)=,buffer(1)=, mutex.value=1,mutex.list=空 full.value=-1,full.list=C1,empty.value=2,empty.list=空
produce();//产生'A'		
P(empty);		in=0,out=0, buffer(0)=,buffer(1)=, mutex.value=1,mutex.list=空 full.value=-1,full.list=C1,empty.value=1,empty.list=空
P(mutex);		in=0,out=0, buffer(0)=,buffer(1)=, mutex.value=0,mutex.list=空 full.value=-1,full.list=C1,empty.value=1,empty.list=空
B(0)='A';		in=0,out=0, buffer(0)='A',buffer(1)=, mutex.value=0,mutex.list=空 full.value=-1,full.list=C1,empty.value=1,empty.list=空
in=1		in=1,out=0, buffer(0)='A',buffer(1)=, mutex.value=0,mutex.list=空 full.value=-1,full.list=C1,empty.value=1,empty.list=空
V(mutex);		in=1,out=0, buffer(0)='A',buffer(1)=, mutex.value=1,mutex.list=空 full.value=-1,full.list=C1,empty.value=1,empty.list=空
V(full);//唤醒 C1		in=1,out=0, buffer(0)='A',buffer(1)=, mutex.value=1,mutex.list=空 full.value=0,full.list=,empty.value=1,empty.list=空
	P(mutex);	in=1,out=0, buffer(0)='A',buffer(1)=, mutex.value=0,mutex.list=空 full.value=0,full.list=,empty.value=1,empty.list=空
	从 B(0)取出'A'	in=1,out=0, buffer(0)=,buffer(1)=, mutex.value=0,mutex.list=空 full.value=0,full.list=,empty.value=1,empty.list=空
	out=1	in=1,out=1, buffer(0)=,buffer(1)=, mutex.value=0,mutex.list=空 full.value=0,full.list=,empty.value=1,empty.list=空
	V(mutex);	in=1,out=1, buffer(0)=,buffer(1)=, mutex.value=1,mutex.list=空 full.value=0,full.list=,empty.value=1,empty.list=空
	V(empty);	in=1,out=1, buffer(0)=,buffer(1)=, mutex.value=1,mutex.list=空 full.value=0,full.list=,empty.value=2,empty.list=空
	consume();	

注意：

（1）在每个程序中用于互斥的 P(mutex)和 V(mutex)必须成对儿出现。

（2）对资源信号量 empty 和 full 的操作也必须成对儿出现，但它们位于不同类型的程序中。

（3）每个程序中的多个 P 操作顺序不能颠倒，否则容易引起死锁。

3．读者-写者问题

问题描述：若干读者（Reader）进程和写者（Writer）进程共享一个数据文件，允许多个 Reader 进程同时读一个共享对象，但不允许一个 Writer 进程与其他 Reader 进程或 Writer

进程同时访问共享对象。也就是说，①允许多个读者同时执行读操作；②只允许一个写者执行写操作；③任一写者在完成写操作之前不允许其他读者或写者访问共享文件；④写者执行写操作前，应让已有的写者和读者全部退出。

算法分析：

（1）互斥信号量 writeblock：用于 Reader 与 Writer、Writer 与 Writer 之间的互斥，初值为 1。

（2）readcount：登记正在读的进程数目，初值为 0。

（3）互斥信号量 mutex：用于 Reader 与 Reader 互斥访问整型量 readcount，初值为 1。

readcount 情况分析：

（1）如果读者数目 readcount 为 0，则可能有也可能没有写者在写。

（2）如果读者数目 readcount 不为 0，则不会有写者在写，请求读的读者可以进行读操作。

（3）如果读者数目 readcount 为 0，又没有写者在写，则请求写的写者才可以进行写操作。

读者-写者算法描述如下。

```
int readcount=0;                      //读进程计数
semaphore writeblock,mutex;
writeblock=1;
mutex=1;
cobegin
process reader_i( )          //读者进程    process writer_j( )//写者进程
{                                              {
    P(mutex);                                      P(writeblock);
    readcount++;                                   {写文件};
    if(readcount==1)  P(writeblock);               V(writeblock);
    V(mutex);                                  }
    {读文件};
    P(mutex);
    readcount--;
    if(readcount==0)    V(writeblock);
    V(mutex);
}
coend
```

读者-写者问题运行场景分析：假设读者 r_1、读者 r_2、写者 w_1 依次到来，r_1、r_2 读完退出共享数据文件后 w_1 可以写，写完之前读者 r_3、写者 w_2 先后到来。读者进程、写者进程的执行细节分析如图 3-9 所示。

场景分析总结：若读者在共享文件区中，则后续的读者可以领先于早到的写者并进入共享文件区；若写者在共享文件区中，则后续的读者和写者按照先来后到的顺序依次进入共享文件区。

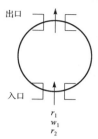

先后到来读者r_1、
写者w_1和读者r_2

各主要变量初始值
readcount = 0
writeblock. Value = 1
writeblock. list =空

(a) 初始状态

r_1执行如下操作后开始
读共享文件:
P(mutex);
readcount++;
P(writeblock);
V(mutex);
{读文件};

w_1操作后各主要变量值
readcount = 1
writeblock.Value = 0
writeblock. list =空

(b) r_1进入共享文件区

w_1执行如下操作后阻塞;
P(writeblock); //阻塞

w_1操作后各主要变量值
readcount = 1
writeblock.Value = −1
writeblock. list = w_1

(c) w_1等待

r_2执行如下操作后开始
读共享文件:
P(mutex);
readcount++;
P(writeblock);
V(mutex);
{读文件};

r_2操作后各主要变量值
readcount = 2
writeblock. Value = −1
writeblock. list = w_1

(d) r_2进入共享文件区

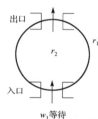

r_1执行如下操作后退出
共享文件区:
P(mutex);
readcount--;
V(mutex);

w_1操作后各主要变量值
readcount = 1
writeblock. Value = −1
writeblock. list = w_1

(e) r_1退出共享文件区

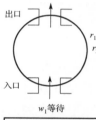

r_2执行如下操作后退出
共享文件区:
P(mutex);
readcount--;
V(writeblock);//唤醒w_1
V(mutex);

r_2操作后各主要变量值
readcount = 0
writeblock. Value = 0
writeblock. list =空

(f) r_2退出共享文件区

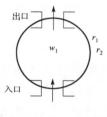

w_2执行如下操作后进入
共享文件区:
{写文件};

w_1操作后各主要变量值
readcount = 0
writeblock. Value = 0
writeblock. list =空

(g) w_1进入共享文件区

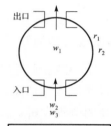

此时先后到来写者w_2
和读者r_3

w_2、r_3操作前各主要变量值
readcount = 0
writeblock. Value = 0
writeblock. list =空

(h) 写者w_2和读者r_3先后到来

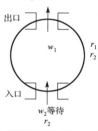

w_2执行如下操作后阻塞:
P(writevlock);

w_2操作后各主要变量值
readcount = 0
writeblock. Value = −1
writeblock. list = w_2

(i) 写者w_2阻塞

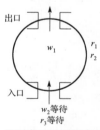

r_3执行如下操作后阻塞:
P(mutex);
readcount++;
P(writeblock); //阻塞

w_3操作后各主要变量值
readcount = 1
writeblock. Value = −2
writeblock. list = w_2, r_3

(j) 读者r_3阻塞

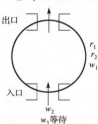

w_1执行如下操作后退出
共享文件:
V(writeblock); //唤醒w_2

w_1操作后各主要变量值
readcount = 1
writeblock. Value = −1
writeblock. list = r_3

(k) w_1退出共享文件区

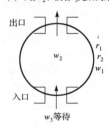

w_2执行如下操作后进入
共享文件:
{写文件};

w_2操作后各主要变量值
readcount = 1
writeblock. Value = −1
writeblock. list = r_3

(l) w_2进入共享文件区

图 3-9　读者-写者问题分析

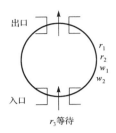
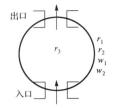
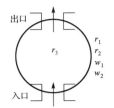

w_2执行如下操作后退出 共享文件： V(writeblock); //唤醒r_2	w_2执行如下操作后进入 共享文件： V(mutex) {读文件};	r_3执行如下操作后退出 共享文件区： P(mutex); readcount--; V(writeblock); V(mutex);
w_2操作后各主要变量值 readcount = 0 writeblock. Value = 0 writeblock. list = 空	r_3操作后各主要变量值 readcount = 0 writeblock. Value = 0 writeblock. list = 空	r_3操作后各主要变量值 readcount = 0 writeblock. Value = 1 writeblock. list = 空
(m) w_3退出共享文件区	(n) r_3进入共享文件区	(o) r_3退出共享文件区

图 3-9　读者-写者问题分析（续）

4. 睡眠理发师问题

1968 年，Dijkstra 提出了睡眠理发师问题：理发店有一位理发师、一把理发椅和 n 把椅子供顾客等候理发休息。如果没有顾客，理发师便在理发椅上睡觉。某位顾客到来时，该顾客必须叫醒理发师。如果理发师正在理发时又有顾客到来，则如果有空椅子可坐，顾客就坐下来等待，否则离开。睡眠理发师问题的算法描述如下。

```
int waiting=0;                //等候理发顾客坐的椅子数
int CHAIRS=N;                 //为顾客准备的椅子数
semaphore customers,barbers,mutex;
customers=0;barbers=0;mutex=1;
cobegin
process barber( )             //理发师进程
{
    while(true)
    {
        P(customers);         //有顾客可供消费吗？若无顾客，则理发师睡眠
        P(mutex);             //若有顾客，则以顾客为产品，取一个顾客消费
        waiting--;            //等候顾客数少一个
        V(barbers);           //理发师喊一个顾客来准备为其理发
        V(mutex);             //退出临界区
        cut_hair();           //理发师正在理发（非临界区）
    }
}
process customer_i( )         //顾客进程
{
    P(mutex);                 //进入临界区
    if(waiting<CHAIRS)
```

```
        {                               //若有空椅子，则等候顾客数加 1，否则顾客离开
            waiting++;
            V(customers);               //可用顾客数增 1
            V(mutex);                   //退出临界区
            P(barbers);                 //理发师忙，顾客坐下等待
            get_haircut();              //否则顾客坐下理发
        }
        else
            V(mutex);                   //人满了，顾客离开理发店
    }
coend
```

理发师的活动包括两个动作：第一个动作是查看有无顾客，如果没有则睡觉；第二个动作是若有顾客，则请一位顾客来理发。

顾客的活动也包括两个动作：第一个动作是查看有无空闲椅子，如果有则坐下，没有则离开；第二个动作是若有椅子则坐下，然后等候理发师按顺序理发。

如果理发师进程首先获得调度，这时还没有顾客，则理发师进程等待于语句 P(customers)，顾客进程执行到语句 V(customers)时唤醒理发师进程。唤醒理发师进程后，顾客进程执行语句 P(barbers)并再次等待，理发师执行语句 V(barbers)，相当于叫号理发。

如果顾客进程首先获得调度，则执行语句 V(customers)表明一个顾客到达，并不唤醒还不存在的理发师进程。然后顾客进程等待理发师叫号理发。理发师进程启动后会执行语句 P(customers)并取下一个顾客。

理发师问题进程运行场景分析如图 3-10 所示。

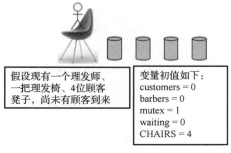

（a）初始状态

（b）理发师进程首先调度运行

图 3-10　理发师问题场景分析

顾客1到来，顾客进程执行如下操作：
P(mutex);
if(waiting＜CHAIRS) {
waiting++;
V(customers);//唤醒理发师
V(mutex);
P(barbers); //等待理发师叫号
	执行后变量值为：
	customers = 0, −1, 0(唤醒理发师)
	barbers = 0, −1(顾客1等待)
	mutex = 1, 0, 1
	waiting = 0, 1
	CHAIRS = 4

（c）顾客1到来

顾客2到来，顾客进程执行如下操作：
P(mutex);
if(waiting＜CHAIRS) {
waiting++;
V(customers);
V(mutex);
P(barbers); //等待理发师叫号
	执行后变量值为：
	customers = 0, −1, 0(唤醒理发师), 1
	customers = 0, −1, 0(顾客1等待), −2(顾客2等待)
	mutex = 1, 0, 1
	waiting = 0, 1, 2
	CHAIRS = 4

（d）顾客2到来

理发师进程再次调度运行， 从断点执行： P(mutex); waiting-- V(barbers); **唤醒顾客1，呼叫顾客1来理发** V(mutex); cut_hair();	顾客1被唤醒后执行： get_haircut(); 执行后变量值为： customers = 0, −1, 0(唤醒理发师), 1 barbers = 0, −1(顾客1等待), −2(顾客2等待), −1(唤醒顾客1) mutex = 1, 0, 1 waiting = 0, 1, 2, 1 CHAIRS = 4

（e）理发师进程再次调度运行

图 3-10　理发师问题场景分析（续）

　　理发师问题在现实生活中很常见，如在银行或邮局取号排队等候到业务窗口办理业务的活动就可以抽象为理发师问题。

3.3.5　Linux 系统中的同步互斥功能

1. 信号量初始化函数 sem_init

头文件：#include<semaphore.h>。

原型：int sem_init(sem_t *sem, int pshared, unsigned int value);。

说明：sem_init()初始化 sem 信号量。value 参数指定信号量的初始值。pshared 参数指明信号量由进程内线程共享，还是由进程之间共享。

2．信号量 P 操作函数 sem_wait

头文件：#include<semaphore.h>。

原型：int sem_wait(sem_t * sem);。

说明：sem_wait 函数减小 sem 信号量的值。如果信号量的值大于 0，则进行减一操作，函数立即返回。如果信号量当前值为 0，则调用会一直阻塞，直到信号量变得可以进行减一操作（例如，信号量的值大于 0）或者信号处理程序中断调用为止。

3．信号量 V 操作函数 sem_post

头文件：#include<semaphore.h>。

原型：int sem_post(sem_t *sem);。

说明：sem_post 函数使 sem 信号量的值增 1，并唤醒阻塞在这个信号量上的一个进程或线程。

实验 7 使用信号量解决生产者–消费者问题

1．技术原理

采用多线程技术实现生产者-消费者之间的同步互斥操作。生产者和消费者线程均可以有多个。共享环形缓冲区的存储单元个数为 10，即可以放置 10 个产品，各个生产者线程放入的产品是该生产者进程的编号。任意一个消费者线程可取缓冲区当前可取的产品。每个生产者线程最多可以生产 10 个产品，每个消费者可以取 10 次产品。

2．实现程序

```
#include <stdio.h>
#include <stdlib.h>/
#include <sys/types.h>
#include <pthread.h>
#include <unistd.h>
#include <signal.h>
#include <semaphore.h>
#define Maxbuf 10
#define TimesOfOp 10
#define true 1
#define false 0
//定义循环缓冲队列及其操作
struct Circlebuf                 //循环缓冲队列结构
{
    int read;                    //读指针
    int write;                   //写指针
    int buf[Maxbuf];             //缓冲区
} circlebuf;
```

```
sem_t mutex;
sem_t empty;
sem_t full;
void writeCirclebuf(struct Circlebuf *circlebuf,int *value)
                                    //向缓冲区中写一个值
{
    circlebuf->buf[circlebuf->write]=(*value);
    circlebuf->write=(circlebuf->write+1)%Maxbuf;        //写过后指针+1
}
int readCirclebuf(struct Circlebuf *circlebuf)//从当前指针读一个值,返回value
{
    int value=0;
    value=circlebuf->buf[circlebuf->read];
    circlebuf->buf[circlebuf->read]=0;                   //读过后值置为 0
    circlebuf->read=(circlebuf->read+1)%Maxbuf;          //读过后 read 增 1
    return value;
}
void OutCirclebuf(struct Circlebuf *circlebuf)
{
    int i;
    printf("*******************缓冲区各单元的值:");
    for(i=0;i<Maxbuf;i++)
        printf("%d  ", circlebuf->buf[i]);
    printf("\n");
}
void sigend(int sig)
{
    exit(0);
}
void * productThread(void *i)                            //生产者线程
{
    int *n=(int *)i;
    int t=TimesOfOp;
    while(t--)
    {
        sem_wait(&empty);                               //可用缓冲单元数减一
        sem_wait(&mutex);
        writeCirclebuf(&circlebuf,n);
        printf("+++++生产者 %d 写入缓冲区的值=%d.\n",*n,*n);
                                                        //显示 n 所指内存单元的值
        OutCirclebuf(&circlebuf);                       //输出缓冲区的值
        sem_post(&mutex);
        sem_post(&full);                                //可用产品数增一
    }
}
void * consumerThread(void *i)                          //消费者线程
{
```

```
        int *n=(int *)i;
        int value=0;                          //消费品存放处
        int t=TimesOfOp;
        while(t--)
        {
            sem_wait(&full);
            sem_wait(&mutex);
            value=readCirclebuf(&circlebuf);    //取出产品并放入 value
            printf("---------------消费者 %d 取走的产品值为: %d \n",*n,value);
            OutCirclebuf(&circlebuf);           //输出缓冲区的值
            sem_post(&mutex);
            sem_post(&empty);
        }
}
int main()
{
    int i;
    int ConsNum=0,ProdNum=0,ret;         //初始化生产者消费者数量
    pthread_t cpid,ppid;                 //线程 ID
    sem_init(&mutex,0,1);                //初始化线程间互斥信号量 mutex 值为 1
    sem_init(&empty,0,Maxbuf);           /*初始化线程间同步信号量 empty 值为
                                           空白缓冲区数 10*/
    sem_init(&full,0,0);                 //初始化线程间同步信号量 full 值为 0
    signal(SIGINT, sigend);              //收到信号，结束程序
    signal(SIGTERM, sigend);             //收到信号，结束程序
    //初始化循环缓冲队列
    circlebuf.read=circlebuf.write=0;    //读写指针指向 0 号单元
    for(i=0;i<Maxbuf;i++)
        circlebuf.buf[i]=0;              //各个缓冲单元清 0
    printf("请输入生产者进程的数目 :");
    scanf("%d",&ProdNum);
    int *pro=(int *)malloc(ProdNum*sizeof(int));
    printf("请输入消费者进程的数目 :");
    scanf("%d",&ConsNum);
    int *con=(int *)malloc(ConsNum*sizeof(int));
    for(i=1;i<=ConsNum;i++)              //启动消费者线程
    {
        cpid=i;
        con[i-1]=i;
        ret=pthread_create(&cpid,NULL,consumerThread,(void *)&con[i-1]);
        if(ret!=0)
        {
            printf("Create thread error");
            exit(1);
        }
    }
    for(i=1;i<=ProdNum;i++)      //启动生产者线程
```

```
    {
        ppid=i+100;                    //为了和消费者线程 ID 区分，每个线程号都加 100
        pro[i-1]=i;
        ret=pthread_create(&ppid,NULL,productThread,(void *)&pro[i-1]);
        if(ret!=0)
        {
            printf("Create thread error");
            exit(1);
        }
    }
    sleep(1);                          // main 线程延迟停止
    sem_destroy(&mutex);
    sem_destroy(&empty);
    sem_destroy(&full);
    pthread_exit(NULL);
}
```

编译程序 pc.c：

```
administrator@ubuntu:~$ gcc pc.c -o pc -lpthread
```

运行程序 pc：

```
administrator@ubuntu:~$ ./pc
```

库函数说明：

sig_t signal(int signum,sig_t handler)：设置某一信号的对应动作。第一个参数 signum 指明了所要处理的信号类型，第二个参数 handler 描述了与信号关联的动作。

SIGINT：按 Ctrl+C 组合键会产生 SIGINT。

SIGTERM：请求中止进程，kill 命令默认发送。

3．实验训练

利用信号量解决哲学家进餐问题、读者-写者问题与理发师问题。

3.4　管　　程

3.4.1　管程的概念

信号量和 PV 操作是一种进程同步工具，管程是另一种进程同步工具，管程具有封装性。

1．引入管程的原因

信号量机制的缺点：进程自备同步操作，P(s)和 V(s)操作大量分散于各个进程中，不易管理，易发生死锁。

1974 年和 1977 年，Hoare 和 Hansen 分别提出了管程。管程的特点如下：管程封装了同步操作,对进程隐蔽了同步细节,简化了同步功能的调用界面,用户编写并发程序如同编写顺序(串行)程序一样。

引入管程机制的目的如下。

(1)把分散在各进程中的临界区集中起来进行管理。

(2)防止进程有意、无意地同步操作。

(3)便于用高级语言书写程序和程序正确性验证。

2.管程的定义

管程是由局部于自己的若干公共变量及其说明和所有访问这些公共变量的过程组成的软件模块。管程包括如下 3 个组成部分。

(1)局部于管程的共享变量。

(2)对数据结构进行操作的一组过程。

(3)对局部于管程的数据进行初始化的语句。

3.管程的属性

(1)共享性:管程可被系统范围内的进程互斥访问,属于共享资源。

(2)安全性:管程的局部变量只能由管程的过程访问,不允许进程或其他管程直接访问,管程也不能访问非局部于它的变量。

(3)互斥性:多个进程对管程的访问是互斥的。任一时刻,管程中只能有一个活跃进程。

(4)封装性:管程内的数据结构是私有的,只能在管程内使用,管程内的过程也只能使用管程内的数据结构。进程通过调用管程的过程使用临界资源。

管程在 Java 中已实现。

4.管程语法形式

管程的语法形式如下。

```
type 管程名=monitor {
    局部变量说明;
    条件变量说明;
    初始化语句;
define 管程内定义的、管程外可调用的过程或函数名列表;
use 管程外定义的、管程内将调用的过程或函数名列表;
过程名/函数名(形式参数表) {
    <过程/函数体>;
    }
        ……
过程名/函数名(形式参数表) {
    <过程/函数体>;
    }
    }
```

5．管程结构

管程的组成结构如下。

（1）局部数据和条件变量组成管程内的数据结构。

（2）过程/函数 1～过程/函数 k 组成管程内的一组过程，对管程内的数据结构进行操作。

（3）初始化代码对管程内的数据结构进行初始化。

管程结构如图 3-11 所示。管程涉及多种队列及条件变量。

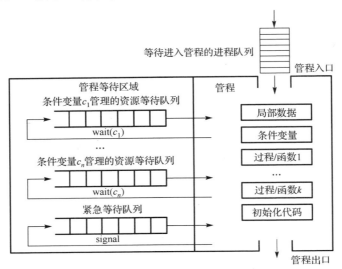

图 3-11　管程的结构

1）管程入口处的等待队列

管程是互斥进入的，当一个进程试图进入一个已被占用的管程时，它应当在管程入口处等待，因而在管程的入口处有一个进程等待队列，称为入口等待队列。

2）管程内的资源等待队列

管程是用于管理资源的，当进入管程的进程因资源被占用等原因不能继续运行时使其等待，即将等待资源的进程加入资源等待队列，该队列由条件变量维护。资源等待队列可以有多个，每种资源一个队列。

3）条件变量

条件变量（如名称为 c）是出现在管程内的一种数据结构，且只有在管程中才能被访问，它对管程内的所有过程是全局的，只能通过两个原语操作来控制它。

c.wait( )：调用进程阻塞并移入与条件变量 c 相关的队列中，并释放管程，直到另一个进程在该条件变量 c 上执行 signal( )，唤醒等待进程并将其移出条件变量 c 队列。

c.signal( )：如果存在其他进程由于对条件变量 c 执行 wait( )而被阻塞，便释放之；如果没有进程在等待，则信号被丢弃。

条件变量与 P、V 操作中信号量的区别在于：条件变量是一种信号量，但不是 P、V 操作中纯粹的计数信号量，没有与条件变量关联的值，不能像信号量那样积累供以后使用，仅仅起到维护等待进程队列的作用。因此，在使用条件变量 x 时，通常需要定义一个与之配套使用的整型变量 x-count，用于记录条件变量 x 所维护等待队列中的进程数。

4）管程内的紧急等待队列

当一个进入管程的进程执行等待操作 wait 时，其他进程应该被允许进入管程；当一个进入管程的进程执行唤醒操作 signal 时（如 P 唤醒 Q），管程中便存在两个可运行进程，由于任一时刻，管程中只能有一个活跃进程，所以处理办法如下。

① P 等待 Q 继续，直到 Q 退出或等待。

② Q 等待 P 继续，直到 P 等待或退出。

③ 规定唤醒 signal 为管程中最后一个可执行的操作。

如果进程 P 唤醒进程 Q，则 P 等待 Q 继续；如果进程 Q 在执行的同时又唤醒进程 R，则 Q 等待 R 继续，等等。如此，在管程内部，由于执行唤醒操作，可能会出现多个就绪进程，因而需要有一个就绪等待队列，这个等待队列被称为紧急等待队列。它的优先级高于入口等待队列的优先级。

3.4.2　管程的实现

霍尔方法使用 P 和 V 操作原语实现对管程中过程的互斥调用，及实现对共享资源互斥使用的管理。霍尔方法不要求 signal 操作是过程体的最后一个操作，且 wait 和 signal 操作可被设计为可以中断的过程。

1．Hoare 管程数据结构

1）mutex

（1）信号量 mutex 管理管程入口处的等待队列，供管程中过程互斥调用，初值为 1。

（2）进程调用管程中的任何过程时，应执行 P(mutex)；进程退出管程时应执行 V(mutex) 开放管程，以便其他调用者进入。

（3）为了使进程在等待资源期间，其他进程能够进入管程，故在 wait 操作中必须执行 V(mutex)，否则会妨碍其他进程进入管程，导致无法释放资源。

执行 wait 操作的进程需要释放信号量 mutex，不在 mutex 信号量上等待，而在其他条件变量（或信号量）上等待。

2）next 和 next-count

（1）信号量 next 管理管程内的紧急等待队列，初值为 0。凡发出 signal 操作的进程应该用 P(next)挂起自己，加入紧急等待队列，直到被释放进程退出管程或产生其他等待条件。

（2）进程在退出管程的过程前，必须检查是否有其他进程在信号量 next（即紧急等待队列）上等待，若有，则用 V(next)唤醒它。next-count 初值为 0，用来记录在 next 上等待的进程数目。

3）x-sem 和 x-count

（1）信号量 x-sem 用来管理资源等待队列，初值为 0。进程申请资源得不到满足时，执行 P(x-sem)挂起，加入 x-sem 代表的资源队列。释放资源时，需要知道是否有其他进程在等待资源，因此用计数器 x-count（初值为 0）记录等待资源（即资源等待队列中）的进程数。

（2）执行 signal 操作时，应使等待资源的某个进程立即恢复运行，而不使其他进程抢先进入管程，这可以用 V(x-sem)来实现。

每个管程定义如下数据结构。

```
typedef struct InterfaceModule
{                                    //InterfaceModule 是结构体的名称
    semaphore mutex;                 //进程调用管程过程前使用的互斥信号量
    semaphore next;                  //发出 signal 的进程挂起自己的信号量
    int next_count;                  //在 next 上等待的进程数
};
mutex=1;next=0;next_count=0;          //初始化语句
void enter(InterfaceModule &IM)
{
    P(IM.mutex);
}
void leave(InterfaceModule &IM)
{
    if(IM.next_count>0) V(IM.next);//优先唤醒管程内紧急等待队列中的等待进程
    else V(IM.mutex);   //当管程内无等待进程时，唤醒管程外入口处的等待进程
}
```

2. Hoare 的 wait 操作

wait 操作过程如下。

```
void wait(semaphore&x_sem, int&x_count, InterfaceModule&IM)
{
    x_count++;//等待资源的进程数增1，等待资源的进程将加入 x_sem 管理的资源等待队列
    if IM.next_count > 0 V(IM.next);    /*等待资源的进程睡眠之前，唤醒管程内
                                          紧急等待队列中的就绪进程*/
    else V(IM.mutex);/*若管程内紧急等待队列空，则唤醒管程入口处等待进入管程
                       队列中的进程*/
    P(x_sem);   /*唤醒其他进程之后，等待资源的进程加入 x_sem 管理的资源等待队列
                 中并睡眠，下面的 x_count--语句会暂停执行，待该进程被唤醒后再执行*/
    x_count--;
}
```

wait 过程的一个执行场景如图 3-12 所示。图中进程 P1 在管程内处于运行状态，进程 P2 在紧急等待队列就绪，进程 P3 在管程入口处等待进入管程。现在 P1 调用 wait 过程，根据 wait 过程的操作定义，P1 将停止运行，进入资源等待队列。在此之前，P1 必须先唤醒 P2，然后 P1 等待，P2 运行，P3 继续等待。

3. Hoare 的 signal 操作

signal 操作过程如下。

```
void signal(semaphore&x_sem, int&x_count, InterfaceModule&IM)
{
  if x_count > 0
```

```
{//若有等待资源的进程，即 x_sem 资源等待队列中有进程
    IM.next_count++;/*执行 signal 操作的进程将加入紧急等待队列,因此该队列进程
            数增 1*/
    V(x_sem);    /*执行 signal 操作的进程在阻塞前,先释放一个等待资源的进程*/
    P(IM.next);/*执行 signal 操作的进程进入管程内紧急等待队列,下面的 IM.next_
            count--语句暂停执行,只有进程被唤醒后才会执行*/
    IM.next_count--;    /*紧急等待队列中的进程数减少 1 个*/
    }
}
```

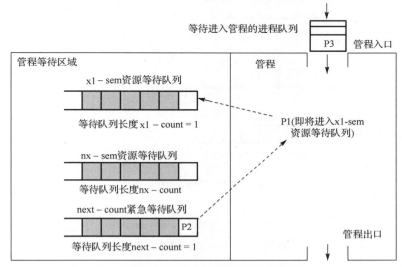

（a）进程P1即将进入x1-sem资源等待队列（紧急等待
队列中有进程P2正在等待,管程入口队列有进程P3正在等待）

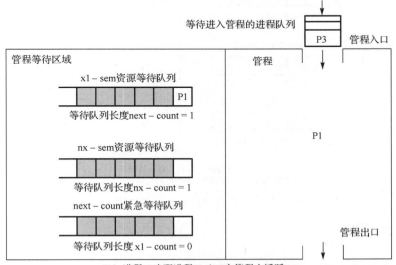

（b）进程P1唤醒进程P2（P2在管程中活跃,
P1进入x2-sem资源等待队列等待,进程P3继续等待）

图 3-12　霍尔管程的 wait 过程

signal 过程的一个执行场景如图 3-13 所示。图中进程 P2 在管程内处于运行状态,进

程 P1 在资源等待队列中等待，进程 P3 在管程入口处等待进入管程。现在 P2 调用 signal 过程，根据 signal 过程的操作定义，P2 将停止运行，进入紧急等待队列就绪。在 P2 等待前，需要先唤醒 P1，然后 P2 进入紧急等待队列，P1 进入运行状态，P3 继续等待。

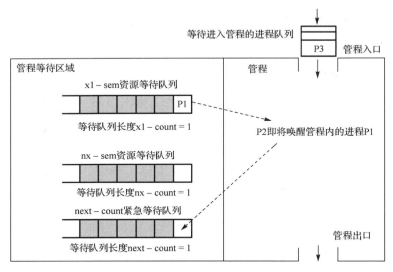

（a）进程P2即将唤醒管程内的进程P1

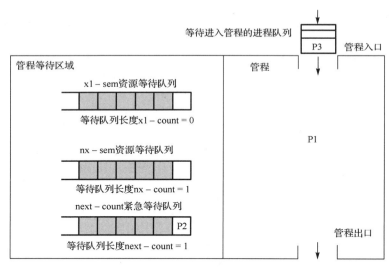

（b）进程P2唤醒进程P1（P1在管程内活跃，
P2进入紧急等待队列等待，进程P3继续等待）

图 3-13　霍尔管程的 signal 过程

3.4.3　管程的应用

1. 使用管程解决 5 个哲学家吃通心面问题

代码如下。

```
type dining_philosophers=monitor                        //管程定义
{
```

```
            enum {thinking,hungry,eating} state[5];            //哲学家的状态
            semaphore self[5];                                 //条件变量（信号量）
            int self_count[5];
            InterfaceModule IM;
            for (int i=0;i<5;i++)  state[i]=thinking;           //初始化，i 为进程号
            define pickup,putdown;
            use enter,leave,wait,signal;
            void pickup(int i)
            {//i=0,1,...,4
                enter(IM);
                state[i]=hungry;
                test(i);
                if(state[i]!=eating) wait(self[i],self_count[i],IM);
                                          //若哲学家 i 未吃,则哲学家 i 等待叉子
                leave(IM);
            }
        void putdown(int i)
        {//i=0,1,2,..,4
                enter(IM);
                state[i]=thinking;
                test((i-1)%5);                    //释放等待叉子的哲学家 i-1
                test((i+1)%5);                    //释放等待叉子的哲学家 i+1
                leave(IM);
        }
        void test(int k)
        {//k=0,1,...,4
                if((state[(k-1)%5]!=eating)&&(state[k]==hungry)&&(state[(k+1)
                %5]!=eating))
                {//哲学家 k 饥饿且左右两侧的哲学家没有使用叉子，则哲学家 k 可以吃
                    state[k]=eating;
                    signal(self[k],self_count[k],IM);/*释放等待叉子的哲学家 k，执
                                          行 signal 进程，进入紧急等待队列*/
                }
            }
        }
        cobegin
            process philosopher_i()                        //进程定义
            {//i=0,1,…,4
                while(true)
                {
                    thinking();
                    dining_philosophers.pickup(i);
                    eating();
                    dining_philosophers.putdown(i);
                }
            }
        coend
```

2．使用管程解决生产者-消费者问题

代码如下。

```
type producer_consumer=monitor                      //管程定义
{
    item B[k];                                      //缓冲区的个数
    int in,out;                                     //存取指针
    int count;                                      //缓冲中的产品数
    semaphore notfull,notempty;                     //条件变量
    int notfull_count,notempty_count;
    InterfaceModule IM;
    define append,take;
    use enter,leave,wait,signal;
    void append(item x)
    {
        enter(IM);
        if(count==k) wait(notfull,notfull_count,IM);
                                //缓冲区已满，在 notfull 队列中等待空白缓冲区
        B[in]=x;
        in=(in+1)%k;
        count++;                                //增加一个产品
        signal(notempty,notempty_count,IM);/*唤醒 notempty 队列中的等待消
                                        费者，自己进入紧急等待队列*/
        leave(IM);
    }
    void take(item &x)
    {
        enter(IM);
        if(count==0)  wait(notempty,notempty_count,IM);
                                    //在 notempty 队列中等待满缓冲区
        x=B[out];
        out=(out+1)%k;
        count--;                                //减少一个产品
        signal(notfull,notfull_count,IM);//唤醒 notfull 队列中的等待生产者
        leave(IM);
    }
}
cobegin
    process producer_i()                    //进程定义
    {
        item x;
        produce(x);
        producer_consumer.append(x);
    }
    process consumer_j()
    {
        item x;
        producer_consumer.take(x);
        consume (x);
    }
coend
```

3.5　进 程 通 信

进程通信与进程同步和互斥密切相关。进程同步与互斥的目的是确保进程正确通信。进程同步与互斥发送和接收信号，进程通信发送和接收数据。进程需要共享的数据应该放在什么地方才能被通信双方进程看到是进程通信涉及的问题。进程之间互相交换信息的工作称为进程通信。例如，生产者-消费者问题中生产者进程和消费者进程交换数据用到的缓冲池应该放在什么地方才能被双方进程看到并存取呢？在介绍进程同步与互斥内容时假定并发进程已经看到缓冲池，具体怎么看到并未阐明。进程通信就要说明交换数据用到的共享空间如何创建，如何访问。在进程空间相对封闭的情况下如何访问共享数据就是进程通信重点研究的问题。前面章节主要讨论了操作系统与进程之间的关系，进程通信将要讨论的是进程与进程之间的关系。

3.5.1　管道通信机制

1．管道的概念

管道是连接读写进程的一个共享文件，允许进程以先进先出的方式写入和读出数据，并对读写操作进行同步。发送进程以字符流形式把大量数据送入管道尾部，接收进程从管道头部接收数据。管道可借助于文件系统实现，包括（管道）文件的创建、打开、关闭和读写。

2．管道读写进程之间的同步

读写进程访问管道需要同步，即：

（1）管道应互斥使用，管道读写不能同时进行。一个进程正在执行管道写入或读出操作时，另一进程必须等待。读写结束时，唤醒等待进程，自己应阻塞。

（2）读写双方必须能够知道对方是否存在，只有存在才能通信。如果对方已经不存在，则没有必要再发送或接收信息。系统发送 SIGPIPE 信号通知进程对方不存在。

（3）管道空间大小通常是固定的，读写操作时需要考虑写满和读空问题。

3．管道的类型

管道分为匿名管道（无名管道）和命名管道（有名管道）。匿名管道是仅存在于内存中的临时对象，仅用于具有共同祖先进程的父子进程或兄弟进程之间的通信。命名管道具有与之关联的文件名、目录项和访问权限，无亲缘关系的进程可以通过引用命名管道的名称进行通信。

4．Linux 管道的实现

Linux 管道空间是一个固定大小的缓冲区。Linux 借助文件系统的 file 结构和 VFS 的索引节点对管道进行管理。管道读写采用标准的文件读写库函数 read、write 实现。管道写操作的条件如下：①管道有足够空间容纳要写入的数据；②内存没有被读进程锁定。若满足，则管道写函数先锁定管道内存缓冲区,然后从写进程的地址空间复制数据到管道缓冲区中,再解锁内存。若不满足, 则写进程阻塞在 VFS 索引节点等待队列中, 直到读进程唤醒。读进程在没有数据或内存被锁定时阻塞或立即返回错误信息。管道操作完成后, 管道的索引节点被丢弃, 共享数据页被释放。

实验 8　　Linux 管道通信

1. 两个进程之间的无名管道通信

建立程序 pipec.c：

```c
#include <stdlib.h>
#include <stdio.h>
#include <unistd.h>
int wc=1,rc=1;
void writer (const char* message, int count, FILE* stream)
{
    for (; count > 0; --count) {
        printf("写进程第%d 次写入: \n",wc);
        fprintf (stream, "%s:%d\n", message,wc);
        fflush (stream);
        printf("写进程第%d 次阻塞.\n",wc);
        wc++;
        sleep (1);
    }
}
void reader (FILE* stream)
{
    char buffer[1024];
    while (!feof (stream) && !ferror (stream) && fgets (buffer, sizeof
            (buffer), stream) != NULL)
    {
        printf("读进程第%d 次读取: \n",rc);
        rc++;
        fputs (buffer, stdout);
    }
}
int main ()
{
    int fds[2];
    pid_t pid;
    pipe (fds);
    pid = fork ();
    if (pid == (pid_t) 0) {
        FILE* stream;
        close (fds[1]);
        stream = fdopen (fds[0], "r");
```

```
        reader (stream);
        close (fds[0]);
    }
    else {
        FILE* stream;
        close (fds[0]);
        stream = fdopen (fds[1], "w");
        writer ("Hello, world.", 5, stream);
        close (fds[1]);
    }
    return 0;
}
```

编译程序 pipec.c：

```
sfs@ubuntu:~$ gcc pipec.c -o pipec
```

运行程序 pipec：

```
sfs@ubuntu:~$ ./pipec
```

系统函数简要说明：

（1）int fprintf(FILE *stream, const char *format, ...)：传送格式化输出到一个文件中。

（2）int fflush(FILE *stream)：清除文件缓冲区，文件以写方式打开时将缓冲区内容写入文件。

（3）char *fgets(char *buf, int bufsize, FILE *stream)：从 stream 中读取数据，每次读取一行保存在 buf 数组中，每次最多读取 bufsize-1 个字符（第 bufsize 个字符赋'\0'）。

（4）int fputs(char *str, FILE *fp)：向指定的文件写入一个字符串。

（5）FILE * fdopen(int fildes,const char * mode)：取一个现存的文件描述符，并使一个标准的 I/O 流与该描述符结合。

2. 两个进程之间的有名管道通信

编写两个分别包含 main 函数的主程序 fifo_write.c 和 fifo_read.c，两个程序之一在当前目录（~）下创建一个有名管道"myfifo"，然后 fifo_write 向管道写入数据，fifo_read 从中读出数据，两个进程可以任意顺序运行。

编写程序 fifo_write.c：

```
//fifo_write.c
#include <stdio.h>
#include <stdlib.h>
#include <string.h>
#include <sys/types.h>
#include <sys/stat.h>
#include <errno.h>
#include <unistd.h>
#include <fcntl.h>
#define FIFO "myfifo"
```

```
#define BUFF_SIZE 1024
int main(int argc,char* argv[])
{
    char buff[BUFF_SIZE];
    int real_write;
    int fd;
    int rw=1;
    //测试 FIFO 是否存在，若不存在，mkfifo 一个 FIFO
    if(access(FIFO,F_OK)==-1)
    {
        if((mkfifo(FIFO,0666)<0)&&(errno!=EEXIST))
        {
            printf("Can NOT create fifo file!\n");
            exit(1);
        }
    }
    //调用 open 以只写方式打开 FIFO，返回文件描述符 fd
    if((fd=open(FIFO,O_WRONLY))==-1)
    {
        printf("Open fifo error!\n");
        exit(1);
    }
    //调用 write 将 buff 写到文件描述符 fd 指向的 FIFO 中
    do
    {
        printf("请输入要写入管道的内容：\n");
        gets(buff);
        if ((real_write=write(fd,buff,BUFF_SIZE))>0)
            printf("第%d 次写入管道：'%s'.\n",rw++,buff);
    }
    while(strlen(buff)!=0);
    close(fd);
    exit(0);
}
```

编译程序 fifo_write.c：

```
administrator@ubuntu:~$ gcc fifo write.c -o fifo write
```

编写程序 fifo_read.c：

```
//fifo_read.c
#include <stdio.h>
#include <stdlib.h>
#include <string.h>
#include <sys/types.h>
#include <sys/stat.h>
#include <errno.h>
#include <unistd.h>
#include <fcntl.h>
```

```
#define FIFO "myfifo"
#define BUFF_SIZE 1024
int main() {
    char buff[BUFF_SIZE];
    int real_read;
    int fd;
    int rc=1;
    if(access(FIFO,F_OK)==-1)
    {
        if((mkfifo(FIFO,0666)<0)&&(errno!=EEXIST))
        {
            printf("Can NOT create fifo file!\n");
            exit(1);
        }
    }
    if((fd=open(FIFO,O_RDONLY))==-1)
    {
        printf("Open fifo error!\n");
        exit(1);
    }
    while(1)
    {
        memset(buff,0,BUFF_SIZE);
        if ((real_read=read(fd,buff,BUFF_SIZE))>0)
            printf("第%d 次读取管道: '%s'.\n",rc++,buff);
        else break;
    }
    close(fd);
    exit(0);
}
```

编译程序 fifo_read.c：

```
administrator@ubuntu:~$ gcc fifo read.c -o fifo read
```

同时打开两个命令行终端窗口，在一个窗口（窗口 1）输入 ./fifo_read，在另一个窗口（窗口 2）中输入 ./fifo_write。

3.5.2　共享内存通信机制

1．共享内存

共享内存是允许两个或多个进程共同访问的物理内存区域，是实现进程通信的一种手段。共享内存会映射到各个进程独立的虚地址空间中。每个进程都有唯一的虚拟地址空间，各个进程的虚拟地址空间是相互隔离、不能互相访问的，但是共享内存却是通信进程的公共地址空间。

2．共享内存区到进程虚拟地址空间的映射

共享内存区应映射到进程中未使用的虚地址区，以免与进程映像发生冲突。共享内存

的页面在每个共享进程的页表中都有页表项引用，但无需在所有进程的虚地址段都有相同的地址。共享内存区属于临界资源，读写共享内存区的代码属于临界区。

3．Linux 共享内存的实现

Linux 内核为每个共享内存段维护一个数据结构 shmid_ds，其中描述了段的大小、操作权限、与该段有关系的进程标识等。共享内存的主要操作如下。

（1）创建共享内存：使用共享内存通信的第一个进程创建共享内存，其他进程则通过创建操作获得共享内存标识符，并据此执行共享内存的读写操作。

（2）共享内存绑定（映射共享内存区到调用进程地址空间）：需要通信的进程将先前创建的共享内存映射到自己的虚拟地址空间，使共享内存成为进程地址空间的一部分，随后可以像访问本地空间一样访问共享内存。

（3）共享内存解除绑定（断开共享内存连接）：不再需要共享内存的进程可以解除共享内存到该进程虚地址空间的映射。

（4）撤销共享内存：当所有进程不再需要共享内存时可删除共享内存。

实验 9　Linux 共享内存通信

1．共享内存通信的基本原理

共享内存是运行在同一台机器上的进程间通信最快的方式，因为数据不需要在不同的进程间复制。通常由一个进程创建一块共享内存区，其余进程对这块内存区进行读写。共享内存往往与其他通信机制（如信号量）结合使用，来达到进程间的同步及互斥。

2．实现共享内存通信的主要步骤

（1）由需要通信的任意一方进程创建一个共享内存区，并返回可供通信双方进程访问的该共享内存区的一个标识。

（2）共享内存区非创建进程将共享内存区通过其标识绑定到本进程。

（3）通信双方进程可以读写共享内存区。

（4）通信结束后，双方进程脱离共享内存区。

（5）任意一方通信进程删除共享内存区。

3．共享内存通信实例

本实例由两个独立运行的进程构成：一个写进程 shmmutexwrite 和一个读进程 shmmutexread。写进程通过循环不断往共享内存区写入一些人的姓名和年龄，读进程通过循环不断从共享内存区读出写进程写入的姓名和年龄。两者通过信号量进行同步和互斥。

写进程 shmmutexwrite：

```
/*shmmutexwrite.c:向共享内存中写入数据*/
#include <semaphore.h>
#include <stdio.h>
#include <stdlib.h>
#include <sys/types.h>
#include <sys/ipc.h>
```

```
#include <sys/sem.h>
#include <sys/shm.h>
#include <sys/stat.h>
#include <fcntl.h>
#include <string.h>
#define BUFFER_SIZE 10
#define sem_name "mysem"
int main()
{
    struct People
    {
        char name[10];
        int age;
    };
    int shmid;
    sem_t*sem;
    int age=10,i=1;
    char buff[BUFFER_SIZE];
    key_t shmkey;
    shmkey=ftok("shmmutexread.c",0);
    /*创建共享内存和信号量的 IPC*/
    sem=sem_open(sem_name,O_CREAT,0644,1);
    if(sem==SEM_FAILED)
    {
        printf("unable to creat semaphore!");
        sem_unlink(sem_name);
        exit(-1);
    }
    shmid=shmget(shmkey,1024,0666|IPC_CREAT);
    if(shmid==-1)
        printf("creat shm is fail\n");
    /*将共享内存映射到当前进程的地址中，之后直接对进程中的地址 addr 的操作就是
      对共享内存的操作*/
    struct People * addr;
    addr=(struct People*)shmat(shmid,0,0);
    if(addr==(struct People*)-1)
        printf("shm shmat is fail\n");
    /*向共享内存写入数据*/
    addr->age=0;              //第 1 个元素作为可供消费的产品数量不存放产品
    printf("写进程映射的共享内存地址=%p\n",addr);
    do
    {
        sem_wait(sem);
        memset(buff, 0, BUFFER_SIZE);
        memset((addr+i)->name, 0, BUFFER_SIZE);
        printf("写进程:输入一些姓名(不超过 10 个字符)到共享内存(输入'quit' 退出):\n");
        if(fgets(buff, BUFFER_SIZE, stdin) == NULL)
        {
            perror("fgets");
```

```
                sem_post(sem);
                break;
            }
            strncpy((addr+i)->name, buff, strlen(buff)-1);
            (addr+i)->age=++age;
            addr->age++;
            i++;
            sem_post(sem);
            sleep(1);
        }while(strncmp(buff,"quit",4)!=0);
        /*将共享内存与当前进程断开*/
        if(shmdt(addr)==-1)
            printf("shmdt is fail\n");
        sem_close(sem);
        sem_unlink(sem_name);
}
```

编译程序 shmmutexwrite.c：

```
administrator@ubuntu:~$ gcc shmmutexwrite.c -o shmmutexwrite -lpthread
```

编写读程序 shmmutexread.c：

```
/*shmmutexread.c:从共享内存读出数据*/
#include <semaphore.h>
#include <stdio.h>
#include <stdlib.h>
#include <sys/types.h>
#include <sys/ipc.h>
#include <sys/sem.h>
#include <sys/shm.h>
#include <sys/stat.h>
#include <fcntl.h>
#include <string.h>
#define sem_name "mysem"
int main()
{
    int shmid;
    sem_t*sem;
    int i=1;
    key_t shmkey;
    shmkey=ftok("shmmutexread.c",0);
    struct People
    {
        char name[10];
        int age;
    };
    /*读取共享内存和信号量的IPC*/
    sem=sem_open(sem_name,0,0644,0);
    if(sem==SEM_FAILED)
```

```
    {
        printf("unable to open semaphore!");
        sem_close(sem);
        exit(-1);
    }
    shmid=shmget(shmkey,0,0666);
    if(shmid==-1)
    {
        printf("creat shm is fail\n");
        exit(0);
    }
    /*将共享内存映射到当前进程的地址中，之后直接对进程中的地址 addr 的操作就是
      对共享内存的操作*/
    struct People * addr;
    addr=(struct People*)shmat(shmid,0,0);
    if(addr==(struct People*)-1)
    {
        printf("shm shmat is fail\n");
        exit(0);
    }
    printf("读进程映射的共享内存地址=%p\n",addr);
    /*从共享内存读出数据*/
    do
    {
        sem_wait(sem);
        if(addr->age>0)
        {
            printf("\n 读进程:绑定到共享内存 %p:姓名 %d   %s , 年龄%d \n",
                addr, i, (addr+i)->name, (addr+i)->age);
            addr->age--;
            if (strncmp((addr+i)->name, "quit", 4) == 0)  break;
            i++;
        }
        sem_post(sem);
    } while(1);
    sem_close(sem);
    /*将共享内存与当前进程断开*/
    if(shmdt(addr)==-1)  printf("shmdt is fail\n");
    if(shmctl(shmid,IPC_RMID,NULL)==-1)  printf("shmctl delete error\n");
}
```

编译程序 shmmutexread.c：

```
administrator@ubuntu:~$ gcc shmmutexread.c -o shmmutexread -lpthread
```

通信进程双方的运行方法如下。

（1）打开一个终端窗口（窗口 1）运行进程 shmmutexwrite：

```
administrator@ubuntu:~$ ./shmmutexwrite
```

（2）打开另一个终端窗口（窗口 2）运行进程 shmmutexread：

administrator@ubuntu:~$ ./shmmutexread

（3）在窗口 1 中依次输入 A1，按 Enter 键，A2，按 Enter 键，…，A9，按 Enter 键，quit，按 Enter 键。观察窗口 2 中进程的表现。

运行情况如图 3-14 所示。

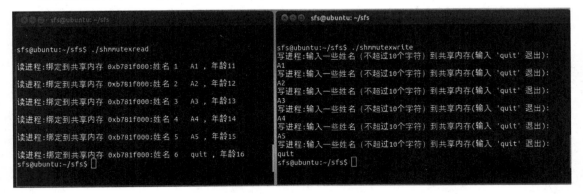

图 3-14　共享内存通信

4．共享内存通信关键函数

共享内存函数由 shmget、shmat、shmdt、shmctl 共 4 个函数组成。

（1）int shmget(key_t key, int size, int shmflg)：创建或获得一个共享存储标识符。

（2）void *shmat(int shmid, const void *shmaddr, int shmflg)：把共享内存区对象映射到调用进程的地址空间中。

（3）int shmdt(const void *shmaddr)：断开共享内存连接。

（4）int shmctl(int shmid, int cmd, struct shmid_ds *buf)：共享内存管理，用于获得、改变共享内存状态，删除共享内存。

3.5.3　消息传递通信机制

1．消息

消息是格式化的数据，在计算机网络中也称报文。消息由消息头和消息体组成。

2．消息传递通信机制的组成

消息传递通信机制由信箱、发送原语（send）和接收原语（receive）组成。信箱是存放信件的存储区域，每个信箱可分成信箱头和信箱体两部分。信箱头指出信箱容量、信件格式、信件位置指针等；信箱体用来存放信件，可分成若干个区，每个区容纳一个信件。

原语 send（A，信件）：若信箱未满，则把一封信件（消息）发送到信箱 A，同时唤醒信件等待者进程，否则发送者阻塞。

原语 receive（A，信件）：若信箱不空，则从信箱 A 中接收一封信件（消息），同时唤醒等待发送者进程；否则接收者阻塞。

发送原语和接收原语封装了同步细节，其中包含阻塞唤醒机制，程序员使用它们进行程序设计时不用再考虑同步操作。

信箱的所有者可以是操作系统，也可以是进程。如果信箱为进程所有，则当拥有信箱的进程执行结束时，信箱也随之消失。这时，拥有信箱的进程必须将这一情况通知此信箱的用户。操作系统拥有的信箱在显示删除之前一直存在，可以供通信进程共享。

3．利用消息传递通信机制解决互斥

1）利用消息传递通信机制解决互斥

先将共享信箱初始化为空，希望进入临界区的进程先试图接收一条消息，如果信箱为空，则进程阻塞；一旦进程获得消息，进程就进入临界区，然后把该消息放回信箱。利用消息传递通信机制解决互斥问题的算法如下。

```
void P (int i)                    //i=1,2,…,n
{
    message msg;
    while(true)
    {
        receive(box,msg);
        {临界区};
        send(box,msg);
    }
}
void main()
{
    create_mailbox(box);
    send(box,null);
    parbegin (P(1),P(2),…,P(n));
}
```

2）利用消息传递通信机制解决生产者-消费者问题

生产者-消费者问题中存在两种资源：一种是消费品，另一种是空闲缓冲区。现在使用两个信箱分别容纳这两种资源。生产者生产的数据作为消息发送到信箱 productbox 中，信箱 emptybox 最初填满空消息。每次生产使得 emptybox 中的消息数减少，每次消费使得 productbox 中的消息减少。两个信箱可以位于不同站点上。利用消息传递通信机制解决生产者-消费者问题的算法如下。

```
int capacity=缓冲大小, i ;
void producer ( )
{
    message pmsg;
    while(true)
    {
        receive(emptybox, pmsg);
        pmsg=produce( );
        send(productbox,pmsg);
    }
```

```
}
void consumer ( )
{
    message cmsg;
    while(true)
    {
        receive (productbox,cmsg);
        consume(csmg);
        send(emptybox,null);
    }
}
void main()
{
    creat-mailbox(productbox);
    creat-mailbox(emptybox);
    for(i=0;i<capacity;i++) send(emptybox,null);
    parbegin (producer ,consumer);
}
```

4．Linux 消息队列通信机制

Linux 消息队列通信机制属于消息传递通信机制。消息队列是内核地址空间中的内部链表，每个消息队列具有唯一的标识符。消息可以顺序地发送到队列中，并以几种不同的方式从队列中获取。对消息队列有写权限的进程可以按照一定的规则添加新消息；对消息队列有读权限的进程则可以从消息队列中读出消息。

消息的发送方式如下：发送方不必等待接收方检查它所收到的消息即可继续工作，而接收方如果没有收到消息则也无需等待。

新的消息总放在队列的末尾，接收的时候并不总是从头来接收的，可以从中间来接收。消息队列随内核存在并和进程相关，即使进程退出它也仍然存在。只有在内核重起或者显示删除一个消息队列时，该消息队列才会真正被删除。因此，系统中记录消息队列的数据结构位于内核中，系统中的所有消息队列都可以在结构 msg_ids 中找到访问入口。

Linux 消息队列的主要操作函数如下。

（1）msgget：创建一个消息队列或者返回已存在消息队列的标识号。

（2）msgsnd：向一个消息队列发送一个消息。

（3）msgrcv：从一个消息队列中接收一个消息。

（4）msgctl：在消息队列上执行指定的操作，如执行检索、删除等操作。

实验 10　Linux 消息传递通信

消息队列通信实现：建立一个写消息进程和一个读消息进程，写进程不断向消息队列写入消息，读进程则不断从消息队列读取消息。

写消息程序 msgwrite.c：

```
#include <sys/types.h>
#include <sys/ipc.h>
```

```c
#include <sys/msg.h>
#include <stdio.h>
#include <stdlib.h>
typedef struct _msg_buf
{
    long type;        //消息类型
    char buf[100];    //消息内容
} msg_buf;
int main()
{
    int key, qid;
    msg_buf buf;
    key = ftok(".", 10);
    qid = msgget(key, IPC_CREAT|0666);
    printf("key: %d\nqid: %d\n", key, qid);
    buf.type = 10;
    printf("请输入一些消息，每条消息以回车结束。如果输入 quit，则程序结束\n");
    while (1)
    {
        fgets(buf.buf, 100, stdin);
        if(strncmp(buf.buf,"quit",4)==0)
        {
            if((msgctl(qid, IPC_RMID, NULL)) < 0) /*删除指定的消息队列*/
            {
                perror ("msgctl");
                exit (1 );
            }
            else
            {
                printf("successfully removed %d queue/n", qid);
                                            /*删除队列成功*/
                exit( 0 );
            }
        }
        if (msgsnd(qid, (void *)&buf, 100, 0) < 0)
        {
            perror("msgsnd");
            exit(-1);
        }
    }
    return 0;
}
```

编译程序 msgwrite.c：

```
administrator@ubuntu:~$ gcc msgwrite.c -o msgwrite
```

读消息程序 msgread.c：

```c
#include <sys/types.h>
#include <sys/ipc.h>
#include <sys/msg.h>
#include <stdio.h>
#include <stdlib.h>
typedef struct _msg_buf
{
    long type;      //消息类型
    char buf[100];  //消息内容
} msg_buf;
int main()
{
    int key, qid;
    msg_buf buf;
    key = ftok(".", 10);
    qid = msgget(key, IPC_CREAT|0666);
    printf("key: %d\nqid: %d\n", key, qid);
    while (1)
    {
        if (msgrcv(qid, (void *)&buf, 100, 0, 0) < 0)
        {
            perror("msgrcv");
            exit(-1);
        }
        printf("type:%ld\nget:%s\n", buf.type, buf.buf);
    }
    return 0;
}
```

编译程序 msgread.c：

```
administrator@ubuntu:~$ gcc msgread.c -o msgread
```

程序运行方法如下。

（1）打开第一个终端窗口（窗口 1）并运行写进程：

```
administrator@ubuntu:~$ ./msgwrite
```

输入一些消息，每条消息以回车结束。如果输入 quit，则程序结束。

（2）打开第二个终端窗口（窗口 2），运行读进程：

```
administrator@ubuntu:~$ ./msgread
```

（3）在窗口 1 中输入"消息 1"，按 Enter 键，"消息 1"，按 Enter 键，……，"消息 1"，按 Enter 键，quit，按 Enter 键；观察窗口 2 中读进程的表现。

3.5.4　套接字通信机制

套接字（Socket）通信允许互连的、位于不同计算机上的进程实现通信功能。套接字用于标识和定位特定计算机上特定进程的地址，以便数据准确传输给目标进程。套接字包含 3 个参数：通信的目的 IP 地址、使用的传输层协议（TCP 或 UDP）和使用的端口号。IP 地址用于标识目的计算机，端口号用于标识目的计算机上的特定进程。

Socket 是连接应用程序和网络驱动程序的桥梁，Socket 在应用程序中创建，通过绑定与网络驱动建立关系。应用程序向 Socket 发送的数据被提交给网络驱动程序并在网络中发送出去。计算机从网络上收到与该 Socket 绑定 IP 地址和端口号相关的数据后，由网络驱动程序交给 Socket，应用程序便可从该 Socket 中提取接收到的数据。

通过套接字通信的一对进程分为客户端进程和服务器端进程。套接字之间的连接过程分为 3 个步骤：服务器监听、客户端请求、连接确认。

服务器监听是指服务端套接字并不定位具体的客户端套接字，而处于等待连接的状态，实时监控网络状态。

客户端请求是由客户端的套接字提出连接请求，要连接的目标是服务器端套接字。为此，客户端的套接字必须先描述它要连接的服务器端套接字，指出服务器套接字的地址和端口号，再向服务器端套接字提出连接请求。

连接确认是当服务器端套接字监听到客户端套接字的连接请求时，它响应客户端套接字的请求，建立一个新的线程，把服务器端套接字的信息发送给客户端，客户端确认后连接即可建立。而服务器端继续处于监听状态，继续接收其他客户端的连接请求。

套接字通信有两种基本模式：同步和异步。同步模式的特点是客户机和服务器在接收到对方响应前会处于阻塞状态，一直等到收到对方请求后才继续执行后面的语句。异步模式的特点是客户机或服务器进程在调用发送或接收的方法后直接返回，不会处于阻塞方式，因而可继续执行后面的程序。

实验 11　Linux 套接字通信

1．Linux 套接字通信主要函数

（1）int socket(int domain, int type, int protocol)：创建套接字。

（2）int bind(int socket, const struct sockaddr *address, size_t address_len)：命名（绑定）套接字。

（3）int listen(int socket, int backlog)：创建套接字队列（监听）。

（4）int accept(int socket, struct sockaddr *address, size_t *address_len)：接受连接。

（5）int connect(int socket, const struct sockaddr *address, size_t address_len)：请求连接。

（6）int close(int fd)：关闭 socket，终止服务器和客户端的套接字连接。

2．使用流式 Socket 通信实例

服务器程序 sockserver.c 先创建套接字，绑定一个端口并监听套接字，然后一直循环检查是否有客户连接到服务器，如果有，则调用 fork 创建一个子进程来处理请求。服务器程序利用 read 系统调用读取客户端发来的信息，利用 write 系统调用向客户端发送信息。

客户程序 sockclient.c 同样先创建套接字，再连接到指定 IP 端口服务器。如果连接成功，则用 write 发送信息给服务器，再用 read 获取服务器处理后的信息，并输出信息。

服务器程序 sockserver.c 如下。

```c
#include <unistd.h>
#include <sys/types.h>
#include <sys/socket.h>
#include <netinet/in.h>
#include <signal.h>
#include <stdio.h>
#include <stdlib.h>
int main()
{
    int server_sockfd = -1;
    int client_sockfd = -1;
    int client_len = 0;
    struct sockaddr_in server_addr;
    struct sockaddr_in client_addr;
    server_sockfd = socket(AF_INET, SOCK_STREAM, 0);
    server_addr.sin_family = AF_INET;        //指定网络套接字
    server_addr.sin_addr.s_addr = htonl(INADDR_ANY);//接受所有 IP 地址的连接
    server_addr.sin_port = htons(9736);      //绑定到 9736 端口
    bind(server_sockfd, (struct sockaddr*)&server_addr, sizeof(server_addr));
    listen(server_sockfd, 5);
    signal(SIGCHLD, SIG_IGN);
    while(1)
    {
        char ch = '\0';
        client_len = sizeof(client_addr);
        printf("Server waiting\n");
        client_sockfd = accept(server_sockfd, (struct sockaddr*)&client_addr,
        &client_len);
        if(fork() == 0)
        {
            read(client_sockfd, &ch, 1);
            sleep(5);
            ch++;
            write(client_sockfd, &ch, 1);
            close(client_sockfd);
            exit(0);
        }
        else    close(client_sockfd);
    }
}
```

客户端程序 sockclient.c 如下。

```c
#include <unistd.h>
#include <sys/types.h>
#include <sys/socket.h>
#include <netinet/in.h>
#include <arpa/inet.h>
```

```
#include <stdio.h>
#include <stdlib.h>
int main()
{
    int sockfd = -1;
    int len = 0;
    struct sockaddr_in address;
    int result;
    char ch = 'A';
    sockfd = socket(AF_INET, SOCK_STREAM, 0);
    address.sin_family = AF_INET;          //使用网络套接字
    address.sin_addr.s_addr = inet_addr("127.0.0.1");//服务器地址
    address.sin_port = htons(9736);        //服务器所监听的端口
    len = sizeof(address);
    result = connect(sockfd, (struct sockaddr*)&address, len);
    if(result == -1)
    {
        perror("ops:client\n");
        exit(1);
    }
    write(sockfd, &ch, 1);
    read(sockfd, &ch, 1);
    printf("char form server = %c\n", ch);
    close(sockfd);
    exit(0);
}
```

编译：

```
sfs@ubuntu:~/sfs$ gcc sockserver.c -o sockserver
sfs@ubuntu:~/sfs$ gcc sockclient.c -o sockclient
```

运行：

（1）打开一个终端窗口，运行服务器程序。

```
sfs@ubuntu:~/sfs$ ./sockserver
```

（2）打开另一个终端窗口，运行客户端程序。

```
sfs@ubuntu:~/sfs$ ./sockclient
```

将客户端程序 sockclient.c 中要连接的服务器主机 IP 地址改为相邻计算机的 IP 地址，尝试通信是否成功。但 IP 地址需要先配置好。

3.5.5　信号通信机制

1. 信号

信号是一种软中断信号，是对硬件中断机制的软件模拟。利用信号可以实现进程间的通信，一个进程可以向另一进程发送某一信号，并通知该进程某个异常事件的发生。接收信号的进程被中断，对该信号代表的事件进行处理。

2．信号的产生源

用户、内核和进程都能生成信号请求。

（1）用户。用户通过按 Ctrl+C 组合键，或终端驱动程序分配给信号控制字符的其他任何键来请求内核产生信号。

（2）内核。当进程执行出错时，内核检测到事件并给进程发送信号，如非法段存取、浮点数溢出、非法操作码。

（3）进程。进程可通过系统调用 kill 给另一个进程发送信号。

3．信号应用实例

用户发送信号杀死进程的过程如下。

（1）用户按中断组合键 Ctrl+C。

（2）终端驱动程序收到输入字符，并调用信号系统。

（3）信号系统发送 SIGINT 信号给 Shell，Shell 再把它发送给进程。

（4）进程收到 SIGINT 信号。

（5）进程撤销。

4．信号响应情况

进程收到信号后可能采用如下响应方式。

（1）执行默认操作。

（2）执行预置的信号处理程序。

（3）忽略此信号。

5．Linux 操作系统信号分类

1）与进程终止相关的信号

SIGCHLD：子进程暂停或终止。

SIGHUP：进程挂起。

SIGKILL：强行杀死进程。

SIGABRT：进程异常终止。

SIGSTOP：被调试器阻塞，进程暂停。

SIGTSTP：来自终端的暂停信号。

2）进程例外事件相关的信号

SIGBUS：总线超时。

SIGSEGV：段违例。

SIGPWR：电源故障。

SIGFPE：浮点溢出。

SIGSTKFLT：协处理器栈出错。

SIGURG：套接字紧急情况。

SIGXCPU：CPU 限时超出。

SIGXFSZ：文件限制超出。

SIGWINCH：窗口大小变化。

3）与进程执行系统调用相关的信号

SIGPIPE：管道有写者无读者。

SIGILL：非法指令。

SIGIO：与 I/O 操作有关。

4）与进程终端交互相关的信号

SIGINT：键盘中断。

SIGQUIT：输入退出命令。

SIGTTIN：后台进程读终端。

SIGTTOU：后台进程写终端。

6．Linux 信号机制的实现

信号有一个产生、传送、捕获和释放的过程。

1）数据结构

每个进程结构中 signal 域专门用于保存接收到的信号。进程接收到信号时，对应位置 1，相当于"中断请求寄存器"某位置位。task_struct 的 blocked 是信号屏蔽标记，相当于"中断屏蔽寄存器"，进程需要忽略某信号时可将对应位置 1。task_struct 的 sigaction[]数组用于存放信号处理程序入口。信号编号对应数组下标。

2）信号函数

sigaction(signo,act,oldact)：为指定信号预置处理程序，signo 指出接收信号的类型，act 是信号处理函数的地址，oldact 存放最近一次为信号 signo 定义的函数地址。

kill(pid,sig)：向进程 PID（进程标识号）发送信号 sig。

3）信号的检测和响应过程

在中断或异常处理程序末尾，进程从核心态返回用户态之前，或时钟中断结束之前，系统调用内核函数 do_signal()检查该进程是否收到信号，若是，则执行 handle_signal()，使进程返回用户态并转入信号处理程序执行。信号处理结束后，执行系统调用 sigreturn()陷入内核，内核做好善后工作后返回用户态，回到应用程序断点执行。

例如，在图 3-15 中，进程 P1 调用 kill(P2,5)向进程 P2 发送一个信号 5，该信号被系统置于 P2 进程控制块的信号域。P1 继续执行后续指令。由于 P2 并未获得处理器，因此 P2 无法立即对信号 5 做出响应。待中断或系统调用再次发生时，系统接管处理器，执行中断或系统调用处理程序，在末尾执行调度程序。当 P2 获得调度时，先返回用户态执行信号处理程序，再返回核心态执行信号终止处理，然后返回 P2 主程序断点处开始执行。

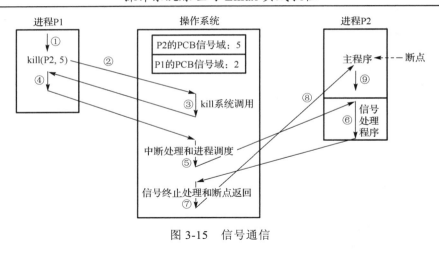

图 3-15　信号通信

3.6　死　　锁

进程并发执行过程中冲突的资源需求将引起死锁。死锁是在资源共享条件下产生的。

3.6.1　死锁的概念和产生的必要条件

1．死锁的概念

死锁：在一个进程集合中的每个进程都在等待只能由该集合中的其他进程才能引发的事件，而无限期陷入僵持的局面。

例如，有 n 个进程 P_1，P_2，…，P_n，P_i 因为申请不到资源 R_j 而处于等待状态，而 R_j 又被 P_{i+1} 占用，P_n 要申请的资源被 P_1 占用，此时，这 n 个进程的等待状态永远不能结束，则称其处于死锁状态。

在信号量与 PV 操作中，P 操作代表申请资源，P 操作的顺序不当容易引起死锁。例如，生产者–消费者问题中颠倒消费者进程的 P 操作的算法如下所示，分析进程集合是否死锁。

```
    item B[k];
    semaphore empty;
    empty=k;                          //可以使用的空缓冲区数
    semaphore full;
    full=0;                           //缓冲区内可以使用的产品数
    semaphore mutex;
    mutex=1;                          //互斥信号量
    int in=0;                         //写缓冲区指针
    int out=0;                        //读缓冲区指针
    cobegin
    process producer_i ( )            process consumer_j ( )
    {                                 {
        while(true)                       while(true)
        {                                 {
            produce( );                       P(mutex);
```

```
        P(empty);                              P(full);
        P(mutex);                              take( ) from B[out];
        append to B[in];                       out=(out+1)%k;
        in=(in+1)%k;                           V(mutex);
        V(mutex);                              V(empty);
        V(full);                               consume( );
    }                                      }
}                                      }
coend
```

分析：假设生产者进程 P_1 和消费者进程 C_1 处于活动状态，且消费者 C_1 先获得调度，占用处理器。进程交互顺序如表 3-7 所示。

表 3-7　颠倒消费者进程 P 操作后导致死锁的运行实例分析

生产者 P_1	消费者 C_1	变量值
初始	初始	empty=k,full=0,mutex=1
	P(mutex);	empty=k,full=0,mutex=1,0
	P(full);//等待	empty=k,full=0,−1(C1 阻塞),mutex=1,0
P(empty);		empty=k,k−1,full=0,−1(C1 阻塞),mutex=1,0
P(mutex);//等待		empty=k,k−1,full=0,−1(C1 阻塞),mutex=1,0,−1(P1 阻塞)

由表 3-7 可见，在没有产品可供消费的情况下首先调度消费者进程 C1，C1 阻塞在信号量 full 上，同时占有互斥信号量 mutex，随后获得调度的生产者进程 P1 不得不在 mutex 上等待 C1 释放该信号量。已经阻塞的消费者 C1 无法释放 mutex，从而导致生产者进程 P1 和消费者进程 C1 死锁。可以推断，后续的消费者进程均将阻塞在信号量 mutex 上；后续的生产者进程一部分阻塞在 mutex 上，另一部分阻塞在信号量 empty 上。也就是说，所有的生产者和消费者进程都将陷入等待的死锁状态。单独的信号量 mutex、full 和 empty 都不是可独立工作的资源，mutex 与 full 或者 mutex 与 empty 结合起来可以看做一个可独立工作的资源，也就是说，mutex 与 full 或者 mutex 与 empty 必须同时有效才能执行下一步操作。当进程申请到某些部件性资源而等待获取已经被其他进程占用的另一些部件性资源时，进程相互等待就会陷入死锁状态。

死锁的产生与系统拥有的资源数量、资源分配策略、进程对资源的使用要求及并发进程的推进顺序有关。

2．死锁产生的必要条件

产生死锁的 4 个必要条件如下。

（1）互斥条件：进程互斥使用资源，一旦某个资源被占用，则要使用该资源的进程必须等待。

（2）占有和等待条件（部分分配条件）：进程申请新资源得不到满足而等待时，不释放已占有资源。

（3）不剥夺条件：一个进程不能抢夺其他进程占有的资源。

（4）循环等待条件（环路条件）：存在一组进程循环等待资源的现象。

前 3 个条件是死锁产生的必要条件，不是充分条件。第 4 个条件是前 3 个条件同时存在时产生的结果，只要破坏这 4 个条件之一，死锁即可防止。

3.6.2　死锁防止

只要破坏产生死锁的 4 个条件之一即可防止死锁的发生。

1．破坏第一个条件——互斥条件

破坏互斥条件使资源可同时访问而不是互斥使用。该办法对于磁盘适用，对于磁带机、打印机等多数资源来说不仅不能破坏互斥使用条件，还要加以保证。

2．破坏第二个条件——占有和等待条件

静态分配可以破坏占有和等待条件。静态分配是指一个进程必须在执行前申请它需要的全部资源，并且直到它需要的资源都得到满足后才开始执行。

静态分配降低了资源利用率，因为在每个进程占有的资源中，有些资源在较后的时间里才使用，有些资源在发生例外时才使用，这样就可能造成一个进程占有了一些几乎不用的资源而使其他想使用这些资源的进程产生等待。

3．破坏第三个条件——不剥夺条件

破坏不剥夺条件即采用剥夺式调度方法。当进程在申请资源未获准许的情况下，主动释放资源，然后才去等待。但剥夺调度方法目前只适用于内存资源和处理器资源。

4．破坏第四个条件——循环等待条件

采用层次分配策略可以破坏循环等待条件。层次分配策略将资源分成多个层次，当进程得到某一层的一个资源后，它只能再申请较高层次的资源。当进程要释放某层次的一个资源时，必须先释放占有的较高层次的资源。当进程得到某一层的一个资源后，它想申请该层的另一个资源时，必须先释放该层中的已占用资源。

按序分配策略是层次策略的变种。按序分配策略对系统的所有资源进行排序，例如，系统若有 n 个进程，m 个资源，用 r_i 表示第 i 个资源，则这 m 个资源是 r_1，r_2，…，r_m。规定进程不得在占用资源 $r_i(1 \leqslant i \leqslant m)$ 后再申请 $r_j(j<i)$。不难证明，按这种策略分配资源时系统不会发生死锁。但是按序分配策略依赖于资源的编号技巧，不恰当的编号并不能防止死锁的发生。

3.6.3　死锁避免

1．避免死锁的策略

避免死锁的方法允许系统中同时存在 3 个必要条件，即互斥、占有且等待和非抢占，每当进程提出资源申请时，系统要分析满足该资源请求时系统是否会发生死锁，若不会发生则实施分配，否则拒绝分配。银行家算法就是避免死锁的一种典型方法。

2. 银行家算法思想

银行家算法是由 Dijkstra 提出的，问题描述如下。

一个银行家拥有资金 M，被 N 个客户共享，银行家对客户提出下列约束条件。

（1）每个客户必须预先说明自己要求的最大资金量。

（2）每个客户每次提出部分资金量申请和获得分配。

（3）如果银行满足了客户对资金的最大需求量，则客户在资金运作后一定可以很快归还资金。

采用银行家算法思想考虑死锁问题时，操作系统对应银行家，操作系统管理的资源对应周转资金，进程对应要求贷款的客户。

3. 银行家算法在死锁问题上的应用

将银行家算法应用于死锁问题时，步骤如下。

（1）系统中的所有进程进入进程集合。

（2）在安全状态下系统收到进程的资源请求后，先把资源试探性地分配给它。

（3）系统用剩下的可用资源和进程集合中其他进程还需要的资源数做比较，在进程集合中找到剩余资源能满足最大需求量的进程，从而保证这个进程运行完毕并归还全部资源。

（4）把这个进程从集合中去掉，系统的剩余资源更多了，反复执行上述步骤。

（5）检查进程集合，若为空则表明本次申请可行，系统处于安全状态，可实施本次分配；否则，有进程执行不完，系统处于不安全状态，本次资源分配暂不实施，使申请进程等待。

银行家算法实例 1：有 3 个银行客户 P_1、P_2、P_3 需要向某银行分别借款 10 万元、4 万元、9 万元，该银行共有 12 万元资金可供贷出。在 T_0 时刻，该银行分别向 3 个客户提供贷款 5 万元、2 万元、2 万元，银行尚有资金 3 万元。资金分配情况如表 3-8 所示。

表 3-8　银行客户信贷问题

客户	最大需求	已分配	可用
P_1	10	5	3
P_2	4	2	
P_3	9	2	

判断 T0 时刻银行能否避免陷入这样一种局面：客户贷不到资金以满足其最大需求，从而归还不了贷款，银行又无款可贷，导致银行破产？

可以采用如表 3-9 所示的银行家算法来分析预测。

表 3-9　银行客户信贷问题的银行家算法分析过程

客户	最大需求	T_0 时刻已分配	T_1	T_2	T_3	T_4	T_5	T_6
P_1	10	5	5	5	10	0	0	0
P_2	4	2	4	0	0	0	0	0
P_3	9	2	2	2	2	2	9	0
可用	12	3	1	5	0	10	3	12

最终所有客户都因得到了各自所需的最大贷款数而完成了各自的任务，从而归还了银行贷款，银行避免了破产的局面。

如果系统能够按某种进程顺序（P_1，P_2，…，P_n，< P_1，P_2，…，P_n >序列称为安全序列），为每个进程 P_i 分配其所需资源，直至满足每个进程对资源的最大需求，使每个进程都能顺利完成，则称系统处于安全状态。如果找不到这样的安全序列，则称系统处于不安全状态。

并非所有不安全状态都是死锁状态，当系统进入不安全状态后，便可能进入死锁状态；只要系统处于安全状态，便可避免进入死锁状态。避免死锁的实质是分配资源时，想办法使系统不进入不安全状态。

在不安全状态实例 1 中，假如在 T_0 时刻的基础上，客户 P_3 请求贷款 1 万元，银行满足了这个请求，分析这时银行的安全性。分析过程如表 3-10 所示。

表 3-10　银行客户信贷不安全问题的银行家算法分析过程

客户	最大需求	T_0 时刻已分配	T_1	T_2	T_3	T_4
P_1	10	5	5	5	5	不安全
P_2	4	2	2	4	0	
P_3	9	2	3	3	3	
可用	12	3	2	0	4	

银行家算法实例 2：若系统运行过程中，出现如表 3-11 所示的资源分配情况，则该系统是否安全？如果进程 P_2 此时提出资源申请（1，2，2，2），系统能否将资源分配给它？为什么？

表 3-11　进程多种资源申请分配问题

进程	已分配			需求量			可用		
	A B C D			A B C D			A B C D		
P_0	0 0 3 2			0 0 1 2			1 6 2 2		
P_1	1 0 0 0			1 7 5 0					
P_2	1 3 5 4			2 3 5 6					
P_3	0 3 3 2			0 6 5 2					
P_4	0 0 1 4			0 6 5 6					

利用银行家算法进行分析，如表 3-12 所示。

表 3-12　进程多种资源申请分配问题的银行家算法分析过程

进程	最大需求	T_0 时刻已分配	T_1	T_2	T_3	T_4	T_5
	A B C D	A B C D	A B C D	A B C D	A B C D	A B C D	A B C D
P_0	0 0 4 4	0 0 3 2	0 0 0 0				
P_1	2 7 5 0	1 0 0 0	1 0 0 0	1 0 0 0	0 0 0 0		
P_2	3 6 10 10	1 3 5 4	1 3 5 4	1 3 5 4	1 3 5 4	0 0 0 0	
P_3	0 9 8 4	0 3 3 2	0 3 3 2	0 0 0 0			
P_4	0 6 6 10	0 0 1 4	0 0 1 4	0 0 1 4	0 0 1 4	0 0 1 4	0 0 0 0
可用	3 12 14 14	1 6 2 2	1 6 5 4	1 9 8 6	2 9 8 6	3 12 13 10	3 12 14 14
备注			P_0 可满足	P_3 可满足	P_1 可满足（P_4 也可满足）	P_2 可满足（P_4 也可满足）	P_4 可满足	所有进程执行完毕

结果表明，系统处于安全状态，安全序列为 P_0、P_3、P_1、P_2、P_4。

进程 P_2 提出资源请求（1，2，2，2）后，系统进行预分配，这时资源分配情况如表 3-13 所示。

表 3-13 进程 P_2 提出资源请求后的资源分配情况

进程	已分配				需求量				可用			
	A	B	C	D	A	B	C	D	A	B	C	D
P_0	0	0	3	2	0	0	1	2	0	4	0	0
P_1	1	0	0	0	1	7	5	0				
P_2	2	5	7	6	2	3	5	6				
P_3	0	3	3	2	0	6	5	2				
P_4	0	0	1	4	0	6	5	6				

系统能否分配给进程 P_2，同样需要分析计算系统在新的资源预分配情况下是否安全，即是否存在一个安全序列（分析略）。

4．银行家算法的缺点

使用银行家算法时，很难在进程运行前知道其所需的资源最大量，而且算法要求系统中的进程必须是无关的，相互间没有同步要求，进程的个数和分配的资源数目应该是固定的。这些要求事先难以满足，因而银行家算法缺乏实用价值。

3.6.4 死锁检测与解除

1．死锁检测策略

解决死锁问题的一个途径是死锁检测和解除，这种方法对资源的分配不加任何限制，也不采取死锁避免措施，但系统定时运行一个"死锁检测"程序，判断系统内是否已出现死锁，如果检测到系统已发生了死锁，则采取措施解除它。

操作系统中每一时刻的系统状态都可以用进程-资源分配图来表示，进程-资源分配图是描述进程和资源间申请与分配关系的一种有向图，可用以检测系统是否处于死锁状态。

2．进程-资源分配图的结构

进程-资源分配图由进程节点 P、资源节点 R 和有向边组成。约定从进程指向资源的有向边 $P_i \rightarrow R_j$ 为请求边，表示进程 P_i 申请资源类 R_j 中的一个资源。从资源指向进程的有向边 $R_j \rightarrow P_i$ 为分配边，表示 R_j 类中的一个资源已分配给进程 P_i。进程-资源分配图的实例如图 3-16 和图 3-17 所示。

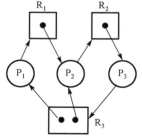

图 3-16 进程-资源分配图（一）

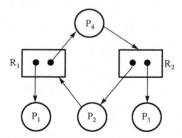

图 3-17 进程-资源分配图（二）

3．进程-资源分配图与死锁判断的关系

（1）如果进程-资源分配图中无环路，则此时系统没有发生死锁。

（2）如果进程-资源分配图中有环路，且每个资源类中仅有一个资源，则系统中发生了死锁，此时，环路是系统发生死锁的充要条件，环路中的进程即为死锁进程。

（3）如果进程-资源分配图中有环路，且涉及的资源类中有多个资源，则环的存在只是产生死锁的必要条件而不是充分条件。

4．死锁的检测

简化进程-资源分配图可以检测系统是否处于死锁状态，简化方法如下。

从进程-资源分配图中找到一个既不阻塞又非独立的进程，消去所有与该进程相连的有向边，相当于该进程能够执行完成而释放资源，回收资源使之成为孤立节点；将所回收的资源分配给其他进程，再从进程-资源分配图中找到下一个既不阻塞又非独立的进程，消去所有与该进程相连的有向边，使之成为孤立节点，等等。不断重复该过程，直到所有进程都成为孤立节点，则称该图是可完全化简的；否则称该图是不可完全化简的。

系统为死锁状态的充分条件：当且仅当该状态的进程-资源分配图是不可完全简化时。该充分条件称为死锁定理。

死锁检测实例 1：对图 3-16 所示的进程-资源分配图进行化简，以确定该进程集合是否死锁。

解决思路：按照 P_1、P_2 和 P_3 的顺序逐一考察每个进程，判断其是否孤立和阻塞。

（1）考察 P_1。P_1 不孤立，该进程请求资源 R_1，而 R_1 仅有的一个资源已经分配给 P_2，所以 P_1 等待。

（2）考察 P_2。P_2 不孤立，该进程请求资源 R_2，而 R_2 仅有的一个资源已经分配给 P_3，所以 P_2 等待。

（3）考察 P_3。P_3 不孤立，该进程请求资源 R_3，而 R_3 的两个资源已经分别分配给 P1 和 P_2，所以 P_3 等待。

所有进程都等待，因此该进程集合死锁。

死锁检测实例 2：对图 3-17 所示的进程-资源分配图进行化简，以确定该进程集合是否死锁。

（1）考察 P_1。P_1 不孤立，该进程未发出资源请求，因此 P_1 无需等待，消去与 P_1 相连的有向边，相当于 P_1 运行结束，归还资源，结果如图 3-18 所示。

（2）考察 P_2。P_2 不孤立，该进程正在请求资源 R_1，P_1 释放的资源 R_1 可以分配给 P_2（图 3-19），P_2 不再请求资源，无需等待（不再阻塞），因此消去与 P_2 相连的有向边，使 P_2 成为孤立节点，相当于 P_2 运行结束，归还资源，结果如图 3-20 所示。

（3）类似对 P_1 的分析，消去与 P_3 相连的有向边，结果如图 3-21 所示。消去与 P_4 相连的有向边（图略）。最终，所有进程都成为孤立节点，相当于所有进程都能运行结束，该进程集合无死锁。

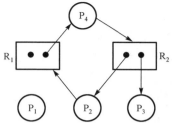

图 3-18　消去 P₁ 有向边

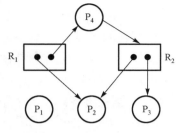

图 3-19　分配资源 R₁ 给 P₂

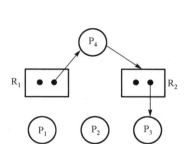

图 3-20　消去 P₂ 有向边

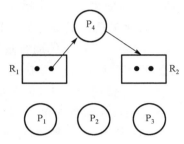

图 3-21　消去 P₃ 有向边

5．死锁检测算法与死锁避免算法比较

死锁检测算法与死锁避免算法的不同之处在于，死锁检测算法考虑了检查每个进程还需要的所有资源能否满足要求；而死锁避免算法则仅根据进程的当前申请资源量来判断系统是否进入了不安全状态。在银行家算法中，一次仅允许一个进程提出资源请求，做安全分析并分配资源后，才允许下一个进程提出资源请求。死锁检测算法处理的进程-资源图中可以同时存在多个进程的请求边。

6．死锁的解除方法

死锁的解除方法如下。

（1）立即结束所有进程的执行，并重新启动操作系统。该方法简单，但以前的工作全部作废，损失可能会很大。

（2）剥夺陷于死锁的进程占用的资源，但不撤销它，直至死锁解除。

（3）撤销陷于死锁的所有进程，解除死锁继续运行。

（4）逐个撤销陷于死锁的进程，回收其资源，直至死锁解除。

（5）根据系统保存的检查点，使所有进程回退，直到足以解除死锁。

（6）当检测到死锁时，如果存在某些未卷入死锁的进程，而这些进程随着建立一些新的抑制进程能执行到结束，则它们可能释放足够的资源来解除死锁。

习　题　3

3-1　有三个并发协作进程：R 从输入设备读入信息块，M 对信息块进行加工处理产生结果，P 打印信息处理结果。试用信号量和 PV 操作写出三个进程的协同操作程序。

3-2　驾校考场有 20 台考车和 7 个考位，每个考生在其中任意一个考位按照规定顺序依次完成 5 个项目的考试。考车循环使用，每当一个考生考完交车后，下一个考生上车考试。考生可前往考生较少的考位考试。在某个考位，只要当前需要进行的考试项目场地空闲，考生即可进入该项目考试。试用信号量和 PV 操作写出考生考试的过程。

3-3　学校阅览室可容纳 100 人同时阅读，有空位置时，读者可登记进入，否则读者离开。读者退出阅览室时注销。试用信号量和 PV 操作写出读者出入阅览室的过程。

3-4　请用信号量和 PV 操作描述甲乙两人轮流下象棋的过程。

3-5　请用信号量和 PV 操作描述公交车司机和售票员的活动，实现两者之间的同步。司机活动为：启动车辆，正常行车，到站停车。售票员活动为：关车门，售票，开车门。

3-6　城市道路十字路口的通行规则是"红灯停，绿灯行"，请用信号量和 PV 操作描述交通信号灯和汽车通过十字路口的同步行为。

3-7　某种产品使用 A、B、C 三种零件组装而成。三种零件分别由三个相应的零件车间生产。零件组装则由装配车间完成。装配车间有三个分别存放三种零件的货架 S_1、S_2 和 S_3，分别可存放最多 m 个 A 种零件、n 个 B 种零件和 k 个 C 种零件。每件产品分别使用 A、B、C 三种零件各一个装配而成。请采用信号量和 PV 操作描述零件生产和零件装配的同步操作算法。

3-8　系统有 A、B、C、D 四种资源，在某时刻进程 P_0、P_1、P_2、P_3、P_4 已获得和还需求资源情况如下表所示：

进程	Allocation				Claim				Available			
	A	B	C	D	A	B	C	D	A	B	C	D
P_0	0	0	3	2	0	0	4	4	2	6	4	4
P_1	1	1	0	0	2	6	5	0				
P_2	1	2	4	2	3	7	11	12				
P_3	0	3	3	2	0	7	7	4				
P_4	0	0	1	4	0	6	6	8				

注：Claim 是最大需求，Allocation 是各进程已获得的资源，Available 是系统剩余的可用资源。

（1）系统此时处于安全状态吗？

（2）若此时进程 P_2 发出请求 request(1,2,2,2)，系统能否分配资源给它？为什么？

3-9　四个进程 P_1、P_2、P_3、P_4 共享系统中的 3 个 R_1 类资源，4 个 R_2 类资源，4 个进程均按如下顺序使用资源：

申请 R_1，申请 R_2，申请 R_1，释放 R_1，释放 R_2，释放 R_1

该进程集合运行时会死锁吗？为什么？采用进程-资源分配图描述最可能死锁或必然死锁的格局。

3-10　独木桥问题：东西向汽车过独木桥，一次仅允许一方汽车通过，待该方汽车全部通过后，另一方汽车才能过桥，请用信号量和 PV 操作描述汽车过独木桥的同步算法。

3-11　一组生产者进程和一组消费者进程共享 m 个缓冲区，每个缓冲区存放一个数据。生产者进程每次一次性向 3 个缓冲区中写入 3 个数据，消费者进程每次从 1 个缓冲区中取出 1 个数据。请采用信号量和 PV 操作描述生产者进程和消费者进程的同步工作算法。

3-12　顾客到银行办理业务时，首先在取号机取号，然后坐在椅子上等候业务员叫号时前往业务窗口办理业务。假设银行有 3 个窗口可办理业务。请采用信号量和 PV 操作描述顾客取号等候叫号和银行业务员叫号办理业务的同步动作。

3-13　试用进程-资源分配图描述哲学家进餐问题中出现死锁时的格局。

3-14　经典同步问题：吸烟者问题。三名吸烟者和一名原料供应者位于一个房间内。每位吸烟者需要三样东西：烟草、纸和火柴，第一个吸烟者有自己的烟草，第二个吸烟者有自己的纸，第三个吸烟者有自己的火柴。供应者随机将两样原料放在桌子上，允许一位吸烟者卷烟和吸烟。吸烟者吸完后唤醒供应者，供应者再将两样原料放在桌子上，唤醒另一位吸烟者。采用信号量和 PV 操作描述吸烟者和供应者同步工作的程序。

3-15　三个进程对某种资源的请求和分配情况如下表所示，请使用银行家算法计算安全序列，即进程推进顺序。

进程	最大需求	已分配	可用
P1	9	2	
P2	11	3	3
P3	7	4	

3-16　试用管程分别描述生产者-消费者问题、哲学家进餐问题、读者-写者问题和理发师问题的同步互斥行为。

3-17　试在 Linux 环境下采用信号量和 PV 操作函数实现生产者-消费者问题、哲学家进餐问题、读者-写者问题和理发师问题的同步互斥程序。

3-18　试在 Linux 环境下实现进程间的管道通信、共享内存通信、消息队列通信和套接字通信。

第4章

存储管理

　　内存是存放进程实体、实现进程活动的重要场所。当把程序从外存装入到内存中创建进程时需要考虑内存是否能够容纳该进程；在多任务环境下，应把程序装入哪一个可用的存储区域？哪些内存区域是空闲的？哪些区域是已经占用的？如何记住内存占用情况？如果内存不足以容纳程序怎么办？程序在运行过程中如果要动态申请内存空间或释放内存空间，则应如何处理？一个进程如果要访问另一个进程或操作系统的存储区域，则应做何处理？阻塞进程被调出到外存去等待，再次装入内存时应做哪些处理？当进程运行结束时，应如何回收内存？这些问题是存储管理应解决的问题。

　　要解决这些问题，需要存储管理硬件的支持，也需要软件进一步提供更具体、更深入的解决方案。存储管理的主要对象是内存。存储管理的功能包括：内存分配和回收、内存抽象和映射、存储隔离和共享、存储扩充。

4.1　存储器层次

　　目前计算机系统采用层次结构存储系统，如图 4-1 所示。在图 4-1 中，自底向上，存储器访问速度及单位造价依次增加，而存储容量逐渐减小。

图 4-1　多层次存储器系统

下面依次介绍存储器层次中的各级存储器。

1. 寄存器

　　寄存器位于 CPU 中，访问速度最快，在 32 位 CPU 中为 32×32 位，在 64 位 CPU 中为 64×64 位。寄存器由程序员通过软件自行管理。

2．高速缓存

高速缓存访问速度快于主存储器，利用它存放主存中一些经常访问的信息可以大幅度提高程序执行速度。通常，运算的信息存放在主存中，每当使用时，信息都被临时复制到高速缓存中。当 CPU 访问一组特定信息时，首先检查信息是否在高速缓存中，如果已存在，则可直接从中取出使用；否则，要从主存中读出信息并复制到高速缓存中。CPU 中的高速缓存有存放指令的，也有存放数据的。高速缓存由硬件控制。

3．主存储器

主存储器是操作系统存储管理的主要对象。主存是进程活动的重要场所。主存容量大，可以同时容纳多个进程。当用户提出运行程序服务请求时，操作系统需要从外存找到并装入用户程序。这时，需要考虑内存是否能容纳该程序。在多任务环境下，还要考虑把程序装入到哪一个可用的存储区域。可执行程序必须保存在计算机主存储器中，与外围设备交换信息一般也依托于主存储器地址空间。寄存器、高速缓存、主存储器不能永久保存信息，掉电后其中的信息将不存在。

4．磁盘和磁带

磁盘和磁带存储的信息可长期保存。在计算机系统中，磁盘和磁带被看做 I/O 设备，属于设备管理的范畴。又由于磁盘和磁带用于存储软件信息，因此文件管理部分也会涉及磁盘及磁带空间的管理。

4.2　地址重定位、存储保护和存储共享

1．逻辑地址与物理地址

地址重定位也称为地址变换，涉及逻辑地址和内存物理地址之间的变换。逻辑地址是与程序在内存中的物理位置无关的访问地址，在执行对内存的访问之前必须把它转换成物理地址。内存物理地址（也称为绝对地址）是程序运行时中央处理器实际访问的内存单元地址。源程序中的符号地址、编译生成的中间代码程序（也称为目标代码程序）及链接生成的可执行程序中的地址均为逻辑地址。使用逻辑地址可以使程序的编制独立于内存物理地址，使程序可以装入到内存任何可用的位置而不影响程序的执行逻辑。在执行程序时，将其中程序和数据的逻辑地址转变为物理地址的过程称为地址重定位或地址变换。相对地址是逻辑地址的一个特例，是相对于已知点（通常是程序的开始处）的存储单元。目标程序（及可执行程序）的相对地址一般从 0 开始编址。逻辑地址或相对地址也称为**虚拟内存地址**。一个用户作业的目标程序的逻辑地址集合称为该作业的**逻辑地址空间**。主存中实际存储单元的物理地址的总体构成用户程序实际运行的**物理地址空间**。物理地址空间的大小取决于实际安装的主存容量。

各术语定义总结如下。

逻辑地址：逻辑地址是与程序在内存中的物理位置无关的访问地址。在执行对内存的访问之前必须把逻辑地址转换为物理地址。

相对地址：相对地址是逻辑地址的一个特例，是相对于已知点（通常是程序的开始处）的存储单元。

物理地址（或绝对地址）：物理地址是程序运行时中央处理器实际访问的内存单元地址。

地址重定位或地址变换：在执行程序时，将其中的逻辑地址转变为物理地址的过程。

不仅内存地址有逻辑地址和物理地址之分，其他硬件设备，如输入设备、输出设备、存储设备等往往也有逻辑名称（逻辑地址）和物理名称（物理地址）之分。使用虚拟地址或者虚拟名称的目的是将程序的设计与其在物理硬件上的运行独立开来，达到硬件无关性的目的。

图 4-2 给出了源程序、目标程序（或可执行程序）中的逻辑地址和进程中的物理地址之间的变换关系。为了便于理解程序编制、编译和运行中的地址变换情况，目标代码及进程中的语句和指令仍然以可阅读的形式表示，而没有以二进制形式表示。

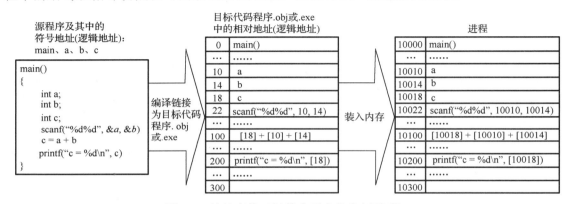

图 4-2　地址变换（以静态重定位为例说明）

2. 静态重定位和动态重定位

根据重定位的时机不同，地址重定位可分为静态重定位和动态重定位。

静态重定位：根据程序装入的内存位置由装入程序依据重定位信息一次性将程序中所有的逻辑地址转变为物理地址，然后程序开始执行，这种重定位方式称为静态重定位（可重定位装入方式）。

重定位信息及程序执行入口等控制信息位于可执行文件的特定位置，如文件开头，是可执行程序的组成部分，由链接程序生成。

静态重定位无需硬件支持，易于实现。静态重定位不允许程序在内存中移动位置。

动态重定位：地址转换工作穿插在指令执行的过程中，每执行一条指令，CPU 对指令中涉及的逻辑地址进行转换，这种重定位方式称为动态重定位（动态运行时装入方式）。

动态重定位必须借助硬件地址转换机构实现。地址转换及存储保护都必须借助地址寄存器和硬件线路实现。动态重定位允许程序在内存中移动位置。

动态重定位的具体操作：程序装入内存后，其中的逻辑地址保持不变，程序在内存的起始地址装入到硬件专用寄存器——重定位寄存器中。地址变换公式为

$$物理地址=逻辑地址+内存始址$$

重定位寄存器可以有多个，分别用于程序段、数据段及堆栈段等的重定位。这意味着程序地址结构是二维的，包括段地址和段内偏移。程序所在物理内存空间可以是离散的，不必连续。

在 Intel x86 CPU 中，CS、DS、ES、SS、FS、GS 寄存器就起到了重定位寄存器的作用。

重定位寄存器的信息通常保存在进程控制块中。进程上下文切换时，当前运行进程的重定位寄存器的内容及其他信息保护在进程控制块中，新进程重定位寄存器的内容及其他信息从其进程控制块中恢复，进程从断点开始继续执行。

3．存储保护

存储保护包括防止访问地址越界和控制正确存取。每道程序的地址空间限定了自己的合法访问范围。各道程序只能访问自己的主存区而不能跳转到另一个进程中的指令，尤其不能访问操作系统的任何部分。若无特别许可，则一个进程也不能访问其他进程的数据区。为此，必须对主存中的程序和数据加以保护，以免受到其他程序有意或无意的破坏。可对进程执行时产生的所有主存访问地址进行检查，确保进程仅访问自己的主存区，这就是**地址越界保护**。越界保护依赖于硬件设施，常用的有界地址和存储键。

进程访问分配给自己的主存区时，要对访问权限进行检查，如检查是否允许读、写、执行等，从而确保数据的安全性和完整性，防止有意或无意的误操作而破坏主存信息，这就是**信息存取保护**。

4．存储共享

当多个进程执行一个程序，或者多个进程合作完成同一个任务需要访问相同的数据结构时，内存管理系统都要提供存储共享机制，以对内存共享区域进行受控访问。

4.3　连续存储管理

连续存储管理对每个进程分配一个连续的存储区域，这种技术在某些过时的操作系统中曾经被采用过。目前的操作系统多采用基于分页和分段的虚拟存储管理系统。但是分析连续存储管理技术有助于阐明复杂的存储管理方案。连续存储管理分为固定分区存储管理和可变分区存储管理。

4.3.1　固定分区存储管理

1．固定分区存储管理方案

固定分区存储管理将内存空间划分为若干个位置和大小固定的连续区域，每一个连续区域称为一个分区，各分区大小可以相同，也可以不同。

何时如何把内存空间划分成分区呢？这由系统操作员和操作系统初始化模块协同完成。系统开机启动时，系统操作员根据当天作业情况把主存划分成大小可以不等但位置固定的分区。

固定分区方案存在以下缺点。

（1）分区数目和大小在系统启动阶段已经确定，限制了系统中活动进程的数目，也限制了当前分区方案下可运行的最大进程。当所有分区都满，并且没有进程处于就绪态或运行态时，操作系统需要换出一个进程，释放其分区，然后装入另一个进程，使处理器有事可做。

（2）当分区长度大于其中进程长度时，造成存储空间浪费。由于进程所在分区大于进程大小而造成的分区内部浪费部分称为内部碎片。

2．固定分区存储管理的数据结构

为了记住哪些分区是空闲分区，哪些分区是已分配分区，固定分区存储管理系统可设置如表 4-1 所示的内存分配表。

表 4-1　固定分区内存分配表

分区号	起始地址	长度	占用标志
1	8K	8K	0
2	16K	16K	Job1
3	32K	16K	0
4	48K	16K	0
5	64K	32K	Job2
6	96K	64K	0

3．固定分区存储管理的地址转换

固定分区存储管理的地址转换可以采用静态重定位方式，也可采用动态重定位方式。如果采用动态重定位方式，则系统需要设置一对地址寄存器——上限/下限寄存器。当一个进程占有 CPU 时，操作系统从主存分配表中取出其相应的最大地址和最小地址置入上限/下限寄存器。硬件地址转换机构根据下限寄存器中保存的基地址与逻辑地址相加得到绝对地址。该绝对地址与上限/下限寄存器中的地址范围做比较，实现存储保护。固定分区存储保护机制如图 4-3 所示。

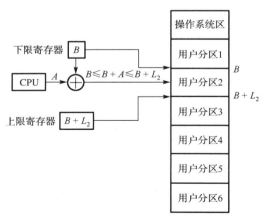

图 4-3　固定分区存储保护机制

在图 4-3 中，A 为逻辑地址，B 为分区起始地址（最小地址），$B+L_2$ 为分区结束地址（最大地址），$B+A$ 为逻辑地址 A 对应的物理地址，该物理地址在 $[B，B+L_2]$ 区间内为合法访问地址。

4．作业进入固定分区排队策略

对于大小相等的分区策略，只要存在可用分区，进程即可装入分区。对于大小不等的分区策略，有两种方法把进程分配到分区中。

（1）将每个进程分配到能够容纳它的最小分区中。此时，每个分区都需要维护一个调度队列，用于保存等待使用该分区的进程及从该分区换出的进程。这种方法把每个固定分区分别看做一种共享资源，要使用该分区的等待进程排成一个队列，每个分区都有一个进程等待队列。其优点是减少了分区内部空间的浪费；缺点是可能造成各个分区使用忙闲不均，一些能够装入进程但并不是最小的分区即使闲置也不能分配给正在等待较小分区的进程，存储器利用率不高。

（2）把各个分区的集合看做一种共享资源，设置一个队列，无空闲分区可用的所有进程排成一个队列。每当需要装入进程到内存中时，选择可以容纳该进程的最小可用分区。如果所有分区均被占据，则进行交换。可以优先换出能容纳新进程的最小分区中的进程，或者优先换出被阻塞的进程，或者优先换出优先级较低的进程。

4.3.2　可变分区存储管理

可变分区存储管理方法按照作业的大小划分分区，划分的时间、大小和位置都是动态的，属于一种动态分区方法。

1．可变分区分配及回收方法

系统启动后用户作业装入内存之前，整个用户区是一个大的空闲分区，随着作业的装入和撤离，内存空间被分成许多大小不一的分区，有的分区正被作业占用，有的分区是空闲的。当一个新的作业要求装入时，必须找到一个足够大的空闲区，如果找到的空闲分区大于作业需要量，则把该空闲分区分成两部分，一部分分配给作业，另一部分作为一个较小的空闲分区登记下来以备分配。当一个作业运行结束时，它所归还的分区如果与其他空闲分区相邻，则要进行合并，形成一个大的空闲分区。

随着时间的推移，内存中会产生许多小到难以利用的分区，这种分区称为**外部碎片**。克服外部碎片的技术是压缩：操作系统移动进程，将空闲分区连成一片。但是压缩非常耗时，浪费处理器时间，而且系统需要具备动态重定位的能力。

2．内存分配数据结构

内存空闲分区和已分配分区可以采用分区表或分区链进行管理，分区信息包括分区起始地址、分区长度。已分配分区还包括占用进程标识符。

1）分区表

针对空闲分区建立空闲分区表，针对已分配分区建立已分配分区表。表格中的空闲区按照大小或分区地址有序排列。

装入新作业时内存分配过程如下：从空闲分区表中找出足够容纳它的空闲区，将该区一分为二，一部分用来装入作业，成为已分配区，并将其大小和起始地址登记在已分配分区表中；另一部分作为空闲分区，修改空闲分区表中原空闲区的大小和起始地址。

作业运行完撤离时内存回收过程如下：将作业所在分区作为空闲区登记在空闲分区表中，并考虑该空闲分区与相邻空闲分区的合并问题（图 4-4），同时从已分配分区表中删除该区对应的表项。

图 4-4　可变分区回收情况

2）分区链

分区链法针对空闲分区建立了空闲分区链，针对已分配分区建立了已分配区链。空闲区开头单元存放本空闲区长度及下个空闲区起始地址，把所有空闲区都链接起来，设置头指针指向第一块空闲区。链表中的空闲区按照大小或分区地址有序排列。

3．可变分区分配算法

（1）最先适应分配算法（首次适应算法）：该算法从链首顺序查找，找到第一个满足要求的分区即可开始分配。要求空闲分区链以地址递增次序链接。该算法简单高效。

（2）下次适应分配算法（循环首次适应算法）：每次不从链首顺序查找，而是从上次找到的空闲分区的下一个空闲分区开始查找。

（3）最优适应分配算法（最佳适应算法）：每次从链首查找，直到找到一个能够满足要求的最小分区为止。空闲分区需按其大小顺序链接。这种算法的缺点是容易产生小到无法利用的分区，即碎片。

（4）最坏适应分配算法：扫描整个空闲分区表或空闲分区链，总是挑选一个最大的空闲区分割给作业使用。该算法的优点是分割剩余的空闲区不至于太小。

（5）快速适应分配算法：为那些经常用到的长度的空闲区设立单独的空闲分区链表。

4．地址转换与存储保护

可变分区存储分配可以采用静态或动态重定位方法实施地址变换。静态重定位时，由加载程序检查地址是否越界。动态地址重定位需要硬件支持。硬件设置两个控制寄存器作为重定位寄存器：基址寄存器和限长寄存器。基址寄存器用于存放分配给作业使用的分区的起始地址，限长寄存器用于存放作业占用的连续存储空间的长度。

当作业占有 CPU 运行时，操作系统把作业所占分区的始址和长度分别送入基址寄存器和限长寄存器。随着逐条指令的执行和数据访问完成地址转换。进程切换时，重定位寄存器也随之切换。因此，在多道程序系统中，硬件只需设置一对基址寄存器和限长寄存器即可。

地址计算：物理地址（绝对地址）＝逻辑地址＋基址寄存器的值（分区始址）。

存储保护（即越界判定）：若逻辑地址>限长寄存器值，则地址越界。

如果允许一个作业占有多个分区，则需要硬件提供多对基址寄存器和限长寄存器，这时也便于实现多个作业对分区的共享。进程共享的例行程序即可放在共享分区中，不同进程中指向共享分区的基址/限长值相同。

4.3.3 伙伴系统

伙伴系统也称为 buddy 算法，是固定分区和可变分区折中的主存管理算法，由 Knuth 在 1973 年提出。伙伴系统采用称为伙伴的可以分割、合并的不同规格的内存块作为分区单位。

1. 伙伴的概念

两个大小相等且由同一个尺寸为 2^i 的空闲块分割而来的内存块互为伙伴。在图 4-5 中，块 0、块 1 由同一个尺寸为 2^i 的空闲块分割而来，互为伙伴。块 2、块 3 也由同一个尺寸为 2^i 的空闲块分割而来，互为伙伴。块 1、块 2 尽管大小相等，但不是由同一个尺寸为 2^i 的空闲块分割而来的，因此不是伙伴关系。

图 4-5　伙伴

2. 伙伴系统内存分配与回收

运用伙伴系统分配内存空间的过程是一个对空闲内存区不断对半切分，直到切分出的内存块为大于或等于进程大小的最小伙伴为止的过程。回收内存的过程则是不断将相邻空闲伙伴合并为更大伙伴单位，直到伙伴不空闲，无法合并为止的过程。

最初，整个空闲区大小为 2^U，如果请求分配的内存大小 s 满足 $2^{U-1}<s\leq 2^U$，则分配整个空间；否则，该块被分成两个大小为 2^{U-1} 的伙伴。若 $2^{U-2}< s\leq 2^{U-1}$，则对该请求分配两个伙伴中的任何一个；否则其中一个伙伴再次分成两半。这个过程一直持续到产生大于或等于 s 的最小块为止，并将其分配该伙伴。

伙伴系统为所有大小为 2^i 的伙伴块维护一个列表。一个大小为 2^{i+1} 的伙伴块分割一次后产生大小为 2^i 的伙伴块并加入 2^i 伙伴块列表。

内存回收时要考虑合并空闲伙伴内存块的问题。这种合并与对半切分操作相反，可能需要经历多次合并，将先前合并的内存块再与同等大小的空闲伙伴内存块继续合并为更大的内存块。回收伙伴内存并合并生成的更大的伙伴块加入较大的伙伴块列表。

例如，最初内存空间为 1MB，先后有 4 个进程 A、B、C、D 的内存需求分别如下：A 需要 80KB，B 需要 50KB，C 需要 100KB，D 需要 60KB。按照伙伴内存管理方案分配和回收内存，如图 4-6 所示。

128KB		256KB		384KB	512KB	640KB	768KB	896KB	1MB
A		128		256		512			
A	B	64		256		512			
A	B	64		C	128	512			
128	B	64		C	128	512			
128	B	D		C	128	512			
128	64	D		C	128	512			
256				C	128	512			
1024									

图 4-6　伙伴系统例子

4.3.4　主存不足的辅助存储管理技术

连续存储管理可以采用移动技术、交换技术、覆盖技术等辅助手段解决主存不足的问题。

1．移动技术（主存紧凑）

当一个新的作业要求装入，没有一个空闲分区能够满足要求，但所有空闲分区之和能够满足要求时，可以移动内存作业，合并这些小的空闲分区，使之满足新来的作业。作业移动后，要及时修改它们的基址/限长值。这种方法开销大，且由于执行设备输入/输出操作等原因被锁定的内存区不能移动。现代操作系统已经采用离散内存分配技术，作业可就地分配到若干离散内存区中，无需移动作业以合并空闲内存区。

2．对换技术

为平衡系统负载，通过选择一个进程，把其暂时移出到磁盘中，腾出空间给其他进程使用，同时把磁盘中的某个进程再换入主存，使其投入运行，这种互换称为对换。对换时，把时间片耗尽或优先级较低的进程换出，因为短时间内它们不会投入运行。采用虚拟存储管理技术的现代操作系统可以在内存、外存之间对换进程的全部或部分内容，平衡系统负载或者从逻辑上扩充内存空间。

3．覆盖技术

覆盖技术是指一个程序的若干个程序段，或几个程序的某些部分分时共享某一个存储空间。覆盖技术打破了需要将一个程序的全部信息装入内存后才能运行的限制。它利用相互独立的程序段之间在内存空间的相互覆盖，逻辑上扩充了内存空间，从而在某种程度上实现了在小容量内存上运行较大程序的功能。

覆盖技术要求程序员必须把一个程序划分成不同的程序段，并规定好它们的执行和覆盖顺序，操作系统根据程序员提供的覆盖结构来完成程序段之间的覆盖。覆盖技术无疑增加了程序员管理内存分配的负担。

4.4　分页存储管理

现代操作系统广泛使用分页和分段存储管理方案。分页和分段存储管理属于离散存储空间管理，允许每个进程占用多个位置不相邻的物理内存区。而固定分区和可变分区存储管理属于连续存储空间管理。连续存储空间管理要求作业必须分配到一个或少数几个分区中，容易产生区内碎片，找不到足够大的分区时需要合并分区，影响内存利用率和系统效率。离散存储空间管理允许作业分成多个部分并就地装入多个离散的内存物理块，避免了内存块的合并和内存作业的移动。

4.4.1　分页存储管理方案

1．页框和页

分页存储管理将全部内存划分为长度相等的若干份，每一份称为一个物理块或页框。作业也自动被系统划分为与每个物理块相等的若干等份，每一份称为一页或一个页面。Intel x86 CPU 可用页大小为 4KB、2MB 和 4MB（2MB 和 4MB 只能在 Pentium 和 Pentium Pro 处理器中使用）。一个作业的任一页可以装入到内存的任一空闲物理块中，并不要求逻辑上相邻的页所在内存物理块也相邻，如图 4-7 所示。这样就避免了分区合并，只有作业的最后一页才有可能产生页内碎片。

2．分页存储管理的地址结构

分页存储管理的逻辑地址结构由页号和页内位移组成，物理地址结构由物理块号和块内位移组成，如图 4-8 所示。

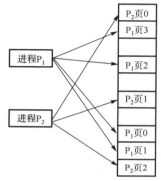

逻辑地址	页号	页内位移
物理地址	物理块号	块内位移

图 4-7　进程的分页离散存储　　　　图 4-8　分页存储管理的逻辑地址和物理地址

页号和页内地址算例：若页面大小设置为 4KB，地址总线宽度为 32 位，则页内位移位数为 12 位，因为 $4K=4\times1024=2^2\times2^{10}=2^{12}$，页号位数=32–12=20 位，逻辑（虚拟）地址空间最大页数为 2^{20}。

3．分页存储管理的地址变换

每个作业/进程都在内存中占有离散的物理块，系统如何知道哪个物理块属于哪个作业/进程呢？为解决此问题，操作系统需为每个作业建立一张页表，该表登记该作业的页号-物理块号对应信息，系统通过页表可以准确访问内存中属于一个作业的所有页面。所以页表实际上用于完成地址变换。页表记载了逻辑地址到物理地址的对应关系，如图 4-9 所示。地址重定位的过程是查找页表的过程。由于页内地址与物理块内地址编号空间相同，所以页表只需登记页号到物理块号的对应关系，地址变换的过程实际上是根据页号获得物理块号的过程。

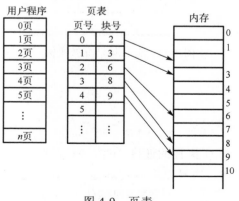

图 4-9　页表

4．分页地址变换的硬件支持

分页存储管理采用动态重定位技术，需为每个页面设立一个重定位寄存器，这些重定位寄存器的集合称为页表，每一表项至少包括页号和物理块号两项信息。重定位寄存器的制造代价太高，所以一般不采用硬件重定位寄存器存放页表，而是把页表存放在内存中，系统另设了一个页表始址寄存器和长度控制寄存器，用来存放当前运行作业的页表始址和页表长。当前占有处理器的进程是页表寄存器的使用者，一旦进程出让了处理器，则同时应出让页表寄存器。查找页表实现地址变换的过程如图 4-10 所示。

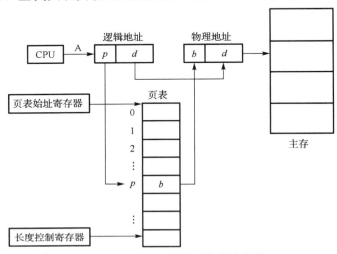

图 4-10　分页存储管理的地址变换

分页地址变换实例：若页面大小设置为 4KB，地址总线宽度为 32 位，则页内位移位数为 12 位，页号位数=32−12=20，逻辑地址 60000 在第几页？页内偏移是多少？若该页被装入到物理块 1280 中，则物理地址是多少？

解：$60000=(EA60)_{16}$，页内偏移=$(A60)_{16}$，$1280=(500)_{16}$，物理地址=$(500A60)_{16}$。结果如图 4-11 所示。

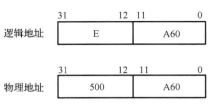

图 4-11　分页地址变换实例

4.4.2　快表

1．引入快表的原因

页表放在内存中降低了程序执行的速度，CPU 每存取一个指令/数据，就需要两次访问内存，第一次访问页表取得物理块号以形成物理地址，第二次根据物理地址存取指令/数据，速度降低了一半。为了提高速度，在存储管理部件中增设了一个专用的高速缓冲存储器，用来存放最近访问过的部分页表项，这种高速缓冲存储器称为**快表**或**联想存储器**。Intel 80486 的快表为 32 个单元。

2．快表的使用

有了快表，根据页号查找对应的物理块号时，首先查找快表，若找到，则将物理块号和页内地址（也是块内地址）拼接形成物理地址，根据该物理地址访问相应的内存单元。若在快表中未找到物理块号，则查找内存页表，获取物理块号，一方面形成物理地址，另一方面将该表项复制到快表中，以备下次再次访问该页面时从快表中获得物理块号。查找快表和查找内存页表是同时进行的，一旦从快表中找到了对应项，则立即停止对内存页表的查找。快表和页表的并行查找机构如图 4-12 所示。

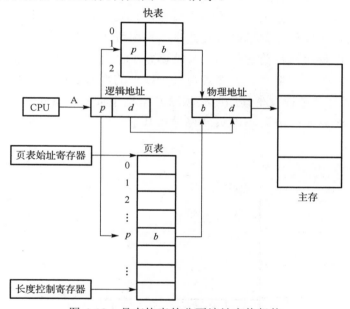

图 4-12　具有快表的分页地址变换机构

3．快表性能分析

假定访问主存时间为 100 毫微秒，访问快表时间为 20 毫微秒，快表为 32 个单元时，快表命中率可达 90%，则按逻辑地址存取的平均时间如下：

（访问快表的时间+访问内存数据的时间）×90%+[访问内存页表的时间（同时包含访问快表的时间）+访问内存数据的时间]×(1−90%)=(20+100)×90%+(100+100)×(1−90%)=128 毫微秒，比两次访问主存的时间（100 毫微秒×2=200 毫微秒）下降了 36%。若快表命中，则内存访问减少 1 次。

4.4.3　分页存储空间的分配和释放

分页系统需要记录每个物理块的忙闲情况及当前可用的空闲块总数。位示图是管理分页内存物理块的一种高效数据结构。位示图由一些二进制位组成，每一位对应一个内存物理块，位值表示所对应的物理块是否已分配出去。分配和回收物理块时只需修改位值即可。

主存分配链表是另一种分页内存物理块管理结构，表中节点信息包括物理块忙闲标志、物理块起始地址、块数、指向下一节点的指针。节点数目是影响主存分配链表使用效率的重要因素。当多数空闲区由少数位置连续的空闲物理块组成，多数进程分得的物理块也较为连续时，主存分配链表中的节点数目较少，链表使用效率较高。相反，当多数空闲块及进程分得的物理块不连续时，链表中的节点数目较多，链表较长，链表本身消耗较多内存空间，导致使用效率不高。

4.4.4　分页存储空间页面共享与保护

1．存储共享

分页存储管理在实现存储共享时，必须区分数据共享和程序共享。实现数据共享时，允许不同的作业对共享的数据页使用不同的页号，只要令各自页表中的有关表目指向共享的数据信息块即可。实现程序共享时，被共享的程序段中的逻辑地址在不同的进程空间中必须是相同的，所以程序运行前它们的页号就确定了。对共享的程序必须规定一个统一的页号。当共享程序的作业数增多时，要规定一个统一的页号是很困难的。

图 4-13 说明了两个进程共享程序时必须对共享程序页分配相同的页号，因为共享程序页在内存中只有一个副本。分配不同页号将导致共享程序页中虚地址不重合，无法共享程序页。

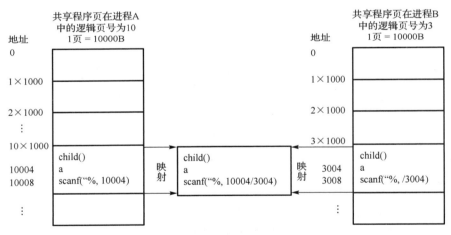

图 4-13　共享程序页

2．信息保护

实现信息保护的办法是在页表中增加一些标志位，用来指出该页的信息可读/写、只读、只可执行、不可访问等。

4.4.5　多级页表

1．多级页表的思想

如果页表很大，页表占用的内存物理块也允许是离散的，而且页表可以按需装入内存，这样就需要建立页表的页表，即页目录，这就是二级页表机制，如图 4-14 所示。若有需要，还可建立更多级的页表。系统为每个进程建一张页目录表,它的每个表项对应一个页表页,而页表页的每个表项给出了页面和页框的对应关系,页目录表是一级页表,页表页是二级页表。

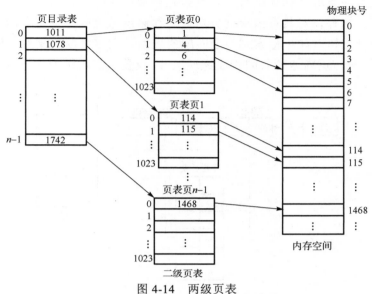

图 4-14 两级页表

2．两级页表的地址结构

两级页表的逻辑地址结构包括 3 个部分:页目录、页表页和位移,如图 4-15 所示。

页目录号	页号	页内位移

图 4-15 两级页表的逻辑地址结构

3．两级页表的地址转换

CPU 送出的逻辑地址被分解为 3 个部分:页目录号、页表页号和页内位移。根据页目录号查找页目录表中相应表项,获得页表页所在物理块号;在该物理块中查找页表页号,获得该页所在内存物理块号,该物理块号与页内位移拼接即可形成要访问数据的内存物理地址。

4.4.6　反置页表

1．原理

页表是从虚拟地址到物理地址的映射表。反置页表是从物理地址到虚拟地址的映射。反置页表记录内存中每个物理块存放哪个进程的哪一页,即其内容是页号及其隶属进程的标识符。系统为每个物理块设置一个页表项并按物理块号排序。

2．逻辑地址结构

反置页表的逻辑地址结构如图 4-16 所示。

进程标识符	页号	页内位移

图 4-16 反置页表逻辑地址结构

3. 地址变换

首先将逻辑地址分解为进程标识符、页号和页内位移；然后利用进程标识符和页号检索反置页表，获得该页所在物理块号。若检索完整个页表都未找到与之匹配的页表项，则表明此页尚未调入内存，对具有请求调页功能的存储器系统应产生请求调页中断，若无此功能，则表示地址出错。如果检索到与之匹配的表项，则该表项的序号 i 便是该页所在的物理块号，将该块号与页内地址共同构成物理地址。反置页表地址变换原理如图 4-17 所示。

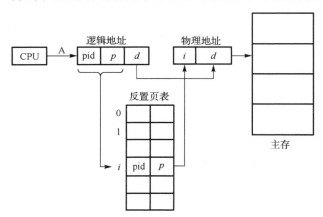

图 4-17　反置页表地址变换原理图

4.5　分段存储管理

1. 分段存储管理的引入

分页和分区存储管理机制强调系统（硬件）如何管理和分配内存，提高内存利用率，对人不透明。用户考虑程序的逻辑意义和组成结构，就像作文分段一样，一个程序由若干段组成，每个段都从 0 开始编址。因此，段是一种二维地址结构，页是一维地址结构。用户希望以段（模块）而不是以页为单位进行存储分配、共享和保护的。系统必须有效地记住一个段占用了哪些存储空间，某个段属于哪个作业/进程，为此引入了分段存储管理机制。程序分段结构示意如图 4-18 所示。

图 4-18　程序分段结构

2. 分段存储管理的逻辑地址结构

分段存储管理的逻辑地址是二维的，包括段号和段内位移，如图 4-19 所示。该地址结构对用户是可见的，用户

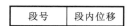

图 4-19　分段系统逻辑地址结构

知道逻辑地址如何划分为段号和段内位移。每个段的最大长度受地址结构的限制，每一个程序中允许的最多段数也会受到限制。

3. 分段存储管理的地址转换机构

分段存储管理以段为单位进行存储分配，作业的每一段被分配一个连续的主存空间中，各段之间不一定连续，各段大小不一。操作系统需为每个作业建立一张段表，用以登记每个段的段号、该段所在内存始址和段长度，如图 4-20 所示。段表属于进程的现场信息，通常放在内存中。段表的表目起到了基址/限长寄存器的作用。分段存储器需设置一个段表控制寄存器来存放当前占用处理器的作业的段表起始地址和长度。

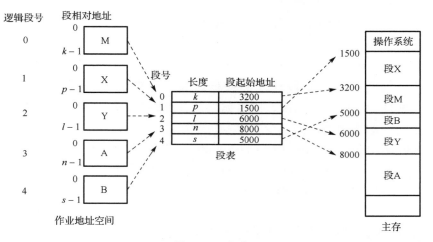

图 4-20　段表

分段存储管理方案的地址变换如图 4-21 所示。CPU 送出的逻辑地址被存储管理部件自动分解为段号 s 和段内位移 d。以段号 s 为索引查找段表，若段号未越界，则在段表 s 项中获得该段所在内存起始地址 b，将 b 和段内位移 d 相加即得所要访问内存单元的物理地址。

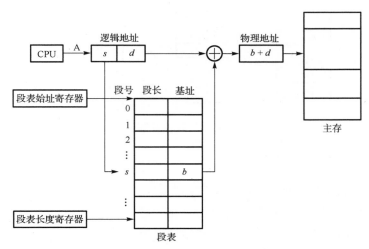

图 4-21　分段系统的地址变换

注意，分段与分页地址变换存在如下区别。

（1）段起始地址不同于页框号，地址形成方式不同。段起始地址即某一特定内存单元的物理地址，页框号不代表内存单元的地址，页框号是它所代表的内存物理块中所有内存单元物理地址的高位部分。也就是说，页框号和页内偏移拼接形成分页系统的物理地址，即分页系统的物理地址=页框号$\times 2^m$+页内偏移，m 为页内位移所占的二进制位数。而分段系统的物理地址=段起始地址+段内位移。

（2）段起始地址和页框起始地址的边界不同。段起始地址可以从任何内存单元开始，而页框起始地址必须从 2^m 处，即页大小的整数倍位置处开始。

分段存储管理地址计算实例：

（1）若段长最大为 16KB，计算机地址总线为 32 位，则段号占用多少位？逻辑地址空间最多包含多少段？

解： 16KB=16×1024B=$2^4 \times 2^{10}$B=2^{14}B。

所以，段内偏移占 14 位，段号占 32–14=18 位，逻辑地址空间最大段数为 2^{18}。

（2）逻辑地址 60000 在第几段？段内偏移是多少？若该段被装入物理起始地址 1280，则该逻辑地址对应的物理地址是多少？

解： 60000=(EA60)$_{16}$ =(1110 1010 0110 0000)$_2$，低 14 位即 10 1010 0110 0000= (2A60)$_{16}$ 为段内偏移，高 2 位即(11)$_2$=3 为段号，该段位于内存起始位置 1280 处。1280=(500)$_{16}$ =(0101 0000 0000)$_2$，逻辑地址 60000 对应的物理地址即：物理始址+偏移=(500)$_{16}$ +(2A60)$_{16}$ =(2F60)$_{16}$。

注意：1280 不是物理块号，而是段首地址。因此，1280 不能再和权值相乘。

4．段的共享

段的共享是通过不同作业段表中的项指向同一个段基址来实现的。与页的共享类似，共享数据段在不同作业进程的段表中可以有不同的段号，共享代码段在不同作业进程的段表中必须有相同的段号。段的共享示例如图 4-22 所示。

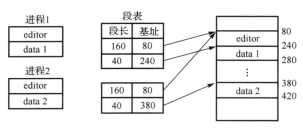

图 4-22　段的共享

5．分段和分页的比较

（1）分段是信息的逻辑单位，由源程序的逻辑结构决定，用户可见；分页是信息的物理单位，与源程序的逻辑结构无关，用户不可见。

（2）段长可根据用户需要来规定，段起始地址可从任何主存地址开始；页长由系统确定，页面只能以页大小的整倍数地址开始。

（3）分段方式中，源程序经链接装配后地址仍保持二维结构，存储分配和访问也遵循二维地址结构；分页方式中，存储分配和访问的地址结构为一维线性结构，该结构与程序的逻辑结构无关。

4.6　虚拟存储管理

4.6.1　虚拟存储器原理

1．虚拟存储器的定义

在具有层次结构存储器的计算机系统中，采用自动实现部分装入和部分对换功能，为用户提供一个比物理主存容量大得多的、可寻址的一种"主存储器"，其即为虚拟存储器。虚拟存储器的容量取决于计算机的地址结构和可用的物理内存和外存容量之和。虚拟存储器允许进程部分装入即可运行，运行过程中进程的部分可以在内外存之间对换，从逻辑上扩充了内存容量，使得程序员的编程空间大于内存容量。这就是虚拟存储管理的主要思想。

虚拟存储器的好处在于：对于同样大小的内存空间，虚拟存储器可以比实际存储器（实存）运行更多的进程，虚拟存储器还可以运行超过内存空间大小及当前可用内存空间的大进程，内存利用率高、内存配置可以更经济。前面介绍的各种存储管理方式都要求作业全部装入内存方可运行，如果内存空间不足以容纳作业，则该作业不能运行。这些要求进程完整装入内存方可运行的存储管理方案称为实存管理方案。实存管理方案包括前述的连续存储管理方案（包括固定分区和可变分区存储管理）和离散存储管理方案（包括分页存储管理和分段存储管理）。

2．实现虚拟存储器的基础

实现虚拟存储器的基础是程序执行的局部性原理。程序执行的局部性是指在一段时间内，程序访问的存储空间仅限于某个区域（称为空间局部性），或者最近访问过的程序代码和数据很快会再次被访问（称为时间局部性）。在较小的一段时间内，整个作业空间中只有某一局部模块的指令和数据会被执行和访问到，作业其他部分暂时不会访问到。这就允许暂时不用的作业部分不必占用内存空间，可以先留在外存上，待以后需要访问时再装入内存。内存中一些暂时不用的部分还可以临时调出到外存上，这样可将内存空间优先分配给当前急需使用的作业进程，从而提高内存利用率。

与局部性相关的事实有如下几种。

（1）程序中只有少量分支和过程调用，大都是顺序执行的指令。

（2）程序含有若干循环结构，由少量代码组成，而被多次执行。

（3）过程调用的深度限制在小范围内，因而，指令引用通常被局限在少量过程中。

（4）对数组、记录之类的数据结构的连续引用是对位置相邻的数据项的操作。

（5）程序中有些部分彼此互斥，不是每次运行时都会用到。

3．实现虚拟存储器需要解决的问题

（1）主存外存统一管理问题。

（2）逻辑地址到物理地址的转换问题。

（3）部分装入和部分对换问题。

虚拟存储器的实现技术主要有请求分页式虚拟存储管理、请求分段式虚拟存储管理、请求段页式虚拟存储管理。

下面仅重点介绍请求分页虚拟存储管理技术。

4.6.2　请求分页虚拟存储管理

1．请求分页虚拟存储系统基本原理

在进程开始运行之前，不是装入全部页面，而是装入一个或几个页面，当进程运行过程中，访问的页面不在内存时，再装入所需页面；若内存空间已满，而又需要装入新的页面，则根据某种算法淘汰某个页面，以便装入新的页面。因此，请求分页系统的页表机制需要记住页面是否在内存中，若不在内存中，则需记住位于外存的位置。

2．请求分页系统的页表结构

请求分页系统的页表分为内存页表和外页表。

（1）内存页表在实存页表基础上增加调页、淘汰页等有关标志位，页表如下所示。

页号	物理块号	驻留标志位	引用位	修改位	访问权限位

驻留标志位：又称中断位、状态位，指示页面是否在内存中。

引用位：指示页面最近是否被访问过，帮助页面淘汰。

修改位：指示页面最近是否被修改过，决定页面调出内存时是否写回外存。

访问权限位：规定页面的访问权限。

（2）外页表是页面与磁盘物理地址的对应表，由操作系统管理，进程启动运行前，系统为其建立外页表，并把进程程序页面装入外存。该表按进程页号的顺序排列。为节省主存，外页表可存放在磁盘中，当发生缺页中断需要查用时才被调入内存。外页表结构如下所示。

页号	外存地址

3．分页虚拟存储系统的硬件支撑

分页式虚拟存储系统需要内存管理部件（MMU）。MMU 通常由一个或一组芯片组成，它接收虚拟地址（逻辑地址）作为输入，输出物理地址。MMU 的功能如下。

① 管理硬件页表寄存器，装入将要占用处理器的进程页表。

② 分解逻辑地址为页号和页内地址。

③ 管理快表：查找快表、装入表目和清除表目。

④ 访问页表。

⑤ 当要访问的页面不在内存时发出缺页中断，页面访问越界时发出越界中断。

⑥ 设置和检查页表中的引用位、修改位、有效位和访问权限位等各个特征位。

缺页中断与普通中断的差异之处主要如下。

（1）普通中断在两条指令之间才会响应；缺页中断涉及的指令在执行期间（如开头，甚至取不到指令或数据）就需要响应缺页中断。例如，图 4-23 所示为取不到指令引起缺页中断发生的情况：将要顺序执行的下一条指令位于不在内存的页 1 上，指令计数器 PC 指向的指令地址超过了页 0 的范围（该地址位于页 1 上），引起缺页中断。

（2）当指令本身或者指令所处理的数据跨页时，在执行一条指令的过程中可能发生多次缺页中断。例如，图 4-24 所示为取不到数据引发缺页中断的情况：指令 ADD AX, 1:DATA2 访问了不在内存的页 1 中的数据，发生缺页中断，调入页面后，该条指令需要重新执行。

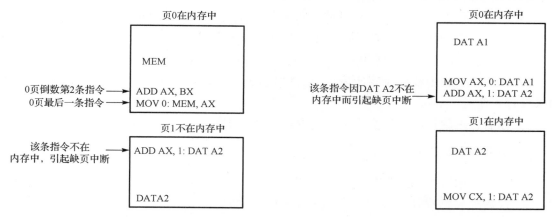

图 4-23 取不到指令引起的缺页中断 图 4-24 取不到数据引起的缺页中断

图 4-25 所示为指令跨页和取不到数据引起缺页中断的情况：指令 ADD AX，2:DATA2 跨越了页 0 和页 1，页 1 不在内存中，发生缺页中断，调入页 1 后，该条指令需要重新执行。数据 DATA2 不在内存中，再次引发缺页中断，调入页 2，该条指令再次重新执行。

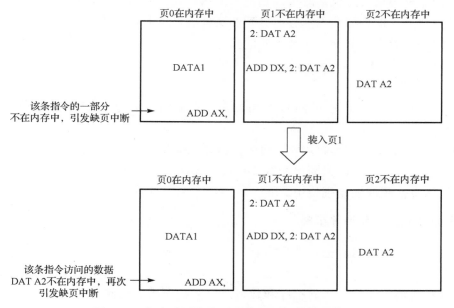

图 4-25 指令跨页和取不到数据引起的缺页中断

4．请求分页的地址变换过程

当进程被调度到 CPU 上运行时，操作系统自动把该进程 PCB 中的页表始址装入到硬件页表基址寄存器中，此后，进程开始执行并访问某个虚拟地址，MMU 开始工作。

① MMU 接收 CPU 传送过来的虚地址并分解为两部分：页号和页内地址。

② 以页号为索引搜索快表。

③ 如果命中快表，则立即送出物理块号（页框号），并与页内地址拼接形成物理地址，然后访问相应内存单元。

④ 如果不命中快表，则以页号为索引搜索内存页表，页表的基址由硬件页表寄存器指出。

⑤ 在页表中查找相应表项，如果其状态位指示该页已在内存中，则送出物理块号与页内地址拼接形成物理地址访问相应内存单元，同时将该表项装入快表。

⑥ 如果在页表中找到了相应表项，但其状态位指示该页不在内存中，则发出缺页中断，请求操作系统处理。

⑦ 存储管理软件将所缺页面调入内存，修改页表。

5．缺页中断处理过程

① 挂起请求缺页的进程。

② 根据页号查找外页表，找到该页存放的磁盘物理地址。

③ 查看主存是否有空闲页框，如有则找出一个，修改主存管理表和相应页表项内容，转到步骤⑥。

④ 如主存中无空闲页框，则按替换算法选择淘汰页面，检查它是否被写过或修改过。若是，则转到步骤⑤；若否，则转到步骤⑥。

⑤ 该淘汰页面被写过或修改过，则把它的内容写回磁盘原先位置。

⑥ 进行调页，把页面装入主存所分配的页框中，同时修改进程页表项。

⑦ 返回进程断点，重新启动被中断的指令。

上述过程示意如图 4-26 所示。

概括：

① 查看内存是否有空闲物理块，如有则装入页面到空闲物理块中，同时修改页表相应项及内存分配表。

② 如果内存中没有空闲物理块，则按替换算法选择一个页面淘汰。若该页面被写过或修改过，则写回外存，否则只简单淘汰该页面。淘汰页面之后要修改页表相应项，然后调入页面到淘汰页面释放的物理块中。

6．页面装入策略和清除策略

页面装入策略决定何时把一个页面装入内存，主要有两种调入方式：请页式调入和预调式调入。

（1）请页式调入在需要访问程序和数据时，才把所需页面装入主存。其缺点是处理缺页中断和调页的系统开销较大，每次仅调一页，磁盘 I/O 次数较多。

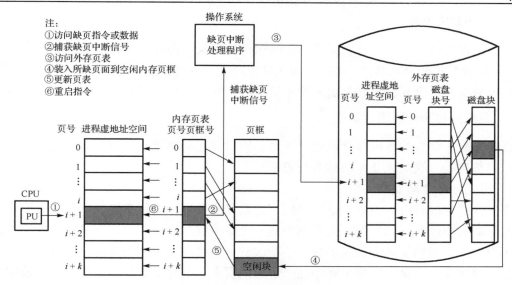

图 4-26　请求分页缺页中断处理

（2）预调式调入由系统预测进程将要使用的页面，使用前预先调入主存，每次调入若干页面，而不是仅调入一页。一次调入多页能减少磁盘 I/O 启动次数，节省寻道和搜索时间。

清除策略考虑何时把一个修改过的页面写回外存，常用的方法有请页式清除和预约式清除。

（1）请页式清除是仅当一页选中被替换，且之前它被修改过时，才把这个页面写回外存。

（2）预约式清除对所有更改过的页面，在需要之前将它们都写回外存。

7．页框分配策略

页框分配策略决定系统为每个进程分配多少个页框，以用于装载页面。在分配页框时应考虑如下因素。

（1）分配给各个进程的内存越少，可以驻留内存的进程数越多，系统找到就绪进程的可能性就越大，减少了进程交换消耗的处理器时间。

（2）分配给进程的内存越少，进程缺页率就越高，频繁置换页面会降低系统效率。

（3）分配给进程的内存超过一定大小后，该进程的缺页率没有明显变化。

页框分配策略主要有两种：固定分配和可变分配。

固定分配使进程在生命周期中保持固定数目的页框（即物理块）。进程创建时，根据进程类型和程序员的要求决定页框数。固定分配时，每个进程页框的分配方式主要有平均分配、比例分配、优先权分配。

若进程分得的页框数可变，则称可变分配。进程执行的某阶段缺页率较高，说明目前局部性较差，系统可多分一些页框以降低缺页率；反之，则说明进程目前的局部性较好，可减少分给进程的页框数。

经验表明：对每个程序，要使其有效工作，它在主存中的页面数不应低于其总页面数的一半。

8．页面替换策略

页面替换策略是为装入待访问的外存页面而选择某一内存页面用以置换的策略，主要有两种：局部替换和全局替换。局部替换在进程发生缺页时仅从该进程的页框中淘汰页面，以调入所缺页面；全局替换则在进程发生缺页时从系统中任一进程的页框中淘汰页面。

9．页框分配和替换组合策略

页框分配和替换的常用组合策略有 3 种：固定分配局部置换、可变分配全局置换和可变分配局部置换。这里主要介绍后两种策略。

1）可变分配全局置换

可变分配全局置换先为每个进程分配一定数目的页框，操作系统保留若干空闲页框。进程发生缺页中断时，从系统空闲页框中选一个给进程，这样产生缺页中断进程的主存空间会逐渐增大，有助于减少系统的缺页中断次数。系统拥有的空闲页框耗尽时，会从主存中选择一页淘汰，该页可以是主存中任一进程的页面，这样又会使该进程的页框数减少，缺页中断率上升。

2）可变分配局部置换

可变分配局部置换实现要点如下。

（1）新进程装入主存时，根据应用类型、程序要求，分配一定数目的页框，可用请页式或预调式完成分配。

（2）产生缺页中断时，从该进程驻留页面集中选一个页面替换。

（3）不时重新评价进程的缺页率，增加或减少分配给进程的页框以改善系统性能。

10．缺页中断率

1）缺页中断率

对于进程 P 的一个长度为 A 的页面访问序列，如果进程 P 在运行中发生缺页中断的次数为 F，则 $f = F/A$ 称为缺页中断率。

影响缺页中断率的因素如下。

（1）进程分得的主存页框数：页框数多则缺页中断率低，页框数少则缺页中断率高。

（2）页面大小：页面大则缺页中断率低，页面小则缺页中断率高。

（3）页面替换算法的优劣决定了缺页率。

（4）程序特性：程序局部性好，则缺页中断率低；否则缺页中断率高。

2）抖动

在请求分页虚拟存储管理系统中，刚被淘汰的页面又要立即访问，而调入不久即被淘汰，淘汰不久再被调入，如此反复，使得系统的页面调度非常频繁，以致大部分时间消耗在页面调度上，而不是执行计算任务，这种现象称为"抖动"（或称颠簸）。

如果一个进程在换页上用的时间多于执行时间，则这个进程就在抖动。

11．固定分配局部页面替换算法

常见的固定分配局部页面替换算法有：最佳页面淘汰（OPT）算法、先进先出页面淘汰（FIFO）算法和最近最久未使用页面淘汰（LRU）算法。

1）最佳页面淘汰算法

最佳页面算法在调入一页而必须淘汰一个旧页时，所淘汰的页是以后不再访问的页或距现在最长时间后再访问的页。该算法是衡量具体算法的标准。

【例 1】　某程序在内存中分配三个页框，初始为空，页面走向为 4，3，2，1，4，3，5，4，3，2，1，5。用最佳页面淘汰算法分析页面置换过程。

按照最佳页面淘汰算法对该页面访问序列进行置换，共发生 7 次缺页中断。分析过程如图 4-27 所示。

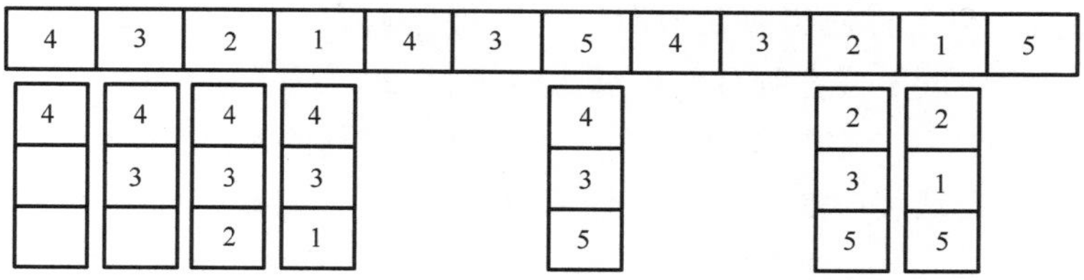

4	3	2	1	4	3	5	4	3	2	1	5
4	4	4	4			4			2	2	
	3	3	3			3			3	1	
		2	1			5			5	5	

图 4-27　最佳页面淘汰算法

2）先进先出页面淘汰算法

先进先出页面淘汰算法总是淘汰最先调入主存的那一页，或者说淘汰在主存中驻留时间最长的那一页（常驻的页面除外）。

【例 2】　某程序在内存中分配三个页框，初始为空，页面走向为 4，3，2，1，4，3，5，4，3，2，1，5。用先进先出页面淘汰算法分析页面置换过程。

按照先进先出页面淘汰算法对该页面访问序列进行置换，共发生 9 次缺页中断。分析过程如图 4-28 所示。

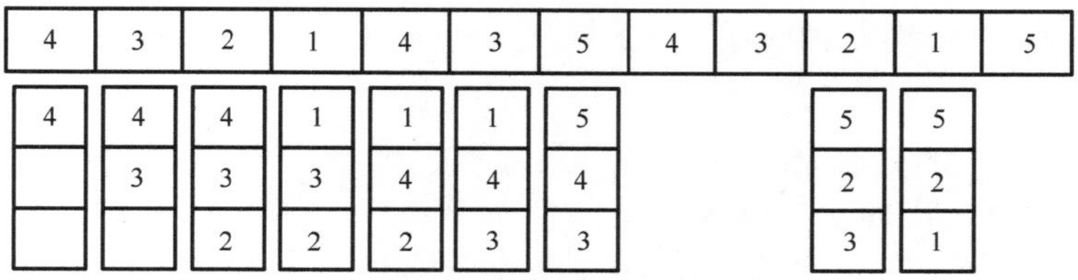

4	3	2	1	4	3	5	4	3	2	1	5
4	4	4	1	1	1	5			5	5	
	3	3	3	4	4	4			2	2	
		2	2	2	3	3			3	1	

图 4-28　先进先出页面淘汰算法

页缓冲技术是对 FIFO 替换算法的一种改进，策略如下：淘汰了的页面进入两个队列，即修改页面和非修改页面队列。修改页面队列中的页不时地成批写出并加入到非修改页面队列中；非修改页面队列中的页面被再次引用时回收，或者淘汰掉以做替换。

3）最近最久未使用页面淘汰算法

最近最久未使用页面淘汰算法淘汰的页面是在最近一段时间里较长时间未被访问的那一页。

【例 3】　某程序在内存中分配三个页框，初始为空，页面走向为 4，3，2，1，4，3，5，4，3，2，1，5。用最近最久未使用页面淘汰算法分析页面置换过程。

按照最近最久未使用页面淘汰算法对该页面访问序列进行置换，共发生 10 次缺页中断。分析过程如图 4-29 所示。

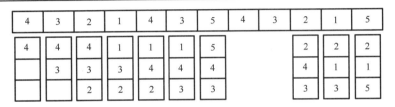

图 4-29　最近最久未使用页面淘汰算法

最近最久未使用页面淘汰算法的几种实现方法如下。

（1）引用位法：引用位法为每页设置一个引用标志位 R，访问某页时，由硬件将页标志位 R 置 1，隔一定时间 t 时将所有页的标志位 R 清 0。发生缺页中断时，从标志位 R 为 0 的页中挑选一页淘汰。挑选到要淘汰的页后，也将所有页的标志位 R 清 0。时间 t 需要恰当设置，若 t 太大，则缺页中断时，所有标志位为 1；若 t 太小，则缺页中断时，所有标志位为 0。

（2）计数器法：计数器法为每个页面设置一个计数器，又称最不常用页面替换算法。每当访问一页时，使它对应的计数器加 1。当发生缺页中断时，可选择计数值最小的对应页面淘汰，并将所有计数器全部清 0。

上述几种方法均只是对最近最久未使用页面淘汰算法的近似实现，这些方法在某一页访问频率较高时，很难精确地记住其他页面最近访问的情况。

（3）计时器法：计时器法为每个页面设置一个计时器，每当页面被访问时，系统的绝对时间记入计时器。置换页面时，比较各页面的计时器值，选最小值的未使用的页面淘汰，因为，它是最“老”的未使用的页面。

4）第二次机会页面替换算法

第二次机会页面替换算法改进了 FIFO 算法，把 FIFO 算法与页表中的“引用位”结合起来使用。

（1）检查 FIFO 中的队首页面（最早进入主存的页面），如果其“引用位”是 0，则这个页面既旧又没有用，选择该页面淘汰。

（2）如果“引用位”是 1，则说明它进入主存较早，但最近仍在使用。把它的“引用位”清 0，并把这个页面移到队尾，把它看做一个新调入的页。

算法含义：最先进入主存的页面，如果最近还在使用，则仍然有机会作为一个新调入页面留在主存中。

5）时钟页面替换算法

算法实现要点如下。

（1）一个页面首次装入主存，其“引用位”置 1。

（2）主存中的任何页面被访问时，其“引用位”置 1。

（3）淘汰页面时，从指针当前指向的页面开始扫描循环队列，把遇到的“引用位”是 1 的页面的“引用位”清 0，跳过这个页面；把遇到的“引用位”是 0 的页面淘汰，指针推进一步。

（4）扫描循环队列时，如果遇到的所有页面的“引用位”均为 1，则指针会绕整个循环队列一圈，把碰到的所有页面的"引用位"清 0；指针停在起始位置，并淘汰掉这一页，指针推进一步。

注意：在扫描队列时，缺页进程处于挂起状态，不可能再访问页面，因此进程不会使页面的访问状态发生改变，只有扫描页面访问状态的系统内核才会改变页面访问状态位。因此，页面引用位不会被并发访问。

时钟页面替换算法的改进算法：把"引用位"r 和"修改位"m 结合起来使用，组合成如下 4 种情况。

① 最近没有被引用，没有被修改（$r=0$，$m=0$）。

② 最近被引用，没有被修改（$r=1$，$m=0$）。

③ 最近没有被引用，但被修改（$r=0$，$m=1$）。

④ 最近被引用过，也被修改过（$r=1$，$m=1$）。

（1）选择最佳淘汰页面，从指针当前位置开始，扫描循环队列。扫描过程中不改变"引用位"，把找到的第一个 $r=0$、$m=0$ 的页面作为淘汰页面。

（2）如果步骤（1）失败，再次从原位置开始，查找 $r=0$ 且 $m=1$ 的页面，把找到的第一个这样的页面作为淘汰页面，而在扫描过程中把指针扫过的页面的"引用位"r 置 0。

（3）如果步骤（2）失败，指针再次回到起始位置，由于此时所有页面的"引用位"r 均已为 0，因此转向步骤（1）操作，必要时再做步骤（2）的操作，此时一定可以挑出一个可淘汰的页面。

12．局部页面替换算法的工作集模型

1）工作集的概念

抖动表明进程反复使用的页面未常驻内存。如果为进程分配足够容纳其近期反复使用页面的页框数，则再次访问的页面可常驻内存，免于置换。一旦进程在近期经常访问的页面集合全部驻留在内存，缺页中断将不再发生。进程在某一段时间内反复（经常）访问的页面集合称为工作集。工作集是对进程局部特征的度量。工作集包含的具体页面及其数目随观察进程访问页面轨迹的时间区间的不同而不同。因此，分配给进程的页框数不是固定的，而是随着进程在各个时刻工作集的不同而动态调整的，确保特定时刻的工作集完全驻留在内存中，而不是无条件地被置换出内存，进程缺页率有望控制在较低水平。所以，基于工作集模型的页面置换算法属于可变分配局部置换算法。

工作集包含两个参数：虚拟时刻 t 和虚拟时间区间 $\triangle$。虚拟时刻 t 用于确定工作集的参考时间点，即当前时刻，该时间点由特定页面的访问顺序号决定，与访问页面的物理时钟无关。虚拟时间区间 $\triangle$ 也称为工作集窗口或滑动窗口，即历史页面访问序列的长度，是为考察进程局部性而设置的、长度固定的页面序列关注时间尺度，是整个页面访问序列中任意片段的长度。工作集窗口尺寸 $\triangle$ 限制了为进程分配的最大页框数。

从过去的时刻 $t-\triangle$ 到现在的时刻 t 之间所访问的页面的集合即为工作集，用 $W(t, \triangle)$ 表示。$W(t, \triangle)$ 就是作业在时刻 t 的工作集，表示在时刻 t 之前的最近 $\triangle$ 个时间单位内进程所引用过的页面的集合。工作集中的页面数目（即工作集尺寸）用 $|W(t, \triangle)|$ 表示。

如果系统能随 $|W(t, \triangle)|$ 的大小分配主存块，则既能有效利用主存，又可使缺页中断尽量少得发生，或者说若程序要有效运行，则其工作集必须在主存中。

工作集 W 是 t 的函数，随时间不同，工作集也不同。不同时间的工作集包含的页面数及页面内容都可能不同。

工作集 W 又是工作集窗口尺寸 $\triangle$ 的函数，工作集尺寸 $|W(t, \triangle)|$ 是工作集窗口尺寸 $\triangle$ 的非递减函数。

2）工作集窗口尺寸 $\triangle$ 的选择

工作集窗口尺寸 $\triangle$ 的选择会影响工作集的精度。如果 $\triangle$ 过小，为进程分配的最大页框数不足以容纳进程工作集，就会引起频繁缺页，降低系统效率。如果 $\triangle$ 过大，为进程分配的最大页框数可能容纳多个工作集，内存中能够容纳的并发进程数会减少，进程并发度降低，CPU 空闲时间可能增加。当 $\triangle$ 大到包含整个作业地址空间时，请求分页虚存管理就退化成了实存管理。

实例：工作集窗口尺寸 $\triangle=3$，这意味着分配给进程的页框数最多为 4 块。

在时刻 $t=-2$，P_5 被引用；

在时刻 $t=-1$，P_4 被引用；

在时刻 $t=0$，P_1 被引用，初始工作集为 (P_1, P_4, P_5)。

基于工作集的页面置换情况如表 4-2 所示。

表 4-2　基于工作集的页面置换

时刻 t	-2	-1	0	1	2	3	4	5	6	7	8	9	10
引用串	P_5	P_4	P_1	P_3	P_3	P_4	P_2	P_3	P_5	P_3	P_5	P_1	P_4
P_1	—	—	√	√	√	√	—	—	—	—	—	√	√
P_2	—	—	—	—	—	√	√	√	√	—	—	—	—
P_3	—	—	—	√	√	√	√	√	√	√	√	√	√
P_4	—	√	√	√	√	√	√	√	√	—	—	—	√
P_5	√	√	√	√	—	—	—	√	√	√	√	√	√
装入	P_5	P_4	P_1	P_3			P_2		P_5			P_1	P_4
淘汰					P_5		P_1			P_4	P_2		

工作集模型基于可变分配局部替换的最近最久未使用算法。被替换的页面总是内存中离当前时间最远的历史页面。如果该页面包含在当前时刻的工作集中，则该页面不被替换，否则该页面被替换。

工作集是进程运行的动态结果，在进程运行前是不存在的。首先，当一个进程开始执行时，它在访问新页的同时逐渐建立起一个工作集。其次，进程访问范围暂时稳定在由该工作集决定的地址空间内。最后，进程访问范围会转移到一个新的工作集所决定的地址空间中。在工作集转移期间，上一个工作集的页面暂时保留在窗口中，新的工作集页面加入窗口 $\triangle$ 中，工作集大小激增，进程所需页框数急剧增多。当窗口滑向新的工作集时，上一工作集中的部分页面被淘汰，工作集变小，进程所需页框数变小。

3）工作集的应用实践

工作集策略非常吸引人，该策略可以用于指导请求分页虚拟存储管理系统的页面置换策略，显著改善其页面置换性能。但是，工作集策略在实现上存在以下困难。

（1）对进程尚未执行的工作集页面进行预测很难保证其有效性。工作集的大小和成员都会随时间而变化。比较实际的工作集确定方法是根据过去一段时间内的页面访问历史确定当前时刻的工作集。

（2）工作集难以精确测量。

（3）工作集窗口△的最优值是未知的、动态的。

许多操作系统试图采用近似工作集的策略。其中一种方法是监视进程缺页率，动态调整分配给进程的页框数。缺页率高于系统设定的最大阈值时，增加该进程的页框数。缺页率低于系统设定的最小阈值时，减少分配给该进程的页框数。

另一种方法是监视最近最久未使用页面，跟踪页面最近访问时间，将最近最久未使用页面从工作集中删除。实现时，为内存中的每个页面设置一个最近访问时间域 T 和一个访问位 R，并初始化一个近期未访问页面最长生存期 τ。每当访问一个页面时，硬件自动将访问位 R 置 1。定期运行的时钟中断处理程序将 R 清零。每当缺页中断发生时，系统依次扫描每个页面的 R 位。如果 $R=1$，则以当前时间更新最近访问时间域 T，以记录该页面最近被访问的时间。如果 $R=0$，则计算它的生存时间 s，即以当前实际运行时间减去上次使用时间。若 $s>\tau$，则表明该页面近期未访问的时间已经超过规定值，该页应该从当前工作集中删除。如果所有 R 为 0 的页面生存期均小于 τ，则挑选生存期最长的近期未访问页面淘汰。如果所有页面访问位 R 均为 1，则意味着这些页面可能都属于当前工作集，应增加该进程的页框数。

13. 请求分段和请求段页式虚拟存储管理

分段式虚拟存储系统把作业的所有分段的副本都存放在外存储器中，当作业被调度投入运行时，先把当前需要的一段或几段装入主存，在执行过程中访问到不在主存中的段时再把它们装入。

请求段页式虚拟存储管理的基本原理如下。

（1）虚地址以程序的逻辑结构划分成段（段页式存储管理的段式特征）。

（2）实地址划分成位置固定、大小相等的页框（段页式存储管理的页式特征）。

（3）将每一段的线性地址空间划分成与页框大小相等的页面，形成了段页式存储管理的特征。

请求段页式存储管理的数据结构如下。

（1）作业表：登记进入系统中的所有作业及该作业段表的起始地址。

（2）段表：至少包含这个段是否在内存中，以及该段页表的起始地址。

（3）页表：包含该页是否在主存（中断位）中及对应的主存块号。

请求段页式存储管理的动态地址转换过程：从逻辑地址出发，先以段号 s 和页号 p 作为索引查找快表，如果找到，则立即获得页 p 的页框号 p'，并与位移 d 一起拼装得到访问主存的实地址，从而完成地址转换。若查找快表失败，则访问段表和页表，用段号 s 作为索引，找到相应表目，由此得到 s 段的页表起址 s'，再以 p 作为索引得到 s 段 p 页对应的表目，得到页框号 p'。这时，一方面把 s 段 p 页和页框号 p' 置换入快表，另一方面用 p' 和 d 生成主存实地址，从而完成地址转换。若查找段表时，发现 s 段不在主存，则产生"缺段中断"，系统查找 s 段在外存的位置，将该段页表调入主存；若查找页表时，发现 s 段的 p 页不在主存，则产生"缺页中断"，系统查找 s 段 p 页在外存的位置，并将该页调入主存。当主存中已无空闲页框时，淘汰一个页面。

习　题　4

4-1　在请求分页虚存管理系统中，某个程序依次访问如下页面：

1, 0, 2, 2, 1, 7, 6, 7, 0, 1, 2, 0, 3, 0, 4, 5, 1, 5, 2, 4, 5, 6, 7, 6, 7, 2, 4, 2, 7, 3, 3, 2, 3

在分给程序 3 个页框的情况下，分别采用 OPT、FIFO 和 LRU 页面替换算法时的缺页中断率是多少？如果分给程序 4 个页框、5 个页框两种情况下，三种页面替换算法的缺页中断率又分别是多少？

4-2　在分页存储管理系统中，1 页大小为 1KB，某进程页表如下表所示：

虚页号	页框号
0	334
1	597
2	9341
3	289
4	7516
5	760

请计算下列虚拟地址的物理地址，并以十六进制数表示：

（1）1342；（2）2301；（3）4183；（4）5396

4-3　在分页存储管理系统中，假设页面大小为 4KB，页表项大小为 4B。要映射 64 位的地址空间，且要求顶级页表只占一页内存空间，则需要多少级页表？各级页表最大页数分别是多少？说明其逻辑地址结构。

4-4　设一个进程的页访问串的长度为 P，包含 N 个不同的页号，工作集为 M 个页框，对任何一种页面置换算法，求缺页中断次数的下限和上限分别是多少？

4-5　设在段页式系统中，一个进程包含 4 个大小相等的段，系统为每个段建立一个有 8 项的页表，每页大小为 2KB，试求：（1）每段的最大尺寸是多少？（2）该进程的逻辑地址空间最大为多少？（3）为物理单元 00021ABC 产生的逻辑地址格式是什么？该系统的物理地址空间最大为多少？

4-6　一个分页式存储管理系统的逻辑地址空间由 32 个 2KB 的页组成，将它映射到一个 1MB 的物理内存空间。求：（1）该处理器的逻辑地址格式是什么？（2）页表的长度和宽度是多少？

4-7　在分段存储管理系统中，某进程段表如下表所示：

段号	段起始地址	段长
0	3121	228
1	4986	689
2	5124	532
3	6018	320
4	6540	809

请计算下列虚拟地址的物理地址，请注意地址是否越界：

（1）<0,145>；（2）<1,712>；（3）<2,438>；（4）<3,289>；（5）<4,653>

第5章

设 备 管 理

前面章节介绍的处理器和内存是计算机内部重要的计算类资源，计算机系统还包含各种各样的用于计算机内部和外部之间进行数据输入/输出的资源，这就是设备，即输入/输出设备（I/O 设备）。对输入/输出设备进行管理是操作系统的重要功能之一。设备向软件提供了编程接口，操作系统的设备管理模块通过设备编程接口实现对设备的控制，并设计为多层软件结构。

5.1 I/O 硬件系统

5.1.1 I/O 设备

1．设备类别

从数据交换单位来分，I/O 设备大致可分为两类：块设备和字符设备。块设备将信息存储在固定大小的块中，并且每个块都有地址，因此可独立寻址。块的大小通常为512~32768 字节。所有传输以一个或多个完整的（连续的）块为单位。硬盘、CD-ROM 和USB 闪存盘是最常见的块设备。字符设备以字节为单位发送或接收一个字符流，且不可寻址。打印机、鼠标、网络接口，以及大多数与磁盘不同的设备都可以看做字符设备。

从设备访问方式来分，设备可分为顺序设备和随机设备。顺序设备上数据的逻辑顺序与物理存储顺序保持一致。

2．设备硬件组成

I/O 设备一般由机械部件和电子部件两部分组成，两者以模块化生产和装配。机械部件即设备本身。电子部件称为设备控制器或适配器。在个人计算机上，设备控制器可以加工为芯片，以作为主板元器件，或者加工为可以插入扩展槽中的印制电路板的形式。控制器可以操作 2、4 个甚至 8 个相同的设备。每个设备都拥有自己的控制器。例如，控制 IDE硬盘的 IDE 控制器，控制 SCSI 硬盘的 SCSI 控制器。常用硬盘一面的电路板就是硬盘控制器，其中包含的微码和处理器可以完成坏簇映射、缓冲和高速缓存等任务。控制器是设备的直接控制者，操作系统通过控制器间接控制设备。

3．设备控制器

操作系统如何与控制器通信以控制设备操作呢？控制器中具有一些用来与处理器通信的数据和控制信号寄存器。通过对这些寄存器执行写操作，操作系统实现向设备发送命令等操作，如发送数据、接收数据、开启及关闭设备等。通过对这些寄存器执行读操作，操作系统可以获得设备状态、设备是否准备好接收一条新的命令等。

除了控制器寄存器外，许多设备还有一个操作系统可以读写的数据缓冲区，如显示器的视频 RAM 就是一个数据缓冲区，操作系统或程序向其中写入数据以生成屏幕图像。

为了访问控制器中特定的寄存器，控制器中每个寄存器需要分配一个访问地址编号，即 I/O 端口号。I/O 端口号的集合构成 I/O 地址空间。在 IBM PC 中，I/O 地址空间与内存地址空间并未统一编址，I/O 地址空间与内存地址空间的一部分重叠。为了将内存单元的访问同 I/O 端口的访问区分开来，处理器需要使用不同的指令。对端口的访问使用专用的I/O 指令，例如，IN REG,PORT 表示将控制寄存器 PORT 中的内容读取到 CPU 寄存器 REG中。又如，OUT PORT,REG 表示将 CPU 寄存器 REG 中的内容写入到控制寄存器 PORT 中。

在其他计算机中，I/O 地址空间与内存地址空间统一编址，对控制器寄存器的访问和对内存单元的访问是通过地址所属范围来区分的，这称为内存映射 I/O。PDP-11 小型机就采用了这种处理方案。

对于设备编址和内存编址，奔腾处理器采用了混合方案，其中数据缓冲区采用内存映射 I/O 编址方式，控制器则采用独立于内存的编址空间，即 I/O 端口地址空间。例如，显示控制器既有 I/O 端口以完成基本控制操作，又有一个较大的内存映射区域以支持屏幕内容。表 5-1 显示了常用的个人计算机的部分 I/O 端口地址。

表 5-1　个人计算机中的部分 I/O 端口地址

I/O 地址范围（十六进制）	设备
000～00F	DMA 控制器
020～021	中断控制器
040～043	定时器
200～20F	游戏控制器
2F8～2FF	串行端口（辅助）
320～32F	硬盘控制器
378～37F	并行端口
3D0～3DF	图形控制器
3F0～3F7	磁盘驱动控制器
3F8～3FF	串行端口（主要）

控制器中通常有 4 种寄存器，即状态、控制、数据输入和数据输出寄存器。

（1）状态寄存器包含 CPU 可读取的设备状态信息。状态信息指示当前任务是否完成，数据输入寄存器中的数据是否可以读取，是否会出现设备故障等。

（2）控制寄存器用来向设备发送命令或改变设备状态。

（3）数据输入寄存器存放设备从外界获取的数据并供 CPU 读取。

（4）数据输出寄存器存放供设备向外界输出数据。

数据寄存器通常为 1～4 个字节。

设备控制器主要功能如下。

（1）接收和识别 CPU 或通道发来的命令。

（2）实现数据交换，包括设备和控制器间的数据传输。

（3）发现和记录设备及自身的状态信息，供 CPU 处理使用。

（4）设备地址识别。

4．总线

计算机系统中的设备及处理器、内存等硬件资源通过总线通信。图 5-1 所示为个人计算机中各类设备通过控制器连接在总线上的情况，同样连接在该总线上的 CPU 和内存通过总线可以与外部设备相互通信，实现数据输入和输出。

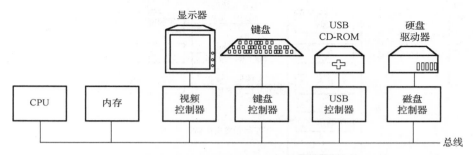

图 5-1　CPU、内存、控制器和 I/O 设备的连接模型

5.1.2　I/O 控制方式

主机通过控制器对设备输入、输出进行控制的方式有 4 种：轮询、中断、DMA 和通道控制方式。

1．轮询

轮询也称忙等待，在 CPU 通过控制器命令寄存器向设备下达操作命令后，设备操作完成状态由 CPU 不断查询控制器状态寄存器来获得。在这种控制方式下，CPU 与设备的工作完全是串行（顺序）的，而不是并发的。轮询方式使得 CPU 将大量时间消耗在设备状态的查询上，而无法用于执行其他计算任务。轮询控制过程如图 5-2 所示。

2．中断控制

中断控制是设备主动向 CPU 报告任务完成状态、无需 CPU 主动循环检测设备操作状态的设备控制方式。在中断控制方式下，CPU 向设备发出读写命令后，不再查询设备执行状态，转而执行其他计算任务。设备控制器完成读写操作后，会以中断的方式主动向 CPU 报告完成情况。CPU 响应中断并执行一个中断处理程序，将设备从外界获得的数据取走并放到内存中或者相反。CPU 对设备的控制和干预仅在启动和设备操作结束时进行。中断控制过程如图 5-3 所示。

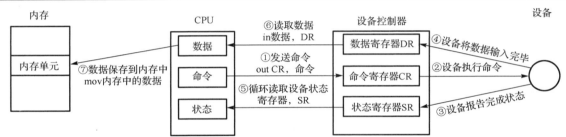

备注：以从设备输入数据，即读数据到内存为例说明轮询控制方式。

在轮询方式下，CPU 发命令到控制器命令寄存器并置状态，控制器控制设备开始 I/O 操作，同时 CPU 不断查询状态寄存器，以判断 I/O 操作是否完成，完成后，控制器将状态信息填入状态寄存器，CPU 发现成功状态，则取走数据。

图 5-2　轮询控制方式

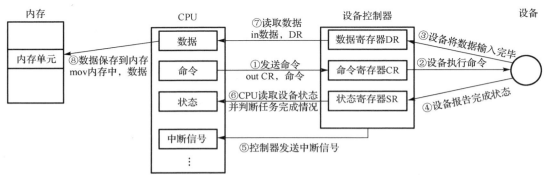

备注：以从设备输入数据，即读数据到内存为例说明中断控制方式。

在中断方式下，CPU 发命令到控制器命令寄存器后即执行其他计算任务，控制器控制设备完成数据传输任务后，将完成状态信息填入状态寄存器，并向 CPU 发中断信号报告 I/O 操作完成情况。CPU 查询状态，若成功，则取走数据。

图 5-3　中断控制方式

中断方式 I/O 省去了 CPU 忙式查询 I/O 准备情况的时间消耗，CPU 和 I/O 设备可实现部分并行。但是每传送一个字符或字，都要发生一次中断，每一次中断都要执行一段中断处理程序，仍然消耗大量 CPU 时间。

3. 直接存储器访问

直接存储器访问（DMA）方式允许 I/O 设备与内存之间直接交换一个连续的信息块，在传输期间无需 CPU 的干预，而是由专用处理器——DMA 控制器完成具体传输控制操作。DMA 控制器是个人计算机的标准部件，采用总线控制 I/O 的主板通常拥有自己的高速 DMA 硬件芯片。DMA 芯片可以控制内存和某些控制器之间的位流，而无需持续的 CPU 干预。在开始 DMA 传输时，CPU 对 DMA 芯片进行设置，说明需要传送的字节数、有关的设备、内存地址及操作方向，再启动 DMA。当 DMA 芯片完成设备 I/O 时，引发一个中断，其处理方式如前所述。

在控制设备传输期间，DMA 挪用指令周期，控制总线，CPU 暂时不能访问内存，但可以访问一级或二级高速缓存中的数据项。周期挪用会减少 CPU 计算时间，但是与轮询方式中的循环检测和中断方式中的中断处理程序执行开销相比，DMA 对 CPU 时间的占用要少很多。DMA 将设备 I/O 中断 CPU 的频率由字节中断降低为块中断，即每传送一个连续的信息块才中断 CPU 一次。DMA 总线控制器与计算机系统其他部件的连接关系如图 5-4 所示。

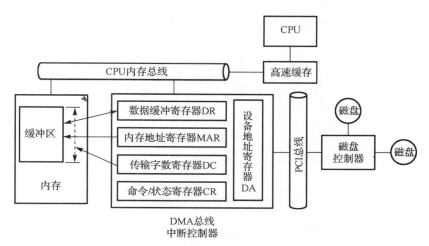

图 5-4　DMA 总线控制器与系统的连接结构

DMA 方式的特点总结如下。

（1）DMA 数据传输的基本单位是一个连续的数据块。轮询和中断的传输单位是字或字节。

（2）内存与设备之间直接传送数据，不需要 CPU 的干预。轮询和中断每传输一个字或字节，都需要 CPU 干预一次。

（3）仅在传送数据块的开始和结束时，才需 CPU 干预，整块数据的传送是在 DMA 的控制下完成的。

因此，DMA 方式进一步减少了 CPU 对 I/O 控制的干预。

4．通道方式

什么是通道？通道也称输入输出处理器，是独立于 CPU 而专门负责数据输入/输出传输工作的处理机，能执行自己的指令程序，代替 CPU 完成复杂的输入/输出操作，完成主存和外围设备间的信息传送，与 CPU 并行操作。大、中型计算机系统中普遍配置了通道。通道技术解决了 I/O 操作的独立性和各部件工作的并行性问题。由通道管理和控制 I/O 操作，减少了外围设备和 CPU 的逻辑联系，把 CPU 从琐碎的 I/O 操作中解放了出来。

I/O 通道与 CPU 的主要区别在于：通道指令类型单一，主要局限于与 I/O 操作有关的指令。通道所执行的通道程序是放在主机内存中的，因此，通道与 CPU 共享内存。因此，通道与 CPU 对内存的使用是分时的。

在通道方式下，当进程需要执行 I/O 操作时，CPU 只需启动通道，即可返回并执行其他进程，通道则执行通道程序，对 I/O 操作进行控制。

主机、通道、控制器、设备之间的连接关系如下：一个 CPU 可以连接若干通道，一个通道可以连接若干控制器，一个控制器可以连接若干设备，其连接关系如图 5-5 所示。外围设备和 CPU 能实现并行操作；通道和通道之间能实现并行操作；各通道上的外围设备也能实现并行操作，达到提高整个系统效率的根本目的。同一个控制器与多个通道连接，同一个设备与多个控制器连接，这种冗余连接形式可以提高系统的可靠性，其中的某些部件发生故障时，只要存在无故障连接通路，系统仍可维持正常工作。

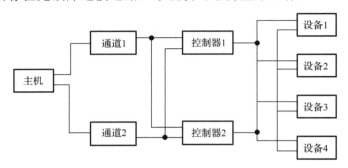

图 5-5　主机、通道、控制器、设备之间的连接关系

通道具有比 DMA 更强的 I/O 操作控制能力。通道控制方式可以在传送若干离散的数据块后才需要 CPU 干预一次，进一步降低 I/O 操作对 CPU 的中断频率。

5.2　I/O 软件系统

5.2.1　I/O 软件设计目标

1．I/O 软件总体设计目标

相对于 CPU，设备具有运行速度慢及多样性的特征。针对这两个特征，I/O 软件总体设计目标如下。

（1）高效率：确保 I/O 设备和 CPU 并行执行，提高资源利用率。

（2）通用性：提供简单抽象、清晰统一的接口，采用统一标准的方法管理所有的设备和 I/O 操作。

2．达到目标的方法

对硬件设备进行分层抽象，将 I/O 软件组织成层次结构，低层软件屏蔽硬件细节，高层软件提供简洁、友好的界面。

3．I/O 软件总体设计要考虑的问题

（1）设备无关性：屏蔽设备的具体细节，向高层提供抽象的逻辑设备，并完成逻辑设备和具体物理设备的映射。

（2）出错处理：尽可能在接近硬件的层面处理错误。低层软件能够处理的硬件 I/O 错误不要让高层软件感知。

（3）同步（阻塞）/异步（中断驱动）传输：如果进程在启动设备执行 I/O 操作后可继续执行其他工作，直至中断到达，则称为异步传输；如果进程在启动设备后便被挂起，则称为同步传输。

（4）缓冲技术：建立数据缓冲区使数据的到达率和离去率相匹配。

4．I/O 软件的 4 个层次

I/O 软件具有 4 个层次：I/O 中断处理程序、设备驱动程序、独立于设备的 I/O 软件、用户空间的 I/O 软件。

5.2.2 中断处理程序

当用户进程请求设备 I/O 时，设备驱动程序启动设备后阻塞自己，用户进程也一并阻塞。设备 I/O 操作完成后，设备控制器向 CPU 发送中断信号，设备中断处理程序开始工作，设备驱动程序由设备中断处理程序解除阻塞。

设备中断处理程序的主要任务如下：检查设备状态寄存器内容，分析中断原因，若为数据传输出错，则向上层软件报告设备出错信息，实施重执行；若正常结束，则将数据从硬设备复制到设备驱动程序的缓冲区中，如果数据可用，则将数据递交到用户缓冲区，并唤醒等待 I/O 操作的进程，使其转为就绪态；若有等待传输的 I/O 指令，则启动下一个 I/O 请求。

5.2.3 设备驱动程序

1．设备驱动程序的概念

每类设备控制器都是不同的，需要不同的软件进行控制。专门与控制器对话，发出命令并接收响应的软件称为**设备驱动程序**软件。

每个连接到计算机上的 I/O 设备都需要某些设备特定的代码来对其进行控制。这样的代码称为设备驱动程序，它一般由设备制造商编写并随同设备一起交付。每个操作系统都需要自己的驱动程序，所以设备制造商通常需要为若干流行的操作系统提供驱动程序。

每个设备驱动程序通常处理一种类型的设备或者一类紧密相关的设备。例如，SCSI 磁盘、鼠标、游戏操纵杆等设备分别需要不同的驱动程序。

操作系统通常将驱动程序归类于少数的类别之一。最为通用的类别是块设备和字符设备。块设备（如磁盘）包含多个可以独立寻址的数据块，字符设备（如键盘和打印机）则生成或接收字符流。

大多数操作系统定义了一个所有块设备都必须支持的标准接口和所有字符设备都必须支持的标准接口。这些接口由许多过程组成，操作系统的其余部分可以调用它们使驱动程序工作，如读一个数据块的过程或者写一个字符的过程等。

由于设备供多个进程共享，进程对设备的访问（即对设备控制器寄存器的访问）必须由操作系统仲裁，因此，设备驱动程序通常必须是操作系统内核的一部分。如果添加了一个新设备，则该设备的驱动程序必须安装到操作系统内核中。目前的操作系统支持驱动程序动态地装载到系统中。

设备驱动程序与内核及硬件的逻辑关系如图 5-6 所示。

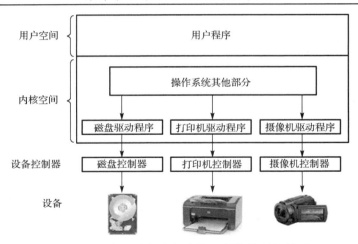

图 5-6　设备驱动程序与内核及硬件的逻辑关系

2．设备驱动程序与操作系统的结合方式

设备是共享资源，因此，对设备进行控制的设备驱动程序需要装入操作系统，运行在核心态。将设备驱动程序装入操作系统的途径主要有以下 3 种。

（1）将内核与设备驱动程序重新连接，再重启系统，如许多 UNIX 系统。

（2）在一个操作系统文件中设置一个入口，并通知该文件需要一个设备驱动程序，再重新启动系统。系统启动时，操作系统寻找所需要的设备驱动程序并装载，如 Windows。

（3）操作系统能够在运行时接收新的设备驱动程序并且立即将其安装好，无需重启系统。热插拔设备（如 USB 和 IEEE 1394）都需要动态可装载设备驱动程序。

3．设备驱动程序与设备控制器之间的通信

每个设备控制器都有少量的用于通信的寄存器。例如，磁盘控制器有用于指定磁盘地址、内存地址、扇区计数和方向（读或写）的寄存器。设备驱动程序从操作系统中获得一条命令，然后翻译成对应的值，写进设备寄存器中。所有设备寄存器的集合构成 I/O 端口空间。

在有些计算机中，设备寄存器被映射到操作系统的地址空间（操作系统可使用的地址），这样，它们就可以像普通存储字一样读出和写入。在这种计算机中，不需要专门的 I/O 指令，用户程序可以被硬件阻挡在外，防止其接触这些存储器地址。在其他计算机中，设备寄存器被放入一个专门的 I/O 端口空间，每个寄存器都有一个端口地址。在这些机器中，提供在内核态中可使用的专门指令 IN 和 OUT，供设备驱动程序读写这些寄存器。前者不需要专门的 I/O 指令，但是占用一些地址空间；后者不占用地址空间，但是需要专门的指令。

实现输入和输出的方式有如下 3 种。

（1）忙等待。用户程序发出一个系统调用，内核将其翻译为一个对应设备驱动程序的过程调用。设备驱动程序启动 I/O 并在一个连续不断的循环中检查该设备，查看该设备是否完成了工作（一般有一些二进制位用来指示设备仍在忙碌中）。当 I/O 结束后，设备驱动程序把数据送到指定的地方并返回，操作系统再将控制返回给调用者。这种方式称为忙等待，CPU 一直轮询设备直到对应的 I/O 操作完成，消耗了 CPU 大量时间。

（2）中断控制。设备驱动程序启动设备，并使设备以中断模式工作。设备开始操作，设备驱动程序返回。操作系统根据需要阻塞 I/O 操作请求进程（如进程 A），再调度其他进程占有处理器运行。当设备操作完成后，向 CPU 发送中断信号。CPU 暂停当前进程的执行，转而执行设备中断处理程序（设备驱动程序的一部分）。由于设备驱动程序是操作系统的一部分，因此，执行中断处理程序时，CPU 应该处于核心态。设备中断处理程序执行结束时，操作系统会执行调度程序，以决定哪个进程最有资格获得处理器，最近被中断的进程 A 未必最有资格获得处理器，因此 CPU 未必将处理器返还给进程 A。

（3）直接存储器访问。DMA 在内存和设备之间传输一个连续的数据块后才中断 CPU 一次。

中断会在一个中断程序正在运行时发生，新的中断可能不允许立即响应。这时需要关闭中断，稍后再开启中断。在中断关闭时，任何已经发出中断的设备，可以继续保持其中断信号，但是 CPU 不会被中断，直到中断再次启用为止。如果在中断关闭时，已有多个设备发出了中断，则中断控制器将决定先处理哪个中断，通常这取决于事先赋予每个设备的静态优先级，最高优先级的设备赢得竞争。

4．设备驱动程序的主要工作过程

设备驱动程序位于设备控制器之上、操作系统其他部分之下，因此，其功能是接收来自上方与设备无关软件所发出的抽象读写请求，并监视请求的执行，以及设备初始化、对电源需求和日志事件进行管理。

典型的驱动程序启动时要检查输入参数是否有效，若无效则返回错误信息，否则将抽象请求中的抽象参数转换为物理参数。例如，对于磁盘驱动程序来说，需将线性的磁盘块号转换成磁盘几何布局的磁头号、柱面号和扇区号。

驱动程序检查设备当前是否正在使用。如果正在使用，则请求被加入等待队列，否则启动设备开始处理请求。驱动程序依次将所需命令写入设备控制器寄存器，依次执行。某些控制器可以自行读取和执行事先保存在内存中的命令序列，无需操作系统帮助。

设备控制命令发出后，设备在控制器控制下执行命令，设备驱动程序的动作有两种情况：一种是阻塞等待，直到设备操作完成，控制器发出中断信号解除阻塞；另一种是设备驱动程序无需阻塞，因为操作可以无延迟地完成。例如，只需写少许字节到控制器寄存器中的屏幕输出操作几乎可以立即完成，驱动程序无需阻塞等待。

无论哪种情况，操作完成后，驱动程序都必须检查错误。若无错，则驱动程序将数据传送给设备无关软件。最后，向调用者返回用于错误报告的状态信息。如果请求队列非空，则选择一个执行；否则，驱动程序阻塞，等待下一个请求的到来。

上面描述了驱动程序从启动到结束的主要处理功能。I/O 任务本身的并发性会使驱动程序的设计和运行更为复杂。为处理 I/O 请求 A 而运行的驱动程序 D 可能会被响应已经完成的 I/O 请求 B 的中断处理程序而中断，该中断随后将唤醒的驱动程序可能恰好是服务于请求 B 的驱动程序 D，即在驱动程序结束之前会被再次调用。例如，当网络驱动程序在处理完先前到来的数据包之前，另一个数据包到来了，这样，同一个驱动程序就存在多个执行活动，构成多个并发任务。因此，驱动程序必须是可重入的。

当向系统添加或移除热插拔设备时，驱动程序需要及时发现这一点，及时配置资源或者撤销无法完成的 I/O 请求。

设备驱动程序的主要功能包括：设备初始化；控制设备运行或退出服务；控制设备与内核之间交换数据；设备出错检测和处理。

5.2.4　设备无关 I/O 软件

设备无关 I/O 软件的基本功能是执行所有设备公共的 I/O 功能，并向用户层软件提供一个统一的接口。具体功能包括以下几个方面。

1. 设备管理功能

设备无关 I/O 软件为设备驱动程序提供统一接口，实现设备名到驱动程序的映射和设备保护功能。

在设备管理方面，操作系统的主要目标是屏蔽 I/O 设备细节差异，抽象设备共性特征，对不同设备提供尽可能一致的使用接口。实现该目标的方法是从各种设备中抽象出一些通用类型，对于每一种通用类型，操作系统分别定义驱动程序必须支持的一组标准函数（即接口）。对于磁盘设备，这组函数包括读、写、开启和关闭电源、格式化及其他与磁盘有关的事情。驱动程序通常包含一张表格，用以记录这些函数指向的驱动程序中的实现模块。当驱动程序装载时，操作系统记录下这张函数指针表的地址，当需要调用一个函数时，操作系统通过这张表发出间接调用。这张函数指针表定义了驱动程序与操作系统其余部分之间的接口。给定类型（磁盘、打印机等）的所有设备都必须遵守该接口规范。

设备无关软件还要负责把符号化的设备名映射到适当的驱动程序上。Linux 操作系统中部分设备的名称如表 5-2 所示。

表 5-2　Linux 操作系统部分设备的名称

设备名	类型	主设备号	从号	说明
/dev/fd0	块设备	2	0	软盘
/dev/hda	块设备	3	0	第 1 个 IDE 磁盘
/dev/hda2	块设备	3	2	第 1 个 IDE 磁盘上的第 2 个主分区
/dev/hdb	块设备	3	64	第 2 个 IDE 磁盘
/dev/hdb3	块设备	3	67	第 2 个 IDE 磁盘上的第 3 个主分区
/dev/ttyp0	字符设备	3	0	终端
/dev/console	字符设备	5	1	控制台
/dev/lp1	字符设备	6	1	并口打印机
/dev/ttyS0	字符设备	4	64	第 1 个串口
/dev/rtc	字符设备	10	135	实时时钟
/dev/null	字符设备	1	3	空设备

设备名唯一确定了一个特殊文件的索引节点，该索引节点包含了主设备号和从设备号（或次设备号）。主设备号用于定位相应的驱动程序，从设备号用来确定读写的具体设备对象。所有设备都有主设备号和从设备号，并且所有驱动程序都通过使用主设备号来选择驱动程序而得到访问。

由于设备被看做文件，因此常规文件保护规则也适用于设备文件，可以为每个设备设置适当的访问权限。

2．缓冲管理

块设备和字符设备都需要缓冲技术，缓冲使得数据传输成批进行，而不是按字或按字节进行，节约了操作时间。通过缓冲区可以减少数据到达率和离去率不匹配时进程或设备的等待时间。

缓冲区有系统缓冲区和用户缓冲区，系统缓冲区建立在操作系统内核空间，系统缓冲区在用户缓冲区和设备之间对数据进行中转传输。下面通过例子来说明无缓冲、单缓冲、双缓冲和循环缓冲情况下传输操作的过程，由此理解引入缓冲功能的必要性。

1）无缓冲

如果没有缓冲区，设备和进程的操作就需要紧密同步。例如，某进程需从字符设备调制解调器上读入一批数据，且未设缓冲区。进程发出读请求后就阻塞等待，直到字符到来后，设备发出中断信号唤醒进程，进程将字符取走后再次发出读请求以获取下一个字符，进程再次等待。图 5-7 描绘了无缓冲设备 I/O 的过程，其中，①、②、③是命令及参数下达的过程，④、⑤、⑥是字符向上递交的过程。每输入一个字符，上述过程都要重复一遍，每次都必须启动用户进程。但短暂的数据流量会使一个进程运行许多次，效率很低。

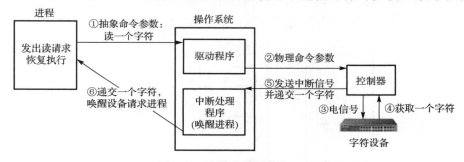

图 5-7　无缓冲字符设备 I/O

2）单缓冲

单缓冲可以在连续输入或输出多个数据后才中断进程一次。图 5-8 所示为单缓冲输入字符的过程。在该图中，缓冲区设在用户进程空间。中断处理程序把字符放入缓冲区后并不立即唤醒用户进程，而是执行下一个 I/O 操作，输入下一个字符，直到全部字符输入完毕后才唤醒进程。

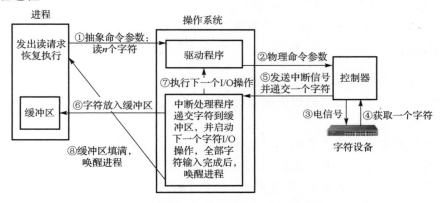

图 5-8　仅设置用户缓冲区的字符设备 I/O

还可以在内核空间和用户空间分别设置一个缓冲区，形成系统缓冲区和用户缓冲区，如图 5-9 所示。数据从一个缓冲区移动到另一个缓冲区后，空闲的缓冲区可以接收下一批数据，与此同时，拥有数据的缓冲区可以得到计算或 I/O 处理，CPU 与设备的并发操作机会增多。

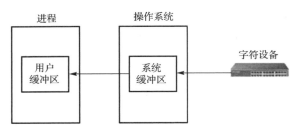

图 5-9　设置单缓冲和系统缓冲区的字符设备 I/O

3）双缓冲

双缓冲使得 I/O 操作在两个缓冲区之间轮流进行，进一步提高了 CPU 和外部设备操作的并行性。图 5-10 所示为设置两个系统缓冲区的双缓冲方案。当一个系统缓冲区正在被复制到用户缓冲区的时候，另一个系统缓冲区可以从设备接收新的输入。

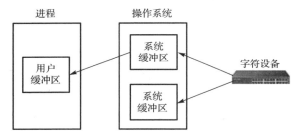

图 5-10　设置双系统缓冲区的字符设备 I/O

4）循环缓冲

循环缓冲区是以循环队列形式组织的内存区域，有两个指针指向该区域：一个指针指向下一个空闲的存储单元，将新数据添加到该单元中；另一个指针指向即将取走的缓冲区的第一个数据单元。

缓冲不仅提高了 CPU 与设备并行工作的机会，而且简化了同步操作，由此简化了编程。当然，缓冲技术也有不利的方面，若数据缓冲次数过多，则会降低数据传输效率。

3. 错误报告

I/O 错误很常见。许多错误是设备特定的，必须由适当的驱动程序来处理，设备无关软件提供错误处理框架。常见的错误类型如下。

1）编程错误

编程错误通常是进程请求某些不可能的事情。例如，对输入设备（键盘、扫描仪、鼠标等）执行写操作，或者对输出设备（打印机、绘图仪等）执行读操作，以及参数无效（缓冲区地址无效及其他参数无效）、设备无效（设备不存在）等。对于此类错误，系统会返回一个错误代码给调用者。

2）I/O 错误

I/O 错误包括写坏的磁盘块，读已经关机的设备。此类错误首先由驱动程序处理，如果无法处理，则将错误上传给设备无关软件，软件与用户进行交互，给出一些处理选项供用户选择，如重试、忽略错误或者终止进程、终止系统等。

4．分配与释放设备

在分配设备时，要考虑设备的共享方式。某些设备必须互斥使用，如 CD-ROM 刻录机。申请使用该类已经被占用的设备的进程可能会被拒绝或者排队等候。某些设备可以交替穿插使用，如磁盘。申请磁盘访问的 I/O 请求可以适当方式排队并进行调度。

5．提供与设备无关的块尺寸

不同磁盘的扇区大小可能不同，设备无关软件隐藏这一事实并向高层软件提供一个统一的块大小。例如，将若干扇区当做一个逻辑块（也称为簇）。这样，高层软件就只需处理抽象的设备，这些抽象设备使用相同大小的逻辑块，无需考虑物理扇区是否与逻辑块大小一致。

5.2.5　用户空间的 I/O 软件

大部分 I/O 软件属于操作系统的组成部分，但是仍然有一小部分位于用户空间，如与用户程序连接在一起的库例程（库函数），以及运行于内核之外的系统 I/O 程序。在高级语言中，与设备 I/O 相关的系统调用通常封装在库函数中，库函数将系统调用时所用的参数放在可供系统调用使用的合适位置，并调用系统调用。I/O 数据的格式处理通常由库函数实现。库函数与用户程序连接在一起，但是系统调用处理程序仍然位于操作系统中。

运行于内核之外的典型系统 I/O 软件是假脱机系统。假脱机是在多道程序设计系统中处理独占型 I/O 设备的一种方法。该方法利用其中一道程序模拟脱机输入时的外围控制机的功能，把低速 I/O 设备上的数据传送到高速磁盘上；再利用另一道程序模拟脱机输出时外围控制机的功能，把数据从磁盘传送到低速输出设备上。此时，外围操作与 CPU 对数据的处理同时进行。这种在联机的情况下实现的同时外围操作称为 spooling。打印机是典型的假脱机设备。对打印机进行假脱机改造的方法是创建一个特殊进程（称为守护进程），以及一个特殊目录（称为假脱机目录）。用户进程需要打印文件时，并不直接申请打印机，而是将打印文件提交到假脱机目录下，用户进程即可返回并执行其他任务。守护进程获得调度时开始逐一打印假脱机目录下各个进程的文件。守护进程是允许使用打印机的唯一进程。这样，其他进程就没有机会空占打印机，保证打印机的高效使用。

假脱机技术也可用于网络传输文件，这时要创建一个网络守护进程和一个网络假脱机目录。用户需要通过网络将发往目的地的文件提交到网络假脱机目录下。网络守护进程逐一取出文件并发送出去。

图 5-11 总结了 I/O 系统层次及各层功能。自底向上，各层依次是硬件、中断处理程序、设备驱动程序、设备无关软件和用户进程。其中，中断处理程序、设备驱动程序与设备无关软件是操作系统的组成部分，用户进程通过这些软件层获得操作系统提供的设备 I/O 服

务。图中箭头表示控制流。下面以用户进程执行磁盘块读操作为例来说明 I/O 系统各层的协调活动。

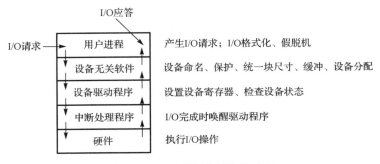

图 5-11 I/O 系统的层次及功能

当用户进程需从磁盘文件读取一个数据块时，该进程向操作系统发出磁盘读请求。设备无关软件查看缓冲区高速缓存是否存在所需数据块。如果存在，则直接传送到用户进程，磁盘读操作结束；否则，调用设备驱动程序，向硬件发出读请求，磁盘控制器响应该请求，用户进程阻塞，直到磁盘读操作完成。磁盘读操作完成后，设备控制器向 CPU 发出中断信号，设备 I/O 中断处理程序激活运行，查明中断缘由，获取设备状态，唤醒用户进程。

5.3 磁 盘 管 理

磁盘是计算机系统中重要的外部存储设备。磁盘容量大，访问速度快，是计算机系统中软件资源的重要保存场所，操作系统自身也保存在磁盘上。操作系统的发展和完善与大容量磁盘的问世密不可分。

5.3.1 磁盘结构

磁盘由若干个涂有磁性介质的圆形盘面构成，经过低级格式化，每个盘面（包括正反两面）被划分成一系列同心圆，每个同心圆称为一个磁道，每个磁道再划分为若干等份，称为扇区，数据以扇区为存储单位保存在磁盘上。每个扇区的容量通常为 512B。扇区是磁盘访问的基本单位，访问扇区的某些字节意味着访问整个扇区。所有盘面上同等大小的磁道构成柱面。磁盘结构如图 5-12 所示。

磁盘工作时，一方面，整个盘片沿着主轴旋转，磁头下方磁道上的各个扇区依次通过磁头，其中的数据可以依次被磁头读取，或者将数据依次写入磁头下方经过的扇区；另一方面，磁臂沿径向移动，磁头能够到达目标磁道位置，对该磁道进行读写访问。

访问磁盘上的数据时需要给出物理块（扇区）的物理存储地址，该地址是三维的，采用（柱面号，磁头号，扇区号）表示。磁盘物理块（扇区）的逻辑地址是一维线性的，称为逻辑块号（扇区号）。所有扇区依次排列，从 0 开始连续编号。扇区编排顺序是自外向里对各个柱面内的扇区进行排序的，同一柱面内的各个扇区先按磁道顺序、再按磁道内扇区顺序排列，扇区 0 是最外面柱面的第一个磁道的第一个扇区。访问扇区时，可以给出逻辑块号，系统自动将逻辑块号转换为（柱面号，磁头号，扇区号）构成的三维物理地址。

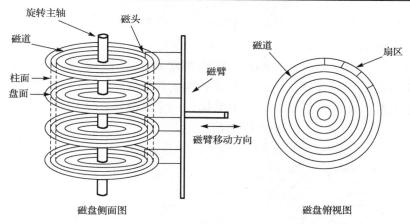

图 5-12　磁盘结构示意图

在老式磁盘上，各个磁道上的扇区数都是相同的。因此，外侧磁道上的存储密度小于内侧磁道。现代磁盘使外侧磁道拥有比内侧磁道更多的扇区数，磁道扇区划分的这种物理细节称为磁盘物理几何规格，该规格对操作系统及其他软件一般是隐藏的，因为磁盘控制器会将磁盘物理几何规格映射为各个磁道扇区数看似相同的虚拟几何规格，该规格被公开给操作系统。

在连续访问相邻的两个磁道上的扇区时，磁盘的旋转动作和磁头寻道动作是同时进行的，磁头的相对移动方向是倾斜的，既沿径向移动，又做圆周运动。当磁头从一个磁道移动到下一个磁道时，磁头所在扇区位置与访问过的上一个磁道的最后一个扇区位置、第 0 扇区位置已经相错若干扇区。为了能够连续读取相邻两个磁道上的扇区，相邻两个磁道的第 0 扇区并不沿盘面半径方向相邻，而是偏移若干扇区，这称为柱面斜进。偏移的具体扇区数取决于磁头移动一个磁道需要花费的时间和读取一个扇区需要花费的时间之比。

例如，一个 10000rpm 的驱动器每 6ms 旋转一周，如果一个磁道包含 300 个扇区，则每 20μs 就有一个扇区通过磁头。如果磁头从一个磁道移动到相邻磁道的时间（即寻道时间）是 800μs，则在寻道期间将有 40 个扇区通过磁头。如果希望移动到相邻磁道的磁头立即读取该磁道的第 0 扇区，则相邻两个磁道的第 0 扇区位置应该沿盘面半径方向偏移 40 个扇区位置。图 5-13 所示为偏移量为 2 的柱面斜进。

扇区的编号方式还需考虑数据在磁盘控制器与内存之间传输的时间对扇区访问连续性的影响。当扇区从磁头下方通过时，扇区中的数据需要连续地读出来并暂存在磁盘控制器缓冲区中，然后传送到内存中。在传送期间，与上一个扇区相邻的另一个扇区开始从磁头下方通过。由于缓冲区中的数据尚未传输完毕，立即读取该扇区中的数据将无处缓存，控制器只得等待磁盘旋转一周，到第 2 个扇区再次回来。为了解决这一问题，对磁道扇区交错编号，编号相邻的两个扇区中间间隔若干个扇区，使下个访问扇区适当延迟到来。扇区交错编号如图 5-14 所示。

许多现代磁盘控制器可以对整个磁道进行缓存，磁盘扇区因此不再需要交错编号。

在存放数据之前，一般需要对磁盘进行分区，每个分区在逻辑上视为一个独立的磁盘。在多数计算机上，0 扇区包含引导代码和分区表。分区表给出每个分区的起始扇区和大小。

对分区执行高级格式化，设置引导块、空闲盘块信息表、根目录和空文件系统，并安装操作系统到磁盘分区上。

启动计算机时，主板芯片上的 ROM-BIOS 程序首先运行，经过一些自检工作后，读入并执行磁盘 0 扇区的引导程序，该程序再从磁盘读入和执行一个引导程序加载器，操作系统内核就由引导程序加载器加载到内存中并执行，完成操作系统的启动过程。

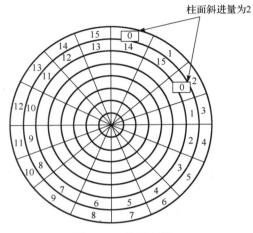

图 5-13   柱面斜进

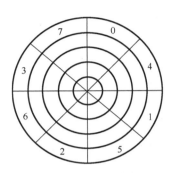

图 5-14   扇区交错编号

5.3.2   磁盘调度算法

读写一个磁盘块时，影响其访问的时间因素主要有如下 3 个方面。

（1）寻道时间：磁头移动到指定磁道所需时间。

（2）旋转延迟时间：等待指定扇区到达磁头下的旋转时间。

（3）数据传输时间：数据在磁盘与内存之间的传输时间。

其中，寻道时间占主导地位，所以减少平均寻道时间是改善系统性能的重要途径。

当多个磁盘 I/O 请求到来时，磁盘驱动程序需要安排 I/O 请求的处理顺序，这称为**磁盘调度**或**移臂调度**。合理的磁盘调度算法可以减少寻道时间，使 I/O 服务高效、公平。目前，常见的磁盘调度调度算法有如下几种。

1．先来先服务算法

先来先服务算法根据磁道访问请求到来的先后顺序完成请求。该算法简单、公平，但是很难优化寻道时间。

先来先服务调度算例：假如系统先后到来对柱面 12，80，5，60，95，20，86，35，72，55 的访问请求，按照先来先服务调度算法处理该请求序列的磁盘调度路线如图 5-15 所示。

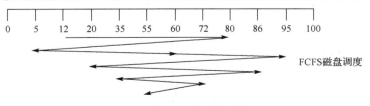

图 5-15   先来先服务磁盘调度示例

FCFS 磁头移动总计有 80–12+80–5+95–5+95–20+86–20+86–35+72–35+72–55=479 个磁道距离。

2. 最短寻道时间优先算法

在将磁头移到远处以处理其他请求之前，先处理距离当前磁头位置较近的请求可能更为合理。基于此，最短寻道时间优先（SSTF）算法总是优先满足距离当前磁头位置最近的访问请求。

SSTF 调度算例：柱面访问请求顺序仍如 FCFS 调度中的算例数据，假定磁头当前位置在 60 号柱面，按 SSTF 调度算法进行调度的磁盘调度路线如图 5-16 所示。

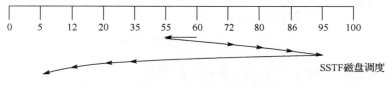

图 5-16   最短寻道时间优先磁盘调度示例

SSTF 磁头移动总计有 60–55+95–55+95–5=135 个磁道距离。

SSTF 可能牺牲公平性。当新的请求总是靠近当前磁头位置时，先前已经到达的远离当前磁头位置的请求将无限期地被延迟。

3. 电梯调度算法

对于先后到达的磁盘访问请求，电梯调度算法先选择移臂方向，磁臂在该方向上移动的过程中依次处理途经的各个访问请求，直到该方向上再无请求时，改变移臂方向，依次处理相反方向上遇到的各个请求。如果同一柱面上有多个请求，则需进行旋转优化。

电梯调度算例：算例数据如上。假定磁头正从 60 号磁道开始，向磁道号增加方向移动，则按电梯调度算法进行调度的磁盘调度路线如图 5-17 所示。

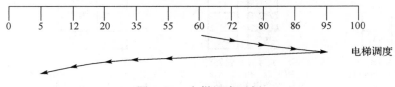

图 5-17   电梯调度示例

电梯调度磁头移动总计有 95–60+95–5=125 个磁道距离。

电梯调度算法可能造成几乎同时到达的不同请求需要等待的时间相差很大。例如，当新的请求出现在磁臂移动方向相反的较远位置时，该请求需要等待较长的时间。因为磁臂首先要远离该请求所在柱面，然后从较远位置返回。而在磁臂移动方向上出现的新请求只需等待较短的时间即可得到处理。

4. 循环扫描算法

循环扫描算法希望各个请求的等待时间更为均匀。在该算法中，磁头仅在一个移动方向上提供访问服务。磁臂从磁盘开始端柱面至结束端柱面移动的过程中依次处理途经请求，再直接返回开始端柱面重复进行，归途中并不响应请求。开始端与结束端柱面构成了一个循环。

循环扫描调度算例：算例数据如上。规定磁头向柱面号增加的方向移动时才访问磁道。柱面编号为 0～100。假定磁头正从 60 号柱面开始，向柱面号增加方向移动，则按循环扫描算法进行调度的磁盘调度路线如图 5-18 所示。

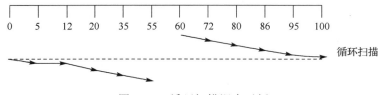

图 5-18　循环扫描调度示例

循环扫描调度磁头移动总计有 100−60+55−0=95 个磁道距离。

5．N 步扫描算法

N 步扫描算法将磁盘请求队列分成若干个长度为 N 的子队列，磁盘调度按先来先服务算法依次处理这些队列。当正在处理某子队列时，如果又出现新的磁盘 I/O 请求，则将新请求放入其他队列。

N 步扫描算例：按照 N 步扫描算法对进程提出的柱面访问请求进行调度，设立两个子队列，每个子队列的长度为 5，则对先后到来的磁盘访问请求进行调度的一个实例如图 5-19 所示。

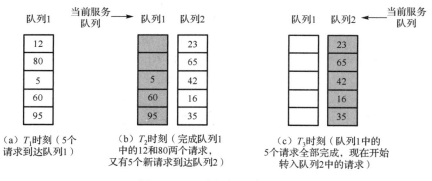

图 5-19　N 步扫描调度示例

6．Linux 磁盘调度算法

1）电梯调度算法

（1）如果新请求与队列中等待请求的数据处于同一磁盘扇区或者直接相邻的扇区，则现有请求和新请求合并成一个请求。

（2）如果队列中的请求已经存在很长时间，则新请求将被插入到队列尾部。

（3）如果存在合适的位置，则新请求将按顺序插入到队列中；如果没有合适的位置，则新的请求将被插入到队列尾部。

2）时限调度算法

在电梯调度的基础上考虑请求为读还是写，异步还是同步，请求等待的时间长短，根据这些因素修正 I/O 请求的调度次序，避免饥饿现象的发生。

3）预期调度算法

预期调度算法是对时限调度算法的补充，它预测已经发出读请求的进程很可能会在将来不久再次发出访问上次所读磁道附近的请求，于是不急于执行下一个请求，而是延迟若干毫秒，在延期内若有符合预测的新请求则满足之，不再执行下一个请求。

5.4　虚　拟　设　备

5.4.1　虚拟设备原理

为了提高设备利用率，尤其是提高独占设备的利用率，减少作业周转时间，系统往往利用一些共享设备模拟独占设备的功能，使得本来不能共享的独占设备被改造为能够共享的设备，这种技术就是虚拟。SPOOLing（Simultaneous Peripheral Operation On Line）（同时外围操作）或称为假脱机技术，是对脱机输入/输出系统的模拟。该技术是利用一类物理设备模拟另一类物理设备的技术，是使独占使用的设备变为可共享设备的技术。脱机输入/输出系统如图 5-20 所示。

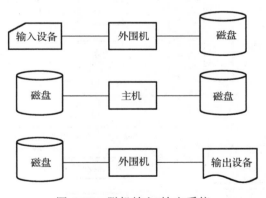

图 5-20　脱机输入/输出系统

虚拟技术可以将慢速设备的联机工作方式改造成为脱机工作方式，避免申请设备的作业等待。图 5-21 所示为多个进程联机使用打印机和脱机使用打印机的情形。在联机方式下，当打印机正在打印一个作业时，其他打印请求必须等待。而在脱机方式下，进程的打印请求一旦提交到磁盘缓冲区中保存起来，即可视为打印已经完成，进程即可返回执行其他计算任务。真正的打印动作待打印机空闲时，由专门的打印进程取出各个作业并逐个打印。

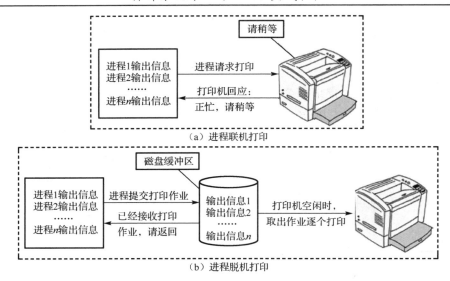

（a）进程联机打印

（b）进程脱机打印

图 5-21　进程联机打印与脱机打印

5.4.2　SPOOLing 系统结构

SPOOLing 系统结构如图 5-22 所示。

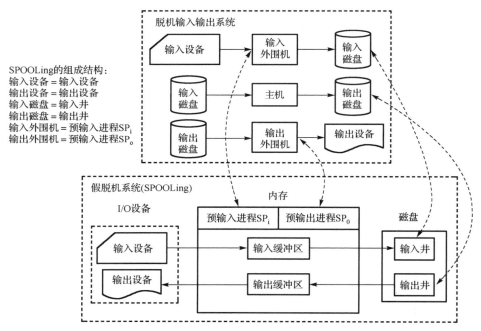

图 5-22　SPOOLing 系统结构

1. 信息存储数据结构

1）输入井和输出井

井是用于存放从输入设备输入的信息及作业执行的结果，而在磁盘上开辟的较大的缓冲存储空间，包括输入井和输出井。输入井模拟脱机输入时的磁盘设备，用于暂存 I/O 设备输入的数据。输出井模拟脱机输出时的磁盘，用于暂存用户程序的输出数据。采用井技术能够调节供求之间的矛盾，消除人工干预带来的损失。

2）输入缓冲区和输出缓冲区

为了缓和 CPU 和磁盘之间速度不匹配的矛盾，在内存中开辟了两个缓冲区：输入缓冲区和输出缓冲区。输入缓冲区用于暂存由输入设备送来的数据，以后再传送到输入井中。输出缓冲区用于暂存从输出井送来的数据，以后再传送给输出设备。

2. 作业控制管理数据结构

（1）作业表：登记进入系统的所有作业的作业名、状态、预输入表位置、缓输出表位置等。

（2）预输入表：每个用户作业有一张预输入表，用来登记该作业的各个文件的情况，包括设备类、文件名、信息长度及存放位置等。

（3）缓输出表：每个用户作业拥有一张缓输出表，包括作业名、作业状态、文件名、设备类、数据起始位置、数据当前位置等。

3. 程序

（1）预输入程序：模拟脱机输入时的外围控制机，将用户要求的数据从输入机送到输入井，当 CPU 需要输入数据时，从输入井读入内存，并填写预输入表，以便在作业执行过程中要求输入信息时，可以随时找到其存放位置。

（2）缓输出程序：模拟脱机输出时的外围控制机，将用户要求输出的数据，先从内存送到输出井，待输出设备空闲时，再将输出井中的数据送到输出设备上。

（3）井管理程序：负责从相应输入井读取信息或将信息送至输出井内。

SPOOLing 技术可以将本属于独占设备的打印机改造为可供多个用户使用的共享设备。其工作原理如下。

当用户进程请求打印输出时，SPOOLing 同意为它打印输出，但并不真正立即把打印机分配给它，只是做如下两件事。

（1）输出进程在输出井中为该进程申请一个空闲磁盘块区，将要打印的数据送入其中。

（2）输出进程再为用户进程申请一张空白的用户请求打印表，将用户的打印要求填入其中，再将该表挂到请求打印队列上。若还有进程请求打印，则系统仍接收该请求，并做上述两件事。

打印机空闲时，输出进程从请求打印队列队首取出一张请求打印表，根据其中的要求将要打印的数据，从输出井送到内存缓冲区，再由打印机打印。打印完成后，SPOOLing 再取出下一张请求打印表，打印下一组数据，直到请求打印队列为空时，输出进程阻塞；当有新的打印请求到来时被唤醒。

改造打印机的 SPOOLing 系统具体实现为一个打印机 SPOOLing 的守护进程，它是唯一有资格使用打印机的进程。所有要打印的文件都暂存在 spool 目录下，当打印机空闲时，该进程控制打印机依次打印 spool 目录下的文件。网络通信 SPOOLing 守护进程可以择机发送暂存在网络 spool 目录下的文件到网络中。

习 题 5

5-1　对于一个 10000rpm（即每分钟 10000 转）的磁盘驱动器，请计算：

（1）每旋转一周耗时多少μs？

（2）如果每个磁道包含 600 个扇区，则磁头读出一个扇区耗时多少μs？

（3）如果磁头从一个磁道移动到相邻磁道的时间（即寻道时间）是 800μs，希望移动到相邻磁道的磁头立即读取该磁道的第 0 扇区，则相邻两个磁道的第 0 扇区位置应该沿盘面半径方向偏移多少个扇区位置？

5-2　若磁头的当前位置在 100 柱面，磁头正向磁道号减小方向移动。现有一磁盘读写请求队列，柱面号依次为：190，10，160，80，90，125，30，20，29，140，25。试求分别采用如下算法时的移臂路线图及移臂距离：

（1）先来先服务算法（FCFS）；

（2）最短寻道时间优先算法（SSTF）；

（3）电梯调度算法；

（4）循环扫描算法（C-SCAN）；（假定最小磁道号为 1，最大磁道号为 200，磁头由小号磁道向大号磁道移动时访问数据，返回时不访问数据）。

5-3　一个单处理器系统以单道方式处理作业流，目前作业流中有两道作业，作业资源需求情况如下表所示：

作业号	所需 CPU 时间(min)	输入卡片数(张)	打印输出行数(行)
1	3	100	2000
2	2	200	600

卡片输入机运转速度是 1000 张/min，打印机打印速度是 1000 行/min，试求：

（1）不采用 SPOOLing 技术，计算两道作业的总周转时间；

（2）采用 SPOOLing 技术，计算两道作业的总周转时间。

5-4　请分别以不同大小的缓冲区完成文件的读取、编辑、保存功能，在程序中记录每种大小缓冲区情况下完成该任务的时间。

5-5　分别开发一个具有输入、计算、输出功能的单线程应用程序、多线程应用程序、多进程应用程序，在程序中分别统计和比较输入时间、计算时间、输出时间以及总的运行时间。

第 6 章

文件管理

6.1 文 件

文件是计算机软件资源的重要组织和存在形式。计算机运行的结果基本上是以文件形式保存下来的。文件通常保存在磁盘、光盘等外存上。磁盘、光盘具有存储容量大、独立于进程及非易失性保存数据的特点。操作系统中处理文件的部分称为文件系统。文件系统是操作系统中专门对软件资源进行管理的软件子系统。对绝大多数用户而言，文件系统是操作系统中最为可见的部分，它提供了访问操作系统和所有用户程序与数据的机制，用户通过文件系统得以存储程序及数据文件，查找和运行以文件形式存在的程序，对以文件形式存在的数据进行访问、处理。文件系统包含两个重要组成部分：文件和目录。文件是存储数据的实体，目录是查找文件的实体。文件是进程创建的信息逻辑单元。进程可以创建及读取文件。文件独立于进程、用户甚至创建它的系统而存在。即使进程终止或者系统关机，文件依然存在。这样，进程每次运行时，都可以从文件中获得需要运行的程序和需要加工处理的数据。多个进程可以并发地访问外存上的文件，共享文件内容。一个用户或进程创建的文件可以被其他用户或进程访问。因此，文件可作为一种共享资源使用。文件只有在明确删除时才会消失。文件的构造、命名、存取、保护等都是操作系统文件管理子系统设计的主要内容。

6.1.1 文件概念

文件是记录在外存上具有名称的相关信息的集合。用户通过文件名即可存取文件中的内容。至于文件内容位于外存上的哪些物理块中、如何表示物理块之间的先后顺序、如何执行具体的访问操作等物理细节对用户而言都是无需了解的，而是设计操作系统的文件系统时需要考虑的。因此，文件是对存储设备的抽象，它将以存储介质物理块为单位的信息存储单元抽象为以文件为单位的逻辑存储单元。从信息逻辑单元到信息物理存储单元的映射由操作系统的文件系统完成，从而向用户提供一个简单的外存信息访问接口。需要保存在外存的信息以文件为单位组织在一起。

创建或访问文件时需要给出文件名。文件名由字母、数字及一些特殊字符组成，文件名的长度因系统而异，早期操作系统规定文件名长度为 1～8 个字符，现代操作系统支持长达 255 个字符的文件名。UNIX 区分字母大小写，MS-DOS 及 Windows 不区分字母大小写。文件名一般还包含扩展名，用于表明文件的类型。例如，prog.c 的扩展名.c 表示这是一个

C 源程序文件；prog.exe 的扩展名.exe 则表示这是一个 DOS 或 Windows 下的可执行文件。扩展名是可选的。DOS 限制扩展名为 1～3 个字符，Windows 则允许扩展名很长。在 UNIX 中，扩展名长度由用户决定。一个文件可以包含两个或更多的扩展名。例如，home.html.zip 表示由.html 文件构成的压缩文件。文件内容可以是字符的或者二进制的，等等。从结构上看，文件由位、字节、行或者记录等组成，其具体意义由文件创建者和使用者定义。一些常用的文件扩展名及其意义如表 6-1 所示。

表 6-1   一些常用的文件扩展名及其意义

文件类型	扩展名	功能
可执行文件	.exe，.com，bin	可执行机器语言程序
目的文件	.obj，.o	已编译机器语言，尚未链接
源文件	.c，.cc，.java，.asm	各种语言源程序
批处理文件	.bat，.sh	发送给命令解释器的可编辑命令文件
文本文件	.txt	文本文件
字处理文件	.doc，.rtf，.tex，.wps	各种字处理文件格式
库文件	.lib，.dll	静态库及动态库文件
打印或视图文件	.ps，.pdf，.jpg	用户打印或显示的 ASCII 码或二进制格式文件
档案文件	.arc，.zip，.tar	多个文件压缩在一起的文件
多媒体文件	.mpeg，.mov，.rm，.mp3	音频、视频文件

扩展名方便用户识别文件类型，但是操作系统并不强制扩展名与文件类型一致，有些程序（如 C 编译器）则要求它编译的 C 源程序文件必须以.c 作为扩展名，否则拒绝编译。

扩展名可以与相应的处理程序建立关联，当用户指定打开具有特定扩展名的文件时，系统自动运行相应的处理程序并打开该文件。

操作系统使用有限的扩展名表示其感兴趣的文件类型。应用程序可以使用专属于自己的扩展名表示其感兴趣的文件类型。例如，MS-DOS 及 Windows 使用扩展名.exe、.bat、.com 表示可执行文件，Word 使用.doc 或.docx 表示它能够处理的文档。

6.1.2   文件类型和属性

1. 文件类型

文件可按各种方法进行分类。

（1）文件按用途可分成系统文件、库文件和用户文件。

（2）文件按保护级别可分成只读文件、读写文件和不保护文件。

（3）文件按信息流向可分成输入文件、输出文件和输入输出文件。

（4）文件按存放时限可分成临时文件、永久文件、档案文件。

（5）文件按设备类型可分成磁盘文件、磁带文件、软盘文件。

（6）根据文件内容是否用于阅读理解、编辑，文件可分为 ASCII 码文件和二进制文件。ASCII 码文件可以采用文本编辑器打开阅读和编辑，二进制文件采用文本编辑器打开以后显示无法理解的乱码。可执行文件及库文件为常见的二进制文件。二进制文件具有一定的内部结构。图 6-1 显示了某版本 UNIX 下可执行文件的内部结构。其中，魔数表明该文件是一个可执行文件，符号表用于调试程序。

还可按文件的逻辑结构或物理结构分类。

UNIX 操作系统支持的常见文件类型如下。

（1）普通文件：如源程序、数据、目标代码、操作系统、库、实用程序文件。

（2）目录文件：由文件目录组成的系统文件。

（3）块设备文件：用于磁盘、光盘等块设备的 I/O 操作。

（4）字符设备文件：用于终端、打印机等字符设备的 I/O 操作。

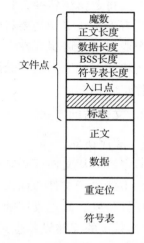

（5）FIFO 命名管道文件和套接字文件。

图 6-1　UNIX 可执行文件结构

2．文件属性

文件属性用于文件的管理控制和安全保护。文件属性包括如下几种。

（1）文件基本属性：包括文件名和扩展名、标识符、文件所属组 ID 等。其中，文件名及扩展名是文件的外部符号名称，供用户引用；标识符是系统内部使用的唯一标识每个文件的数字形式的标签，对用户不可读。

（2）文件类型属性：表明文件类型，如普通文件、目录文件、系统文件、隐式文件、设备文件、pipe 文件、ASCII 码文件、二进制文件等。

（3）文件控制属性：包括文件的位置信息、逻辑记录长、文件当前长、文件最大长、关键字位置、关键字长度、文件打开次数等。其中，文件的位置信息指明文件所在设备和所在物理块位置；逻辑记录长、关键字位置、关键字长度等属性只能出现在用关键字查找记录的文件里。

（4）文件管理属性：包括文件创建时间、最后访问时间、最后修改时间等，用于保护、安全和使用跟踪。

（5）文件保护属性：包括用户对文件允许执行的访问操作，如可读、可写、可执行、可更新、可删除等，上锁标志和解锁标志，口令，许可访问者等。

文件的属性信息保存在目录中，目录条目包括文件名及其唯一标识符，标识符又定位了其他属性信息。目录本身以文件形式保存在外存上，并在需要时分若干次调入内存。

6.1.3　文件存取方法

1．文件存储单位

磁盘等文件存储设备属于典型的块设备，块设备 I/O 是以物理块为单位执行的，文件内容是以物理块（物理记录）为单位存取的。磁盘系统的扇区大小定义了块大小。不同块设备的物理块大小可能并不相同。为了隐藏这一差异，文件系统定义了独立于任何物理块的尺寸统一的逻辑块（逻辑记录）。用户及设备无关软件以逻辑块为单位存取文件，硬件相关软件则将逻辑块转换为特定块设备的物理块。显然，物理块大小与逻辑块大小通常并不一致，若干逻辑记录需要打包后放入物理块。逻辑块大小、物理块大小以及打包方法决定多少个逻辑记录可保存在一个物理块中。打包可由用户应用程序或操作系统来执行。文件最后一块的部分空间通常会浪费，这种按块分配所浪费的空间称为内部碎片。块越大，内部碎片也就越大。

2．文件访问方式

1）顺序访问

顺序访问从文件开头顺序读取文件的全部字节或记录，不能跳过某些内容，文件后面的内容不能先于文件前面部分的内容读取出来。后面的访问起点依赖于前面访问后确定的文件指针位置。缺乏索引的文件通常只能顺序访问。对存储介质上的信息不提供定位参数（物理地址）的存储设备也只能顺序访问。例如，磁带上的文件适合顺序访问，磁盘上的链接文件也适合顺序访问。链接文件内容所在物理块位置通常并不连续，各块内容的逻辑顺序依靠各块内的指针来指示。在读取前一个物理块之前，下一块的指针无从获取，物理块的这种组织结构限定了链接文件的顺序访问属性。

读操作后，文件指针自动前移，以跟踪 I/O 位置。写操作向文件末尾增加内容，写操作后，文件指针前移到新增数据之后的位置（即新文件末尾）。文件指针也可重新设置到文件开头或其他位置。

2）随机访问

随机访问（直接访问）能够以任意次序读取文件中的字节或记录，可以按关键字而不是位置来存取记录。这种能够以任意次序读取其中字节或记录的文件称为随机存取文件或直接访问文件。许多应用程序需要访问随机存取文件。例如，航班订票程序必须能够直接存取乘客预订的航班记录，而不必先读出其他航班的成千上万个记录。数据库系统使用的文件往往属于随机存取文件。

随机访问确定文件读写位置的方法有两种：一种是每次读写之后，系统自动移动文件指针到下一个读写位置；另一种是利用移动文件指针操作 seek 设置文件指针到需要读写的新位置。

磁盘文件可以直接访问，因为磁盘访问可以指定物理块地址。给定逻辑块号或关键字也可以定位到需要访问的文件内容块。文件内容以物理块为单位存储在磁盘上。但是，对于特定结构的磁盘文件而言，其物理块之间的链接次序对用户不可见，因而不能直接指定物理块对特定的文件内容部分进行访问，只能顺序访问。但是用户可以指定逻辑块，系统将逻辑块定位到对应的物理块，从而在设备无关层实现直接访问，而在物理层仍需执行顺序访问。对于直接访问文件，读写顺序没有限制。

直接访问文件可以立即访问需要的信息，而不必涉及不需要的信息部分。数据库通常使用这种类型的文件。例如，航班订票系统往往对订票文件建立航班号到存储块号的索引表，以航班号作为关键字可以快速定位到需要查找的外存物理块。对于人员信息表这样的文件，可以通过哈希函数建立人员名称到其信息所在物理块的映射关系，从而根据人名直接找到存储其信息的物理块地址。

由用户向操作系统提供的块号通常为相对块号。相对块号是相对于文件开始的索引。因此，文件的第一块的号码是 0，下一块是 1，以此类推。而第一块的绝对磁盘地址可能为 13652，下一块为 5196 等。使用相对块号可以使用户不必了解文件各个部分所在实际物理块位置而正确存取文件，并防止用户误访目的文件外的内容。

直接访问文件可以很容易地模拟顺序访问，而顺序文件模拟直接访问较为低效。

3）索引访问

索引访问建立在直接访问方式上。索引访问需要为文件创建索引，这样的文件称为索引文件。索引类似于文件内容目录，包含指向各内容块的指针。查找索引文件时，首先查找索引块，获得目标内容块的指针，再从目标内容块中找到所需记录。

对于大文件，索引本身很大，不能完全放在内存中。为此，需要对索引块再建立一级索引，一级索引包含二级索引文件的指针，二级索引包括指向数据项的指针。

例如，索引顺序访问方法（ISAM）使用小的主索引文件指向二级索引的磁盘块。二级索引块再指向实际文件块，文件内容按关键字排序。查找特定记录项时，先对主索引进行二分查找，获得二级索引的块号，读入该块；再通过二分查找获得包含所需记录的块，最后顺序查找该块。

6.1.4　文件操作

文件属于抽象数据类型。操作系统提供的文件操作系统调用主要有以下几个。

1．创建文件（create）

创建不包含任何数据的文件。在目录中为新文件创建目录条目，设置文件属性信息，如文件名等。

2．打开文件（open）

在使用文件之前，必须先打开文件。open 调用将文件属性和磁盘地址表装入内存，便于后续操作访问。

3．写文件（write）

write 调用针对已经打开的文件执行写操作。一般从当前位置开始写入信息。如果当前位置是文件末尾，则文件长度增加。如果当前位置在文件中间，则现有数据被覆盖。

4．读文件（read）

read 调用针对已经打开的文件执行读操作。读出的数据一般来自文件当前位置。调用者需要指定读取的数据量和数据存放的缓冲区。

5．调整读写指针（seek）

seek 调用用于调整读写指针的位置。

6．关闭文件（close）

文件访问结束时，关闭文件以释放文件属性及磁盘地址等不再需要的管理数据所占内存空间，同时写入文件的最后一块。

7．删除文件（delete）

删除不需要的文件，释放其所占外存空间。

以上的多数文件操作需要搜索文件的目录条目。为了避免重复搜索，使用文件前首先执行系统调用 open 打开文件，文件目录条目信息登记在操作系统维护的打开文件表中，以后的文件操作通过该表的索引指定文件，避免重复访问外存目录。当文件不再使用时，关闭该文件，操作系统从打开文件表中删除该文件的条目。

有些系统在首次使用文件时，会隐式打开它。当打开文件的作业或程序终止时，系统会自动关闭文件。但是绝大多数操作系统要求程序员在使用文件之前显式打开它。打开操作根据文件名搜索目录，将该文件的目录项复制到打开文件表中。open 也接收访问模式参数：创建、只读、读写、添加等。open 返回指向打开文件表中一个条目的指针（或索引）。通过该指针（或索引）而不是文件名进行所有 I/O 操作。

UNIX 及 Linux 支持多用户同时打开一个文件，系统设置了两级打开文件表：每个进程分别拥有的局部于该进程的用户打开文件表和系统拥有的一张全局的系统打开文件表。用户打开文件表跟踪单个进程打开的所有文件。该进程使用的每个文件的读写位置指针、访问权限和记账信息等保存在用户打开文件表中。

系统打开文件表保存各个用户进程打开文件的进程无关信息，如文件在磁盘上的位置、访问日期和文件大小。单个进程的用户打开文件表的每个表目指向系统打开文件表中的表目。当一个进程对一个已经打开的文件再次执行打开操作时，该进程文件打开表中将增加一个条目，并指向系统打开文件表中相应条目，同时共享该文件的进程计数器增 1。关闭文件的操作则减少打开表中相应条目，并减少共享文件的进程计数器值。

实验 12　Linux 文件操作

1．Linux 文件操作函数

（1）FILE * fopen(const char * path,const char * mode)：打开/创建文本或二进制文件 path。

（2）size_t fread (void *buffer, size_t size, size_t count, FILE *stream)：从文件 stream 中读取 count 个长度为 size 的字节到内存 buffer 中。

（3）size_t fwrite(const void* buffer, size_t size, size_t count, FILE* stream)：将内存 buffer 中 count 个长度为 size 的字节写入到文件 stream 中。

（4）int fseek(FILE *stream, long offset, int fromwhere)：以 fromwhere 为基准，以 offset 为偏移，设置文件 stream 读写指针的位置。

（5）int fclose(FILE *fp)：关闭文件 fp。

2．文件操作实例

建立一个二进制文件 file1.bin，向其中写入一些整型数，然后将该文件内容复制到另一个文件 file2.bin 中。程序如下。

```
#include <stdio.h>
#include <stdlib.h>
```

```
#include <sys/types.h>
#include <sys/stat.h>
#include <unistd.h>
#include <fcntl.h>
#include <string.h>
#define Num 1024                      //每次读写缓存大小，影响运行效率
#define file1 "file1.bin"             //源文件名
#define file2 "file2.bin"             //目的文件名
#define OFFSET 0                      //文件指针偏移量
int main()
{
    FILE* sf,*df;
    int rnum = 0;
    int data[Num];
    int digit=0;
    int i=0,j=10;
    //创建源文件
    sf=fopen(file1,"wb+");
    if(sf<0)
    {
        printf("open file error!!!\n");
        exit(1);
    }
    //向源文件中写数据
    for(;j>0;j--)
    {
        for(i=0;i<Num;i++) data[i]=digit;
        digit++;
        rnum=fwrite(data,sizeof(int),Num,sf);
    }
    //创建目的文件
    df=fopen(file2,"wb+");
    if(df<0)
    {
        printf("open file error!!!\n");
        exit(1);
    }
    fseek(sf,OFFSET,SEEK_SET);         //将源文件的读写指针移到起始位置
    printf("file1:\n");
    while((rnum=fread(data,sizeof(int),Num,sf))>0)
    {
        for(i=0;i<rnum;i++) printf("%d ",data[i]);
        printf("\n");
        fwrite(data,sizeof(int),rnum,df);
    }
    fseek(df,OFFSET,SEEK_SET);         //将目的文件的读写指针移到起始位置
    printf("file2:\n");
```

```
while((rnum=fread(data,sizeof(int),Num,df))>0)//读取目的文件的内容
{
        for(i=0;i<rnum;i++) printf("%d ",data[i]);
        printf("\n");
}
fclose(sf);
fclose(df);
return 0;
}
```

编译程序：

```
gcc rwbfile.c -o rwbfile
```

运行程序：

```
./rwbfile
```

6.2　目　　录

磁盘上可以存放大量的文件，为了方便地查找和存取文件，建立目录非常有必要。文件目录是文件系统实现"按名存取"文件的重要手段。目录本身也以文件形式保存在外存上，需要查找文件时调入内存。每个存储设备都需要建立文件目录，以对该设备上的文件进行管理。当设备容量较大时，将设备空间划分为若干分区，每个分区分别建立目录以便于对文件进行分组管理，系统维护时，可以将影响限制在某个分区内。

6.2.1　目录项信息和结构

1．目录项信息

目录提供了访问文件的入口，每个文件在目录表中都有一个目录项，目录项用于记载文件的属性信息，如名称、位置、大小和类型等，目录项也称为文件控制块（File Control Block，FCB）。FCB 包括以下几种信息。

（1）文件标识和控制信息：如文件名、用户名、文件主存取权限、授权者存取权限、文件口令、文件类型等。

（2）文件逻辑结构信息：如记录类型、记录个数、记录长度等。

（3）文件的物理结构信息：如文件所在设备名、文件物理结构类型、记录在外存的盘块号或文件信息首块盘块号、文件索引的位置等。

（4）文件使用信息：如共享文件的进程数、文件被修改情况、文件最大长度和当前大小等。

（5）文件管理信息：如文件建立日期、最近修改日期、最近访问日期、文件保留期限、记账信息等。

查找文件时先从文件目录中找到该文件的 FCB，从中获得文件在磁盘上的位置即可存取文件内容。全部目录项也可构成文件，称为目录文件。目录文件非空，至少包含当前目

录项和父目录项。文件目录的作用类似于页表等地址变换机构，将逻辑名转换为物理名，即将文件名转换为文件的磁盘地址。

2．目录项结构与索引节点

1）索引节点型目录项结构

目录是经常访问的一种数据结构。目录保存在外存物理块中，访问时需要启动磁盘 I/O，将目录从外存加载到内存缓冲区中，然后从中检索所需文件的目录项。目录结构影响磁盘 I/O 数据量及缓冲内存消耗量，从而影响目录访问效率。最简单的目录项结构是直接将文件属性值放在每个目录条目中。但是这样的目录体积会很大，访问目录时需要传送大量的目录字节，同时需要在内存中开辟较大的目录缓冲区，时空开销都很大。事实上，在检索到指定文件之前，目录中除文件名之外的属性信息是不需要加载到内存的，只有在找到指定文件后，其属性信息才需要访问。因此，目录中的文件名和其余属性信息有必要分离存放，以便分开加载。UNIX/Linux 正是基于这种思想构造了文件名和其余属性相分离的目录项结构。其中，文件名以外的属性信息存放在称为索引节点的数据结构中。索引节点与文件一一对应，每个索引节点都有唯一的编号，称为索引节点号。在目录项中存放文件名和索引节点号，而非索引节点内容。根据索引节点号可以检索对应索引节点中的文件属性信息。由文件名和索引节点号构成的目录项称为基本目录项，其结构如下。

文件名	索引节点号

索引节点集中存放在磁盘上的索引节点区中。文件名和文件属性分开存放的策略可以节约目录检索时访问的磁盘物理块数。检索目录项时，先访问基本目录项表，找到需要的文件的索引节点号，然后从外存装入该索引节点的文件属性内容到内存中，即可存取文件内容，可避免访问不需要的文件属性信息。

目录项组成的目录文件和普通文件一样，均存放在文件存储器中。文件存储设备上的每个文件，都有一个外存索引节点与之对应。外存索引节点部分内容如下。

（1）di-mode：文件属性，如文件类型（普通、目录、特别、管道文件）、存取权限。

（2）di-nlike：连接该索引节点的目录项数（共享数）。

（3）di-uid：文件主标识。

（4）di-gid：文件同组用户标识。

（5）di-size：文件长度（以字节计数）。

（6）di-addr[15]：存放文件数据或基本目录项所在的磁盘块号的索引表。

（7）di-atime：文件最近被访问的时间。

（8）di-mtime：文件最近被修改的时间。

（9）di-ctime：文件最近创建的时间。

Linux 索引节点型目录结构如图 6-2 所示。

2）系统内存活动索引节点表

访问文件时，该文件的外存索引节点的内容需要加载到内存中，在关闭文件之前该内容都有效。一段时间内访问多个文件时，这些文件的外存索引节点的内容都需要加载到内存中并保持到文件关闭为止。因此，需要在内存中建立一定数量的内存索引节点，以保留文件属性信息，这就是索引节点缓冲区。使用某文件的信息时，申请一个内存 inode，把外存 inode 内容复制到内存 inode 中。关闭文件后，将内存 inode 内容复制到对应的磁盘 inode 中，然后释放内存 inode 以供其他应用。UNIX/Linux 在内存中开辟的一个容纳 100 个索引节点信息的表称为活动索引节点表。每个表项称为一个活动节点。

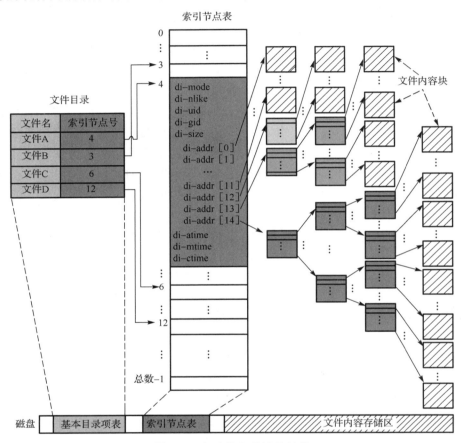

图 6-2　索引节点型目录结构

3）磁盘 inode 与活动 inode 的区别

相对于外存 inode，内存活动 inode 增加了与文件动态特性相关的项目，例如：文件活动标志 i_flag（占用/修改/安装点/上锁位）、共享索引节点数 i_count、索引节点所在设备名 i_dev、索引节点号 i_number、文件链接数 i_nlink、文件属性 i_mode、空闲链和占用链哈希表指针。

6.2.2　目录层次

1．一级目录

一级目录在一个目录中包含所有的文件，该目录称为根目录。早期计算机曾经使用一级目录存储各个用户的文件。简单的嵌入式应用系统，如早期手机、相机、音乐播放器等使用一级目录。但是一级目录不方便按用户、文件类别来管理文件，文件重名问题无法解决。一级目录的一个实例如图 6-3 所示。

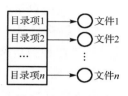

图 6-3　一级目录

2．层次目录系统

随着存储设备技术的不断进步，外存容量不断增加，外存上的各类文件也迅速增多，将所有文件保存在一级目录下很难查找。对文件分组存放、分组查询可以缩小查找范围，并可方便地控制文件访问权限。层次目录系统允许用户创建多级目录，各级目录形成树形结构，也称为目录树。层次目录的一个实例如图 6-4 所示。文件可以分门别类地存放在各级目录下。不同目录下的文件可以拥有相同的文件名。这时，文件名不能唯一确定要访问的文件。而从根目录到文件的路径可以唯一确定存储设备上的任意文件。访问文件时给出文件路径名以明确指定要访问的文件。

路径名是表示文件或目录位置的以斜线隔开的各级子目录名及文件名。由各级目录名组成的路径串称为目录路径名。目录路径名的末端为目录名。目录路径和文件名组成文件路径名。从根目录到文件的路径串称为绝对路径名。例如，图 6-4 中的/usr/bin/a2p 就是一个绝对路径名。不以根开始的路径串称为相对路径名。当前正在工作的目录称为当前目录或工作目录。相对路径名就是相对于当前目录的路径，其中省略了从根到当前目录的路径描述。相对路径在当前目录下必须确实存在。解析图 6-4，假设用户已经设置/usr 为当前目录，则使用相对路径名 bin/a2p 可以唯一指定绝对路径名为/usr/bin/a2p 的文件 a2p。

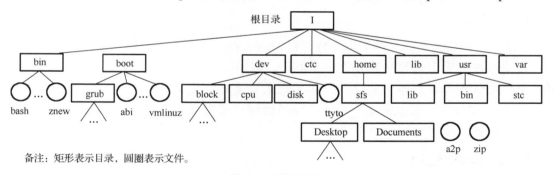

图 6-4　层次目录

每个目录创建时都会自动包含两个特殊目录项，"."项指当前目录，指出目录自身的 inode 入口；".."项指其父目录，指出其父目录的 inode 入口。根目录自身和其父目录都指向同一个 inode。

6.2.3　目录操作

目录的操作包括插入目录项（创建目录）、打开目录、移动目录、删除目录项、搜索目录项、重命名目录项、链接和删除链接目录、列出目录项等。

（1）创建目录：创建目录产生一个包含目录项"."和".."的空目录。

（2）删除目录：只有空目录可删除。

（3）打开目录：在读取目录中的文件名之前，先打开目录。该操作类似于读文件前先打开文件。

（4）关闭目录：读目录结束后，关闭目录以释放目录表所占内存资源。

（5）链接目录：建立已存在文件到一个路径名的链接，使多个目录中出现同一个文件。目录链接增加被链接文件的索引节点计数器的值，以记录含有该文件的目录项数目，该操作称为硬链接。

（6）删除链接目录：链接目录的反操作，指定文件的索引节点计数器减 1，若为 0，则删除该文件；否则，只删除指定路径名的链接。

6.3　文　件　结　构

6.3.1　文件逻辑结构

文件的逻辑结构是从用户角度看到的反映一定逻辑意义的文件内容组成单位及各部分之间的关系。文件的逻辑结构分为两种：流式文件和记录式文件。

1．流式文件

流式文件（无结构文件）将文件内容看做字节流，即整个文件由一个字节流组成。这种看法忽略了可能存在的文件内在的逻辑结构，实际上将文件看做无结构的。大多数现代操作系统对用户仅仅提供流式文件。

2．记录式文件

记录式文件（有结构文件）是一种有结构的文件，包含若干逻辑记录，逻辑记录是文件中按信息在逻辑上的独立划分的信息单位。例如，单位职工工资文件、学生信息文件、储户信息文件等都是有结构的文件，属于记录式文件。记录式文件是数据库管理系统支持的基本文件类型。数据库管理系统能够根据用户要求显式存储文件的逻辑结构信息，辅助用户创建记录式文件。

6.3.2　文件物理结构

文件的物理结构是指文件内容及其各部分之间的逻辑关系在物理存储空间中的存储和实现方法。这时将文件看做物理文件（即相关物理块）的集合。

构造文件物理结构的实质是建立逻辑记录与其物理存储位置之间的对应关系。构造文件物理结构的方法有如下几种。

1．计算法

利用哈希函数等设计映射算法，建立逻辑记录到物理记录地址之间的映射关系，以记录键的计算结果作为对应的物理块地址。直接寻址文件、计算寻址文件、顺序文件均采用计算法构造。

2．指针法

指针法（链表法）在存储各个逻辑记录的同时存储各记录所在物理块的地址，以链表形式反映各记录的物理地址及各记录之间的逻辑顺序关系。例如，索引文件、索引顺序文件、连接文件等均采用指针法构造。

常见的物理文件如下。

1．顺序文件

顺序文件（连续文件）是逻辑记录顺序和物理记录顺序完全一致的文件，通常，记录按出现的次序被读出或修改。FCB 中保存第一个物理块的地址和文件信息块的总块数。一切存放于磁带上的文件都是顺序文件，卡片机、打印机、纸带机上的文件也属于顺序文件。存储在磁盘上的文件也可以组织成顺序文件。

顺序文件在顺序存取记录时速度较快。但是，顺序文件在建立前需要预知文件长度，修改、插入和增加文件记录往往需要大量地移动记录。对直接存储器做连续分配容易造成空闲块的浪费。

2．连接文件

当文件存储的物理记录顺序与逻辑记录顺序不一致时，采用连接字（即指针）表示文件中各个逻辑记录之间的顺序关系，形成链表结构的文件即为连接文件（串联文件）。第一块文件信息的物理地址存放在文件目录中。每一块的连接字指出文件下一个物理块的位置。

连接文件不要求文件物理块连续，便于增、删、改，但是仅适用于顺序存取，不便于随机存取。

3．直接文件

直接文件（哈希文件）是以记录关键字换算其存储地址，实现内容存取的文件。直接文件在记录关键字与其存储地址之间利用散列法或杂凑法以关键字为自变量，以物理地址为因变量构造映射函数（哈希函数）。在构造直接文件时，不同的关键字可能映射到同样的物理地址中，引起冲突。解决冲突的方法有顺序探查法、两次散列法、拉链法、独立溢出区。

4．索引文件

索引文件是实现非连续存储的另一种方法，适用于数据记录保存在随机存取存储设备上的文件。索引文件在存储逻辑记录的同时，将记录关键字与其存储地址的对应关系表（即索引表）一并存储起来，形成索引文件。FCB 存放索引表或其地址，访问索引表即可存取文件。

6.4　文件系统功能及实现

6.4.1　磁盘信息分区

文件系统的实现涉及存储设备的部分物理细节。磁盘是最重要的文件存储设备。磁盘可划分为若干个分区，每个分区中有一个独立的文件系统。磁盘的 0 扇区称为主引导记录（MBR），用来引导计算机。MBR 的结尾是分区表。该表给出了每个分区的起始和结束地址。表中的一个分区标记为活动分区。启动时，主板上的 ROM-BIOS 程序读入并执行 MBR。

MBR 读入活动分区的第一个块（引导块）并执行。引导块中的程序加载该分区中的操作系统。每个分区都从一个启动块开始，即使它不含有一个可启动的操作系统。

磁盘分区的布局因文件系统而异。文件系统经常包含如图 6-5 所示的项目。

（1）引导块。引导块是操作系统引导程序。

（2）超级块。超级块包含文件系统的结构和管理信息，如记录 inode 表所占的盘块数、文件数据所占的盘块数、主存中登记的空闲块的物理块号、主存中登记的空闲 inode 数、主存中登记的空闲 inode 编号等。在计算机启动时，或者首次使用文件系统时，将超级块读入内存。

（3）空闲块信息表。该表以位示图或指针列表的形式登记可用磁盘空闲块。

（4）索引节点区。索引节点区用于存放每个文件的 inode，所有 inode 大小相同。inode 存放文件的属性信息。

（5）根目录。根目录用于存放文件顶级目录。

（6）目录和文件数据区。目录和文件数据区用于存储文件目录和文件内容。文件内容块和目录块可能交替存放。

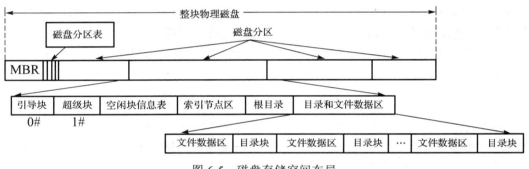

图 6-5　磁盘存储空间布局

6.4.2　文件操作系统调用功能实现

1．文件系统调用种类

文件系统提供给用户程序的一组系统调用包括建立、打开、关闭、撤销、读、写、控制，通过这些系统调用，用户能获得文件系统的各种服务。

2．打开文件表

为了避免重复访问外存查找文件，系统把常用和正在使用的那些文件目录复制到主存中。系统为每个用户进程建立一张内存打开文件表，称为活动文件表。打开文件时，把该文件的目录项复制到打开文件表中。当不再使用该文件时，使用"关闭"操作切断用户进程与该文件目录项的联系。同时，若该目录项已被修改过，则应更新外存中对应的文件目录项。

UNIX/Linux 设置了两种打开文件表：用户打开文件表和系统打开文件表。

1）用户打开文件表

PCB 中保留了一个 files_struct，称为用户打开文件表或文件描述符表。表项的序号是文件描述符 fd，每项登记了系统打开文件表的入口指针 fp。通过此系统打开文件表项连接到打开文件的活动节点。

2）系统打开文件表

为跟踪多个用户进程共享文件、父子进程共享文件的情况，系统设置系统打开文件表，其数据结构为 file_struct，内存中开辟了最多可登记 256 项的系统打开文件表区域。打开文件时，通过此表项把用户打开文件表的表项与文件活动节点连接起来，实现数据访问和信息共享。

3．部分重要的文件操作系统调用实现

1）创建文件

创建文件调用方式如下。

```
int fd, mode;
char *filename;
fd = creat (filename, mode);
```

功能：以 mode 规定的方式建立文件 filename，若成功，则返回文件描述符 fd。

参数：

filename：文件名路径字符串指针。

mode：存取权限，创建成功后，存取权限记录在相应索引节点的 i_mode 中。

fd：文件描述符，即用户打开文件表中相应文件表项的序号。

例如：

```
fd = creat ("/home/sfs/myfile",0775);
```

建立系统调用的主要工作如下。

（1）为新文件分配磁盘索引节点和活动索引节点，并把索引节点编号与文件名组成新目录项，记录到目录中。

（2）在新文件对应的活动索引节点中置初值，如将存取权限 i_mode、连接计数 i_nlink 置为 1 等。

（3）为新文件分配用户打开文件表项和系统打开文件表项，置表项初值，如 f_flag 置写标志，读写位移 f_offset 清"0"。

（4）把用户打开文件表项、系统打开文件表项及文件对应的活动索引节点用指针连接起来，把文件描述字 fd 返回给调用者。

2）打开文件

打开文件调用方式如下。

```
int fd, mode;
char * filename;
fd = open (filename, mode);
```

功能：以 mode 规定的方式打开文件 filename。

参数：

filename：文件名路径字符串指针。

mode：打开方式，即读（0）、写（1）或读写（2）。

fd：文件描述符。

打开过程如下。

（1）若该文件未被打开，则执行以下步骤。

① 检索目录，将其外存索引节点复制到内存活动索引节点表中。

② 根据参数 mode 核对权限，如果非法，则本次打开失败。

③ 若"打开"合法，则为文件分配用户打开文件表项和系统打开文件表项，并为表项设置初值。通过指针建立这些表项与活动索引节点间的联系。把文件描述字，即用户打开文件表中相应文件表项的序号返回给调用者。

（2）若该文件已经被其他进程打开，则不执行上述的步骤①，仅把活动节点中的计数器 i_count 增 1 即可。i_count 反映了通过不同的系统打开文件表项共享同一活动节点的进程数目。执行文件关闭操作时，共享该文件的进程数减 1，即 i_count 减 1。若 i_count=0，则表明所有进程不再使用该文件，可释放该文件的活动节点表项。

3）文件的读/写

读文件将文件内容加载到用户数据区。写文件将用户数据区的信息写入文件。文件的读写位置由系统打开文件表中的 f_offset 决定。

（1）读文件系统调用形式如下。

```
int nr, fd, count;
char buf [ ];
nr = read (fd, buf, count);
```

功能：从文件 fd 中读取 count 个字节到内存 buf 中。

参数：

fd：文件描述符。

buf：读出信息应送达的内存地址。

count：要读出的字节数。

nr：实际读出的字节数，可能小于要读出的字节数 count。

读过程的步骤如下。

① 系统根据 f_flag 中的信息，检查读操作的合法性。

② 根据当前位移量 f_offset 的值、要求读出的字节数 count 及活动索引节点中 i_addr 指出的文件物理块存放地址，把相应的物理块读到块设备缓冲区中。

③ 将数据送到用户主存区 buf 中。

（2）写文件系统调用形式如下。

```
nw = write (fd, buf, count);
```

功能：将用户主存区 buf 中的 count 个字节信息写入文件 fd，返回实际写入的字节数 nw。

4）改变文件读写位置

系统调用形式如下。

```
long offset;
int whence, fd;
fd=open(filename,mode);//或者 fd=creat(filename,mode);
lseek (fd, offset, whence);
```

功能：将文件 fd 的读写位置指针 f_offset 移动到 offset 和 whence 规定的位移处。

whence 的取值可为 SEEK_SET（0）、SEEK_CUR（1）或 SEEK_END（2）。

SEEK_SET——将读写指针移到距离文件开头 offset（为非负值）字节的位置。

SEEK_CUR——将读写指针移到距离当前读写位置偏离 offset（可取负值）字节的位置。

SEEK_END——将读写指针移到距离文件末尾 offset 字节的位置。

5）删除文件

删除文件调用形式如下。

```
unlink (filename)
```

功能：删除文件 filename 的目录项，并使其链接数减 1，如果链接数变为 0，则删除该文件。

6）关闭文件

关闭文件的调用方式如下。

```
int fd;
close (fd);
```

功能：关闭文件 fd，不再操作。

参数：

fd：文件描述符。

关闭文件的过程如下。

（1）根据 fd 访问用户打开文件表项和系统打开文件表项，释放用户打开文件表项。

（2）使 fd 指向的系统打开文件表项中的文件打开数 f_count 减 1，若 f_count 变为 0，则释放该表项；否则返回。

（3）使 fd 指向的活动索引节点中的文件打开数 i_count 减 1，若 i_count 变为 0，则把该活动索引节点中的内容复制到外存上相应磁盘索引节点中，释放该活动索引节点；否则返回。

f_count 和 i_count 分别反映了进程动态共享一个文件的两种方式：f_count 反映了不同进程使用相同的读写位移指针 f_offset 共享一个文件的情况，i_count 反映了不同进程使用不同的读写位移指针 f_offset 共享一个文件的情况。

6.4.3　文件共享

文件共享指不同用户（进程）静态或动态地共同使用同一个文件。不同进程为完成共同任务，可通过文件共享实现信息动态交换、协作处理。文件共享也有利于节省外存空间，减少文件复制，减少 I/O 操作次数，避免多副本造成数据不一致。文件共享的形式有静态共享、动态共享、符号链接共享。

1．静态共享

静态共享允许一个文件同时属于多个目录，但实际上文件仅有一处物理存储。这种一个文件属于多个目录的文件共享形式称为文件链接，即多个目录指向同一个文件。表示静态共享的链接关系独立于进程而存在，因此称为静态的共享。静态共享时，被共享文件拥有多个不同的名称，它们互为别名。

静态共享的实现方法：将不同目录的索引节点号指定为同一文件的索引节点。链接的实质就是多个目录共享已存在文件的节点。

文件链接的系统调用形式如下。

```
char * file1, * file2;
link (file1, file2);
```

其功能是为文件 file2 建立一个目录项，其索引节点值与 file1 的相同，并使索引节点的连接计数 i_nlink 增 1。

解除文件链接的调用形式如下。

```
unlink (file)
```

其功能是将文件 file 的索引节点的链接数 i_nlink 减 1。若 i_nlink 值变为 0，则删除该文件及其文件目录项。因此，解除链接包含文件删除功能，两者执行同一系统调用代码。

2．动态共享

文件动态共享指系统中不同进程并发访问同一文件。文件动态共享关系随着进程的存在而存在，一旦进程消亡，其动态共享关系自动消失。

文件动态共享时，不同进程可能会读写文件的同一位置或不同位置，这就涉及读写指针问题。

不同进程共用相同读写指针共享文件的情况：当两个进程共享同一文件且共用读写指针时，这两个进程的用户打开文件表并指向系统打开文件表中的同一表项。这时，系统打开文件表表项的访问计数器 f_count 值等于共用一个读写指针访问一个文件的进程数，即共用一个系统打开文件表表项的进程数。同一用户父、子进程协同完成任务，使用同一读/写位移，同步地对文件进行操作。

UNIX/Linux 操作系统同一用户的父进程使用 fork 创建子进程前，若父进程已经打开某文件 A，则文件 A 在系统打开文件表中存在一个表项，使用 fork 创建子进程时，父进程的 PCB 被复制到子进程的 PCB 中，文件 A 在系统打开文件表中的表项也一并复制给子进程，导致两个进程共用相同的系统打开文件表项，使用相同的读写指针。图 6-6 表明了两个进程以相同读/写位移打开同一文件时，打开文件表中相关项的连接情况。

不同进程使用不同读写指针共享文件的情况：当两个进程共享同一文件但读写指针不同时，这两个进程各自的用户打开文件表指向系统打开文件表中的不同表项，而这两个表项又指向内存活动节点表中的同一表项。两个以上用户共享文件时，每个用户都希望独立地读/写文件，此时不能只设置一个读写位移指针，须为每个用户进程分别设置一个读/写位移指针。位移指针应放在每个进程单独使用的系统打开文件表的表目中。这样，当一个进程读/写文件，并修改位移指针时，另一个进程的位移指针不会随之改变，以此使两个进程能独立地访问同一文件。

对于 UNIX/Linux 系统，若先执行 fork 创建子进程后，父子进程再打开同一文件，则在系统打开文件表中将产生指向同一个文件的两个不同的表项，两个进程将以不同的读/写位移指针访问同一个文件。图 6-7 表明了两个进程以不相同的读/写位移打开同一文件时，打开文件表中相关项的连接情况。

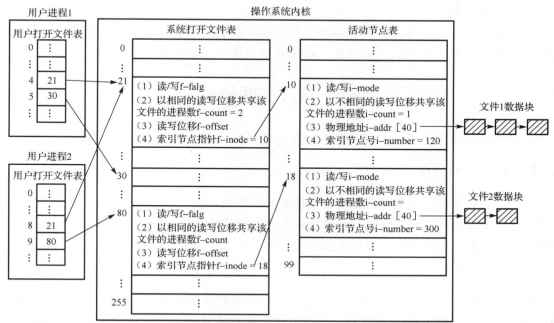

备注：两个进程通过相同的系统打开文件表项访问一个文件（即文件1）。

图 6-6　两个进程以相同读/写位移打开同一文件

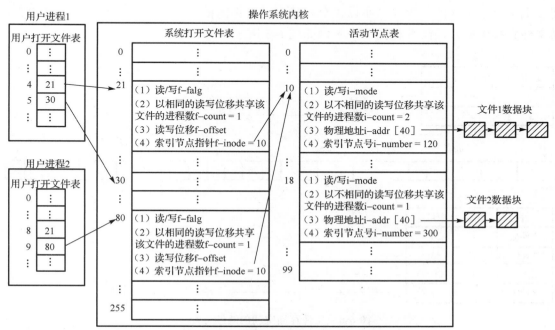

备注：两个进程通过不相同的系统打开文件表项访问一个文件（即文件1）。

图 6-7　两个进程以不相同的读/写位移打开同一文件

3．符号链接共享

符号链接共享又称软链接，是只包含文件路径名而不指向节点的文件。删去符号链接，文件实体内容依然存在。文件所有者才具有指向节点的指针。将文件名和自身的节点链接起来的链接称为硬链接。

符号链接共享能链接计算机中不同文件系统中的文件，也可链接计算机网络中不同机器上的文件，此时，仅需提供文件所在机器地址和该机器中文件的路径名即可。

6.5　文件空间管理

文件空间管理不仅需要记录已分配磁盘块的情况，还需要记录空闲磁盘块的情况。

6.5.1　文件空间分配方法

存储并查找文件的关键是分配并记录存放文件的磁盘块，当文件删除时，还要回收其所占磁盘块。文件存储空间的分配和回收就是外存空间管理问题。文件空间分配的办法有连续分配、链接分配、索引分配、多级索引分配。

1．连续分配

连续分配将文件存放在外存连续存储区中，即为磁盘文件分配一组连续的块，文件内容的逻辑顺序与物理存储顺序一致。通过分配连续块建立的文件称为连续文件。与内存的连续分配相似。最初，整个磁盘空间是一个大的连续分区；随着文件的创建和删除，磁盘连续分区被分配和回收，整个磁盘空间被分割为文件区和空闲区交替出现的格局；系统需要登记各个空闲区的位置和大小以供分配使用。文件区的位置和大小需要登记在目录中以供文件查找访问。连续分配的一个示例如图 6-8 所示。

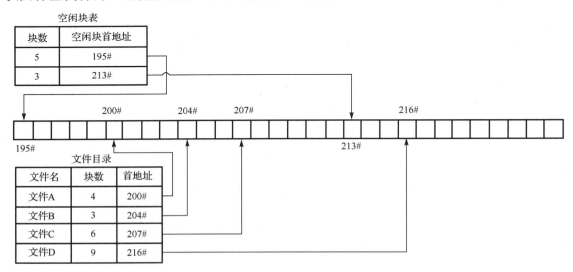

图 6-8　文件存储空间的连续分配

连续分配的缺点是建立文件前需要用户给出文件长度，以便系统查找和分配满足要求的连续存储区。而用户很难确切知道最终创建的文件的大小，因此，该方案对用户不是友好的。连续分配方案对修改、插入和增加文件记录有困难。

但是连续分配具有高效存取的优点。访问连续分配文件所需要的寻道数最小，因而寻道时间最少。连续分配非常适合文件转储、备份时的存储空间分配。例如，将磁盘上的文件刻录到光盘上时，由于文件已经事先建立好，其长度已知，刻录到光盘上的文件一般不再需要编辑修改，此时，对光盘存储空间采用连续分配是最简单、最高效的一种分配方法。将一个磁盘上的文件备份到另一个空白磁盘不再编辑时，也适合使用连续分配方法。连续分配支持顺序访问和直接访问。

2．链接分配

根据存储单元的大小，链接分配有以磁盘块为单位的链接分配和以簇为单位的链接分配。

1）磁盘块链接分配

链接分配是一种非连续分配方案，即离散分配方案，文件允许存放在位置不连续的磁盘块中，各个磁盘块中文件内容的逻辑顺序采用磁盘块中的指针来指示。按照磁盘块中指针的链接顺序依次访问各个磁盘块即可顺序读取整个文件。第一块的磁盘地址只要登记在目录项中即可通过目录访问整个文件。这种在磁盘块中设置指针反映块间顺序构造的物理文件称为链接文件。链接文件就是磁盘块的链表。磁盘块链接文件的一个示例如图 6-9 所示。

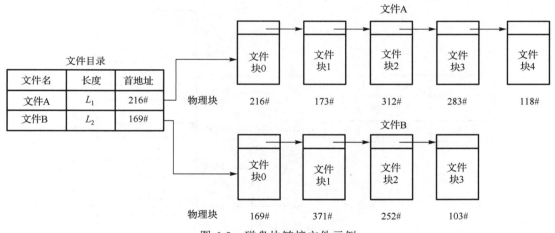

图 6-9 磁盘块链接文件示例

链接分配便于文件内容的增加、删除、修改，创建文件时不需要说明文件大小，无需合并磁盘空间。链接文件很适合从头到尾顺序访问，随机访问（直接访问）时很不方便，访问任何指定块时，必须从头开始随着指针找到指定块。由于指针占据了一些字节，每个物理块的有效容量将有所减少，达不到以 2 的整数次幂为单位的物理块容量，如有效容量小于 512 字节的扇区大小。要读取一整块文件内容时，需要读两个物理块并进行拼接，增加了 I/O 操作的复杂性和开销。由于链接文件所占物理块较分散，寻道操作频繁，因此增加了 I/O 寻道时间。

2）磁盘簇链接分配

磁盘簇链接分配以簇为文件空间分配单位，建立簇之间的指针链接关系。一个簇由多个连续的磁盘块组成。这样，指针在簇中比在块中占用的磁盘空间百分比降低，磁盘输入输出时，磁头移动频率降低，空闲簇管理所需空间减少。簇链接分配可以改善许多算法的磁盘访问时间，大多数操作系统采用了簇分配方案。但是簇会造成较大的内部碎片。

链接分配的另一个问题是可靠性问题。链接分配依靠簇或块中的指针建立各簇之间的先后关系，指针分布在整个磁盘上，如果软件出现漏洞或磁介质损坏而使指针丢失、损坏或者错误，将导致文件无法完整访问，或者访问到其他文件的部分内容，写操作则会损坏文件内容。

3）文件分配表

文件分配表（File Allocation Table，FAT）是链接分配方法的变种。FAT 将原来分布在文件存储块中的指针集中存放在一个单独的表（FAT）中，每个存储块都在该表中占有一项，每项元素以存储块号为索引，每项元素值是该项存储块的后继块的块号。未使用的块用 0 值表示。目录项中存放文件首块号码。访问文件时，从目录出发获得文件首块号码，从该号码出发遍历 FAT 中存放的文件块链，即可访问文件所在各个存储块的内容。为文件分配空闲块时，从 FAT 中找到第一个值为 0 的 FAT 表目，用该表目的索引号替换前面的文件结束值，用文件结束值替代该表目的元素值 0。每个分区的开始部分存储 FAT。MS-DOS和 OS/2 都采用了 FAT。采用 FAT 管理文件链接存储块的一个示例如图 6-10 所示。

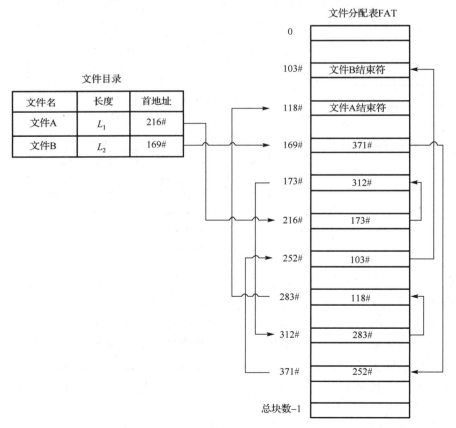

图 6-10　文件分配表用法示例

3．索引分配

索引分配是实现非连续存储的另一种方法，适用于数据记录保存在随机存取存储设备上的文件。索引分配为每个文件建立一张索引表，存储文件内容的各个存储块地址依次记录在各个表目中，索引表所在存储块地址登记在目录项中。访问文件时，从目录项出发获取索引表，根据索引表记载的文件块地址即可访问文件各部分的内容。这种带有索引表的文件称为索引文件。索引文件支持顺序查找和随机查找。给定数据块逻辑顺序号（即索引表索引号）可以随机查找相应存储块中的数据。显然，索引文件在文件存储器上包含索引区和数据区，索引区包含指向数据区的指针。索引表分为无键索引（图 6-11）和有键索引（图 6-12）。无键索引只能根据索引顺序号访问文件内容块。有键索引可根据键值访问文件内容块。

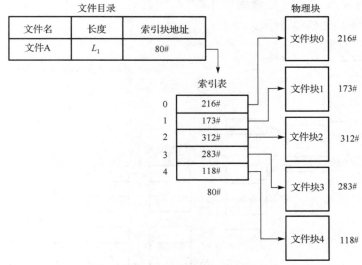

图 6-11　无键索引

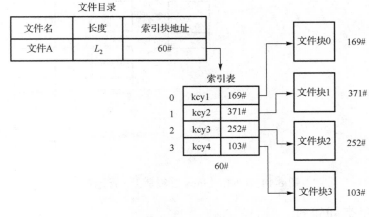

图 6-12　有键索引

索引文件不要求物理块连续，便于直接存取，便于文件的增、删、改。但是索引文件增加了索引表的空间开销和查找时间。

索引文件中的索引项分为两类：一类是稠密索引，即对每个数据记录都在索引表中建立一个索引项；另一类是稀疏索引，它对每一组数据记录建立一个索引项。这种为一组记录建立一个表项构成的索引文件称为索引顺序文件。

4．多级索引分配

当索引表很大时，索引表占用的物理块数也会很多，这就需要为索引表再次创建索引表，形成多级索引分配结构，也称为多重索引结构。UNIX/Linux 采用三级索引分配结构，以满足不同大小文件的需要。每个文件的索引表为 15 个索引项，每项 4 个字节，登记一个存放文件信息的物理块号。最前面 12 项直接登记存放文件信息的物理块号，称为直接寻址。如果文件大于 12 块，则利用第 13 项指向一个物理块，该块中最多可放 256 个文件物理块的块号，称为一次间接寻址。对于更大的文件还可利用第 14 项和第 15 项作为二次、三次间接寻址。UNIX/Linux 采用了三级索引结构后，文件最大可达 16 兆个物理块。UNIX/Linux 三级索引结构示例如图 6-13 所示。

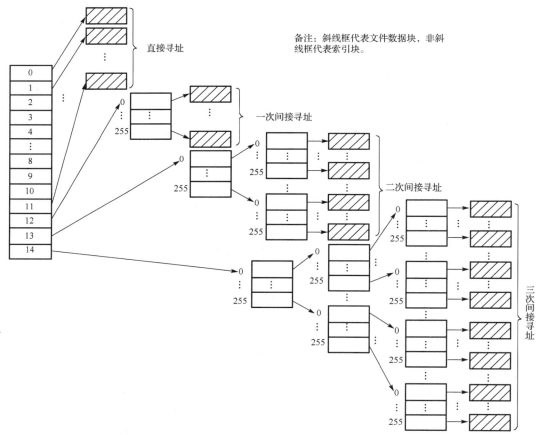

图 6-13　UNIX/Linux 三级索引分配示例

6.5.2　文件外存空间管理

文件系统不仅需要记录分配给文件的存储块，也需要记录空闲块的数量和位置。存储块的状态在空闲和占用之间动态转换。创建或者扩展文件时，存储块由空闲块转为分配块；删除文件时，存储块由分配块转为空闲块。文件外存空间管理的一些方法如下。

1．位示图

系统中的每个盘块采用一个二进制位来表示该盘块是否空闲。如果该块空闲，则其对应二进制位值为 1（或 0）；如果该块已分配，则其对应二进制位值为 0（或 1）。分配和回收时只需修改二进制位值即可。显然，位示图可以同时对空闲块和已分配块进行综合管理。

2．空闲块链

空闲块链：将所有空闲块链接在一起，形成一个链表。链首空闲块的指针保存在磁盘特殊位置，同时也保存在内存缓冲区中，在分配或者回收空闲块时，通过链首指针遍历空闲块链进行空闲块的增减操作。FAT 方法将空闲块的管理和已分配块的管理结合到 FAT 中，不需要独立的空闲块管理结构。

3．空闲区表

一个空闲区由若干位置连续的空闲盘块构成。空闲区表为外存上的所有空闲区建立一张空闲表，每个空闲区占一个表项，表项内容包括空闲块位置和连续空闲的块数。空闲区表一般用于连续分配，回收盘区时要考虑相邻盘块的合并问题。

空闲区也可以链表形式组织，形成空闲区链。空闲区链中的一个节点可以包含多个连续磁盘块，因此，与空闲块链相比，空闲区链可以大大减少链表中的节点数。

4．成组空闲块链

随着磁盘容量的不断增大，用于管理磁盘空间的空闲块管理结构的长度呈不断增长的趋势，而内存容量不但远小于磁盘容量，而且其增长速度也远小于磁盘容量的增长速度，将空闲块管理结构完整放在内存无疑会加重内存资源的紧缺性。而文件所需存储空间总是有限的，访问空闲块管理结构的一部分通常即可分配文件所需磁盘空间。因此，空闲块管理结构无需完整驻留内存空间。基于此，将空闲块管理结构分为若干个可分组调入的形式。这种分组式的空闲块组织策略先由 UNIX 提出并实现，Linux 继承了这种策略。

UNIX/Linux 将系统中的所有空闲盘块分成若干组，每 100 个盘块是一组，每组第一块登记下一组空闲块的盘物理块号和空闲总数，由此形成组与组之间的链接关系，即成组空闲块链。也就是说，成组空闲块链的节点是一个长度为 100 的列表，其中列出了 100 个空闲块的块号。访问成组空闲块链进行分配操作时，每次仅需装入其中的一组到内存中，待该组中登记的盘块分配完毕后，再从外存装入下一组空闲盘块列表（下一个节点）到内存中。

在回收空闲盘块时，将空闲盘块号登记在位于内存的空闲盘块列表中，仅当该表满（达到 100）时，将其加入成组空闲块链中并写回外存，然后在内存中建立一个新的盘块组（一个新节点）并加入成组空闲块链。成组空闲块链的分配和回收操作实际上是一种栈式操作，分配和回收动作仅在栈顶进行，分配相当于出栈操作，栈顶指示的空闲块被分配，即出栈。回收时，盘块加入栈顶，即入栈。当前位于内存的盘块组就是栈顶，同时也是成组空闲块链的链首，而链尾是栈底。在同一个盘块组（即节点）中，盘块的分配和回收操作也以盘块列表为栈的入栈和出栈操作。

成组空闲块链的分配示例如图 6-14～图 6-17 所示。图 6-14 表示空闲盘块组的初始情况。其中，专用块位于内存，直接管理第 4 组的 50 个盘块（300#～349#）。而第 4 组的第一个盘块登记第 3 组 100 个盘块的块号，第 3 组的第一个盘块登记第 2 组 100 个盘块的块号，第 2 组的第一个盘块登记第 1 组 99 个盘块的块号。第 2 组第一个盘块的 s_free[0]置为 0，表示盘块结尾标志，访问到该项意味着盘块已全部分配出去。

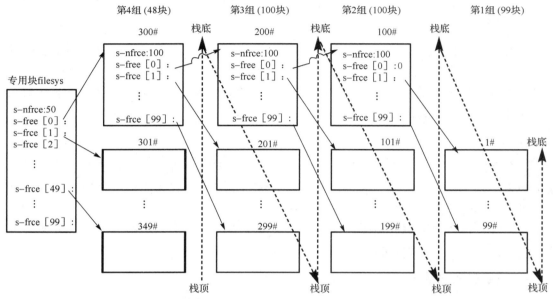

备注：粗虚线表示各组内盘块及组间盘块构成栈时的排列顺序。

图 6-14　UNIX/Linux 成组空闲块链示例

在图 6-14 的基础上请求分配 2 个空闲盘块，则 349#、348#将会被分配，分配后 s_nfree=48，结果如图 6-15 所示。

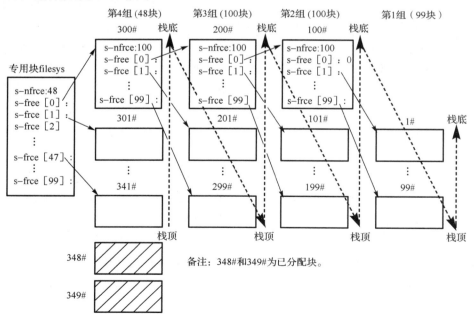

图 6-15　分配 2 块后的情况

在图 6-15 的基础上请求分配 47 个空闲盘块，则 347#、346#、…、301# 会被依次分配，分配后 s_nfree=1，结果如图 6-16 所示。

在图 6-16 的基础上请求分配 1 个空闲盘块，则 300# 将会被分配。分配时，首先将 300# 盘块的内容复制到管理块 filsys 中，再将 300# 块分配出去，分配后的结果如图 6-17 所示。

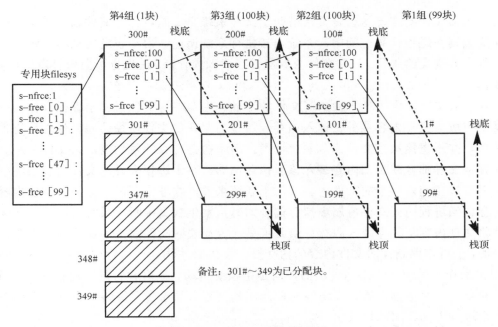

图 6-16　分配 49 块后的情况

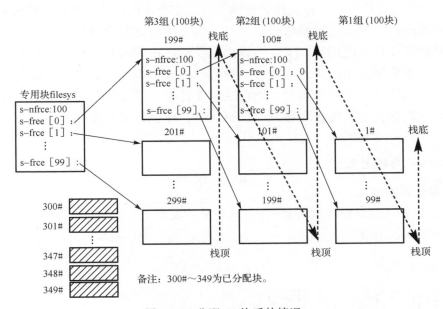

图 6-17　分配 50 块后的情况

根据上述空闲块的分配过程可以描述相反的回收过程。该过程略。

6.6　内存映射文件

1．内存映射文件原理

进程访问文件的传统途径是直接借助于文件系统完成的。打开文件、读写文件的系统调用显式编写在进程代码空间中，系统内核执行系统调用，启动设备驱动程序访问磁盘，读入文件内容提交给进程。只有文件内容从外存读入内存后，进程方可向内存发出访问（读写）操作。

内存映射文件提供了另一种访问文件的途径。内存映射文件借助于虚拟存储器的缺页中断功能将所需文件内容从外存调入内存。通过内存映射文件途径访问文件时，进程在打开文件后，并不直接执行文件读写系统调用，而是执行内存映射功能，为文件分配虚拟存储器，并将文件部分或全部内容装入该虚拟存储器。对于进程来说，文件内容已经到达内存，可以直接访问内存中的文件内容。对于系统来说，物理内存尚未分配，文件内容尚未装入内存。当进程访问文件所属虚拟存储空间时，发生缺页中断，系统为文件分配物理内存，并将文件内容从外存装入内存。由此可见，内存映射文件的 I/O 操作是由内存访问指令驱动的，一直推迟到针对文件内容的内存操作发生时才物理地执行内存分配和 I/O 操作。文件 I/O 操作不是由进程主动发出的，而是由系统自动、隐含执行的。而传统的文件 I/O 操作是建立在实存基础上的。在访问文件前，其内容必须事先已经装入内存，文件 I/O 请求必须由进程主动、明确地发出。

使用内存映射文件技术可以减少文件内容递交给用户进程时的中转环节，提高大文件的处理效率。通过文件系统进行文件访问操作时，磁盘和用户进程之间的数据交换需要经过内核缓冲来进行。例如，编辑修改磁盘文件的应用涉及磁盘的读写操作。进程先向内核发出读磁盘文件的系统调用，文件内容由系统从磁盘输入到内核缓冲区中，再从内核缓冲区传输到用户空间中。修改完毕后，数据经由内核缓冲区输出到磁盘文件中。当文件较大时，数据传送操作较为耗时。内存映射文件方法将文件直接映射到用户空间中，缺页中断时，数据直接从磁盘加载到用户空间中，减少数据传输环节，因而提高了文件访问效率。

2．Linux 内存映射文件

1）内存映射函数 mmap

Linux 提供的内存映射函数为 mmap，其函数声明如下。

```
void *mmap(void *start, size_t length, int prot, int flags, int fd, off_t offset);
```

返回值：成功则返回映射区起始地址，失败则返回 MAP_FAILED(-1)。

参数：

start：映射区的起始地址，通常设为 NULL，由系统决定映射区的起始地址。

length：映射区的长度（字节数），即将文件的长度映射到内存中。

prot：映射区的保护方式。其可以是如下值：PROT_EXEC——映射区可被执行；

PROT_READ——映射区可被读取；PROT_WRITE——映射区可被写入；PROT_NONE——映射区不可访问。

flags：映射区的特性。其特性有很多种，如可以是以下几种：MAP_SHARED——对映射区域的写入数据会复制回文件，且允许其他映射该文件的进程共享；MAP_PRIVATE——建立写时复制的私有映射，对映射区域的写入操作会产生一个映射的复制(copy-on-write)，对此区域所做的修改不会写回原文件。

fd：由 open 返回的文件描述符，代表要映射的文件。

offset：被映射对象内容的起点，必须是分页大小的整数倍，通常为 0，表示从文件头开始映射。

2）解除内存映射 munmap

函数声明：int munmap(void *start,size_t length);。

头文件：#include<unistd.h>，#include<sys/mman.h>。

函数说明：munmap()解除进程地址空间中 mmap 建立的、以 start 为起始地址、长度为length 一个内存映射关系。

内存映射的步骤如下。

（1）用 open 系统调用打开文件，并返回文件描述符 fd。

（2）用 mmap 对 fd 建立内存映射，返回映射首地址指针 start。

（3）对映射文件进行读写操作。

（4）用 munmap(void *start, size_t lenght)函数关闭内存映射。

（5）用 close 系统调用关闭文件 fd。

实验 13　Linux 内存映射文件

1．Linux 文件操作函数

1）文件打开

功能描述：用于打开或创建文件，在打开或创建文件时可以指定文件的属性及用户的权限等参数。

所需头文件：#include <sys/types.h>，#include <sys/stat.h>，#include <fcntl.h>。

函数原型：int open(const char *pathname,int flags,int perms)。

参数：

pathname：被打开的文件名。

flags：文件打开方式。其某些取值如下：O_RDONLY——以只读方式打开文件；O_WRONLY——以只写方式打开文件；O_RDWR——以读写方式打开文件；O_CREAT——如果该文件不存在，则创建一个新的文件，并用第三个参数为其设置权限；O_EXCL——如果使用 O_CREAT 时文件存在，则返回错误消息，此参数可测试文件是否存在；O_TRUNC——若文件已经存在，则删除文件中的全部原有数据，并设置文件大小为 0；O_APPEND——以添加方式打开文件，在打开文件的同时，文件指针指向文件的末尾，即将写入的数据添加到文件的末尾。

falgs 参数可以通过"|"组合构成，但前 3 个标准常量（O_RDONLY、O_WRONLY、和 O_RDWR）不能互相组合。

perms：被打开文件的存取权限，可用八进制表示。

返回值：成功则返回文件描述符；失败则返回–1。

2）文件关闭

功能描述：用于关闭一个被打开的文件。

所需头文件：#include <unistd.h>。

函数原型：int close(int fd)。

参数：

fd：文件描述符。

函数返回值：成功则返回 0，出错则返回–1。

3）文件读

功能描述：从文件读取数据。

所需头文件：#include <unistd.h>。

函数原型：ssize_t read(int fd, void *buf, size_t count);。

参数：

fd：将要读取数据的文件描述符。

buf：缓冲区，即读取的数据会被放到此缓冲区中。

count：表示调用一次 read 操作，应该读出字符的数量。

返回值：返回所读取的字节数，0 表示读到 EOF，–1 表示出错。

4）文件写

功能描述：向文件 fd 中写入 count 字节数据，数据来源为 buf 。

所需头文件：　#include <unistd.h>。

函数原型：ssize_t write(int fd, void *buf, size_t count);。

返回值：写入文件的字节数（成功），若返回–1，则表示出错。

5）文件读写指针移动

功能描述：将文件指针移动到指定位置。

所需头文件：#include <unistd.h>，#include <sys/types.h>。

函数原型：off_t lseek(int fd, off_t offset,int whence);。

参数：

fd：文件描述符。

offset：偏移量，每一个读写操作所需要移动的距离，单位是字节，可正可负（向前移、向后移）。

whence：它有如下 3 种取值。

① SEEK_SET——当前位置为文件的开头，新位置为偏移量的大小。

② SEEK_CUR——当前位置为指针的位置，新位置为当前位置加上偏移量。

③ SEEK_END——当前位置为文件的结尾，新位置为文件大小加上偏移量的大小。

返回值：成功则返回当前位移，失败则返回–1。

2. Linux 内存映射文件实例

分别采用传统的文件读写函数和内存映射函数读写文件，比较两者的时间消耗。程序如下。

```c
#include<stdio.h>
#include<stdlib.h>
#include<unistd.h>
#include<string.h>
#include<sys/types.h>
#include<sys/stat.h>
#include<sys/time.h>
#include<fcntl.h>
#include<sys/mman.h>
#define Num 8192*8
int main()
{
    int i=0;
    int fd=0;
    struct timeval tm1, tm2;
    int *idata=(int*)malloc(sizeof(int)*Num);
    gettimeofday(&tm1, NULL);
    for(i=0;i<Num;++i)
        idata[i]=i%8000;
    fd = open("mmapfile.bin", O_RDWR|O_CREAT,S_IRUSR|S_IWUSR|S_IRGRP|
    S_IROTH);//O_BINARY|
    if(sizeof(int)*Num!=write(fd,(void*)idata,sizeof(int)*Num))
    {
        printf("Writing mmapfile.bin failed...\n");
        return -1;
    }
    close(fd);
    /*read*/
    fd = open("mmapfile.bin", O_RDWR|O_CREAT,S_IRUSR|S_IWUSR|S_IRGRP|
    S_IROTH);//O_BINARY|
    if(sizeof(int)*Num != read(fd,(void*)idata,sizeof(int)*Num))
    {
        printf( "Reading mmapfile.bin failed...\n" );
        return -1;
    }
    for(i=0; i<Num; ++i)
        idata[i]=idata[i]%4000;
    if(sizeof(int)*Num != write(fd,(void*)idata, sizeof(int)*Num))
    {
        printf( "Writing mmapfile.bin failed.../n" );
        return -1;
    }
    free( idata );
    close( fd );
```

```
gettimeofday( &tm2, NULL );
printf( "Time of read/write: %dms\n", tm2.tv_usec-tm1.tv_usec );
/*mmap*/
gettimeofday( &tm1, NULL );
fd = open("mmapfile.bin", O_RDWR|O_CREAT,S_IRUSR|S_IWUSR|S_IRGRP|
S_IROTH);
idata = mmap( NULL, sizeof(int)*Num, PROT_READ|PROT_WRITE, MAP_
SHARED, fd, 0 );
for(i=0; i<Num; ++i) idata[i]=idata[i]%2000;
munmap( idata, sizeof(int)*Num );
msync( idata, sizeof(int)*Num, MS_SYNC );
close( fd );
gettimeofday( &tm2, NULL );
printf( "Time of mmap: %dms\n", tm2.tv_usec-tm1.tv_usec );
return 0;
}
```

编译程序：

```
gcc map.c -o map
```

运行程序：

```
./map
```

6.7 虚拟文件系统

在同一台计算机上同一个操作系统下，可能会使用多个不同的文件系统。例如，Windows 允许某些磁盘分区使用 NTFS 文件系统，而另一些磁盘分区使用 FAT32 或者 FAT16 文件系统。Windows 根据盘符启用恰当的文件系统。

UNIX/Linux 则将多种文件系统整合到一个统一的结构框架中，该结构框架就是虚拟文件系统（Virtual File System，VFS）。VFS 定义了一个代表不特定文件系统通用特征和行为的文件模型。VFS 的关键思想是抽象出所有文件系统的公共部分，形成一个简单、统一的抽象文件系统接口并提供给用户。用户仅通过抽象文件系统接口层表达文件操作意图，文件操作的具体执行则由底层的实际文件系统来完成。从抽象文件系统到某一具体文件系统的转换工作由映射模块来完成。VFS 可以支持大量的文件系统和文件结构。Linux 提供的 VFS 及其上下文件环境如图 6-18 所示。

VFS 有两个不同的接口：提供给用户进程的上层抽象接口和提供给实际文件系统的下层接口。

具体文件系统经由注册建立该文件系统到 VFS 的映射关系。在系统启动时 VFS 环境即可创建，根文件系统在 VFS 中注册。用户对其他文件系统的装载也是一个向 VFS 注册的过程。文件系统注册的主要工作是提供一个包含 VFS 所需要的文件操作函数地址列表，建立 VFS 抽象函数与具体文件系统操作函数之间的绑定关系。

当开发一个新的文件系统时，设计者首先获得一个 VFS 期待的功能调用列表，然后在新文件系统中实现这些功能。如果文件系统已经存在，则对该文件系统中的文件操作功能进行封装，将其改造为符合 VFS 接口规范的功能集合。

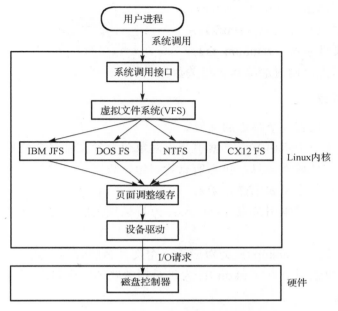

图 6-18　Linux 虚拟文件系统上下文环境

VFS 是一个面向对象的方案，每个对象包含数据和函数指针。这些函数指针指向操作这些数据的文件系统的实现函数。VFS 的 4 个主要对象如下。

1．超级块对象

超级块对象：代表一个特定的已挂载的文件系统。

超级块对象对应位于磁盘上特定扇区的文件系统超级块或文件系统控制块。超级块对象包含的典型数据项如下。

（1）该文件系统所挂接的设备。

（2）文件系统的基本块大小。

（3）修改标志，表示超级块已经修改过，但还未写回磁盘。

（4）文件系统类型。

（5）访问控制标志，如只读标志。

（6）指向文件系统根目录的指针。

（7）打开文件链表。

（8）文件系统访问控制信号量。

（9）操作超级块的函数指针数组的指针，这些函数实现的功能如下。

① 从一个已挂接文件系统上读一个特定的索引节点（read_inode）。

② 把给定的索引节点写回磁盘（write_inode）。

③ 释放索引节点（put_inode）。

④ 从磁盘上删除索引节点（delete_inode）。

⑤ 索引节点属性发生变化（notify_inode）。

⑥ 超级块卸载（put_super）。

⑦ 将超级块写回磁盘（write_super）。

⑧ 获取文件系统统计信息（statfs）。

⑨ 重新挂接文件系统（remount_fs）。

⑩ 释放索引节点，同时清除包含相关数据的页。

2．索引节点对象

索引节点对象：代表一个特定的文件。

每个文件都关联一个索引节点。索引节点对象包含除文件名和文件内容以外的某个文件的所有信息，即文件属性信息，包括所有者、组、权限、文件访问时间、数据长度和链接数等。索引节点对象定义如下操作函数。

（1）为普通文件创建索引节点（create）：为目录项关联的普通文件创建一个新的索引节点。

（2）查找索引节点（lookup）：为对应于一个文件名的索引节点查找一个目录。

（3）为目录创建索引节点（mkdir）：为目录项关联的一个目录创建新的索引节点。

3．目录项对象

目录项对象：代表一个特定的目录项。目录项对象包括一个指向索引节点的指针和超级块，还包括一个指向父目录的指针和指向子目录的指针。

4．文件对象

文件对象：代表一个与进程相关的打开的文件。文件对象在调用系统调用函数 open() 时创建，在调用系统调用函数 close() 时销毁。文件对象包含如下数据项。

（1）与该文件关联的目录项对象。

（2）包含该文件的文件系统。

（3）文件对象使用计数。

（4）用户 ID。

（5）用户组 ID。

（6）文件指针，指向下一个文件操作作用的位置。

文件对象包含的操作函数有 open、read、write、release、lock。

习　题　6

6-1　假设一个文件被删除了，但该文件的符号链接仍存在，被删除文件的磁盘空间可以再度被利用。如果一个新文件被创建在该文件释放的存储区域或具有同样的绝对路径名，这会产生什么问题？如何避免这些问题？

6-2　在三级索引分配结构中，每个文件的索引表为 15 个索引项，每项 4 个字节，登记一个存放文件信息的物理块号。最前面 12 项直接登记存放文件信息的物理块号，叫直接寻址。如果文件大于 12 块，则利用第 13 项指向一个物理块，该块中最多可存放 256 个文件物理块的块号，叫做一次间接寻址。对于更大的文件还可利用第 14 和第 15 项作为二次和三次间接寻址。请分别计算采用直接寻址、一次间接寻址、二次间接寻址和三次间接寻址时可建立的文件最大为多少个物理块？

6-3　在三级索引分配结构中，每个文件的索引表为 15 个索引项，每项 4 个字节，登记一个存放文件信息的物理块号。0~11 项为直接寻址项，用来登记存放文件信息的物理块号。第 13 项为一次间接寻址项，该项指向一个物理块，该块中最多可存放 256 个文件物理块的块号，第 14 和第 15 项分别为二次和三次间接寻址项。请分别计算长度为 7200B、20000B、500000B 的文件占用多少个数据块、多少个一次间接寻址索引块、多少个二次间接寻址索引块和多少个三次间接寻址索引块？

6-4　在采用空闲块成组链接法的文件系统中，系统当前剩余空闲块 350 块，空闲块以 100 块为一组进行链接管理。

（1）请绘制这 350 块的链接示意图；

（2）假设每块容量为 1024B，每个块指针占 4B，如果一个文件长度为 52KB，且对文件占用的物理块按照三级索引分配结构进行管理，则该文件的数据块和地址索引块一共占用多少个物理块？请绘制为文件分配这些物理块后，剩余空闲块的成组链接示意图；

（3）文件经过编辑减小为 30KB，则该文件释放多少个物理块？此时该文件的数据和地址索引一共占用多少个物理块？请绘制回收该文件释放这些空闲块后，剩余空闲块的成组链接示意图。

6-5　列举常用的 Linux 文件与目录操作命令及用法实例，并上机完成目录创建、进入目录、建立文件、显示文件、显示目录、管道操作、输出重定向、文件合并、文件拆分、文件查找等功能。

6-6　试用 Linux 文件操作函数分别实现二进制文件和文本文件的读写与显示功能并上机调试。

6-7　试用 Linux 文件操作函数实现多进程对文件的并发访问功能，注意观察各个进程的文件读写指针是否相同，一个进程对文件的修改结果是否可被其他进程看到。

第7章

操作系统安全

7.1　操作系统安全概念

7.1.1　信息安全及威胁

1. 信息安全

许多公司的计算机上存放着技术的、商业的、财务的、法律的及其他方面有价值的需要保密的信息。家用计算机上也会存放财务的及其他方面的非公开信息。确保计算机上信息安全变得越来越重要。防止单位及私人信息免受非法访问是信息安全的重要目标和内容。信息安全保障包括技术、管理、法律、政治等方面的措施。在技术方面，信息安全类似计算机软硬件资源的管理，属于一种公共事务，因而自然成为操作系统提供的一种机制和服务。作为计算机的应用门户，操作系统理应提供一定的信息安全服务。信息安全的一些具体含义包括数据保密、数据完整性、系统可用性等。

数据保密：未经授权数据不被访问。数据所有者指定许可访问者，系统执行用户的决定。

数据完整性：未经授权数据不被修改，包括数值变动、数据删除、添加错误数据等操作。

系统可用性：防止系统功能被扰乱、失效。例如，拒绝服务攻击频繁向 Internet 服务器发送请求导致系统死机，无法提供正常服务。

2. 信息安全威胁

对信息安全构成威胁或破坏的对象包括僵尸、入侵者、内部攻击等。

1）僵尸

僵尸：计算机合法用户以外的人（通过病毒和其他手段）获取一些家用计算机的控制权，成为这些计算机的新主人，以合法用户名义实施操作，如发送垃圾邮件等，使得垃圾邮件的真正来源难以追踪到。

2）入侵者

入侵者：闯入与自己不相干的区域阅读无权阅读的文件或者未经授权就改动数据。

入侵者分为以下种类。

（1）非专业用户随意浏览未加防护的文件和电子邮件。

（2）内部人员的窥视。例如，学生、系统程序员、操作员或其他技术人员以进入计算机系统作为挑战。

（3）为获取利益而尝试。例如，系统开发人员通过修改软件窃取单位利益。

（4）商业或军事间谍。受到竞争对手资助，以窃取计算机程序、交易数据、专利、技术、设计方案和商业计划等为目的。

编写病毒的人也是入侵者。入侵者设法进入特定计算机系统窃取或破坏特定的数据，病毒作者常想造成破坏而不在乎谁是受害者。病毒是能够自我复制并通常会产生危害的程序代码。

病毒：一种特殊的程序，将自己植入到其他程序中进行繁殖、传播，使更多的程序受到感染。

病毒传播机理：病毒制造者采用某些工具软件将病毒插入到容易引人注意的软件里，如网页游戏、盗版商业软件或其他引人注意的软件，下载运行这些包含病毒的软件时，病毒自我复制传播，引起更多的软件感染病毒。

3）内部攻击

内部攻击：由公司的编程人员利用专业知识和访问权限对系统进行攻击。

逻辑炸弹：隐含在具有正常功能的软件中，条件具备时才运行实施破坏的程序。破坏行为包括删除文件、毁坏数据库、使进程无法正常运行、使系统瘫痪等。

后门陷阱：内部人员在软件中插入的可以跳过正常认证过程的程序代码，人为造成安全漏洞。防止后门漏洞的一个方法是代码审查。程序员完成某个模块的编写和测试后，将其放入代码数据库中进行检验。

缓冲区溢出攻击：通过向程序的缓冲区中写超出其长度的内容，造成缓冲区溢出，破坏程序堆栈，使程序转而执行其他指令，达到攻击的目的。造成缓冲区溢出的原因是程序没有仔细检查用户输入参数长度的合法性。

格式化字符串攻击：在 printf 函数格式化字符串可以由用户通过输入来决定的情况下，该函数的返回地址可能被改写为恶意攻击代码的程序地址，造成安全漏洞。

代码注入攻击：将目标程序不期望执行的程序以输入参数的形式提供给它执行。例如，在命令行参数中包含其他命令及参数。

木马攻击：将有害代码嵌入到有用软件中，供用户下载、安装、运行，激活有害代码并实施攻击。

间谍软件：在用户不知情的情况下加载到计算机上，在后台做一些超出用户意愿的事情。

间谍软件隐藏自身，收集用户数据并传给远程监控者，改变软件设置或者进行其他恶意行为。

间谍软件的目的大致有营销、监视、控制。例如，通过收集信息以便更好地将广告投放到特定计算机，达到营销目的。某些公司故意在职员计算机上安装间谍软件以监视员工举动。一些间谍软件控制被感染计算机按控制者意志行事。间谍软件通过嵌入在免费软件中、网页下载程序中、浏览器第三方工具条或者类似 ActiveX 的控件中传播。

数据意外遗失是信息安全受到危害的另一种常见形式。造成数据意外遗失通常包括如下几方面的原因。

（1）天灾：火灾、洪水、地震、战争、暴乱或老鼠咬坏磁带或软盘等。

（2）软硬件错误：CPU 故障、磁盘或磁带不可读、通信故障或程序中的错误。

（3）人为过失：不正确的数据登录、错误的磁带或磁盘安装、运行错误程序、磁带或磁盘遗失及其他过失。

数据意外遗失造成的损失往往比入侵者造成的损失大。对数据尤其是原始数据进行远地备份可以避免大多数数据的意外遗失。

7.1.2　信息保护

保护信息的措施有很多，如加密、数字签名、防火墙等。

1．加密

加密的目的是将明文（即原始信息或文件）通过某种手段变为密文，只有经过授权的人才知道如何将密码恢复为明文。加密算法中使用的加密参数称为密钥。如果 P 代表明文，K_E 代表加密密钥，C 代表密文，E 代表加密算法及加密函数，则 $C=E(P, K_E)$ 就是加密的定义。其含义是把明文 P 和加密密钥 K_E 作为参数，通过加密算法 E 把明文变为密文。

解密是一个还原明文的过程。设 D 表示解密算法，K_D 表示解密密钥，则 $P=D(C, K_D)$ 表示以密文 C 和解密密钥 K_D 作为参数，通过解密算法 D 获得明文 P。

加密包括私钥加密和公钥加密。私钥加密体系的缺陷是，发送者与接收者必须同时拥有密钥，它们甚至必须有物理上的接触，才能传递密钥。

公钥加密技术的特点是加密密钥和解密密钥不同，给出一个筛选过的加密密钥后不可能推出对应的解密密钥。加密密钥可被公开而只有解密密钥处于秘密状态。在公钥密码体系中，加密运算比较简单，而没有密钥的解密运算却十分烦琐。公钥机制的运算速度比对称密钥机制慢数千倍。

使用公钥密码体系时，每个人都拥有一对儿密钥（公钥和私钥），公钥是公开的。公钥是加密密钥，私钥是解密密钥。发送机密信息时，用接收方的公钥将明文加密。由于只有接收方拥有私钥，所以只有接收方可以解密信息。

MD5 是一种产生 16 个字节结果的加密散列函数，常用来对用户口令进行加密。

2．数字签名

数字签名用于防止或识别信息被篡改。

文件所有者利用其私钥对文件的散列值进行运算得到散列值 D，该值称为签名块。签名块附加在原始文档之后传送给接收方。接收方收到原始文档和散列值后，首先使用事先约定的散列函数（如 MD5）计算文档的散列值，然后使用发送方的公钥对签名块进行运算以得到 E。如果计算后的散列值与签名块中的散列值不一致，则表明文档或者签名块被篡改过。

要使用这种签名机制，接收方必须知道发送方的公钥。消息发送方的常用方法是在消息后附加数字证书，证书中包含用户姓名、公钥和可信任的第三方数字签名。

认证机构（Certification Authority，CA）作为可信的第三方提供签名证书。然而用户要验证有 CA 签名的证书，就必须得到 CA 的公钥，从哪里获得这个公钥呢？公钥基础设施提供了一套管理公钥的完整机制。所有浏览器都预加载了大约 40 个著名 CA 的公钥。

如何在不安全的系统中安全地保存密钥呢？工业上采用可信平台模块（Trusted

Platform Module，TPM）芯片解决该问题。TPM 是一种加密处理器，使用内部的非易失性存储介质来保存密钥。该芯片使用硬件实现数据的加密/解密操作，速度比软件实现快许多。TPM 可以验证数字签名。一些计算机已经安装了 TPM 芯片。

Microsoft 的观点是由操作系统控制 TPM 芯片，并使用该芯片阻止非授权软件的运行。非授权软件可以是盗版软件或没有经过操作系统认证的软件。如果将 TPM 应用到系统启动的过程中，则计算机只能启动经过内置于 TPM 的密钥签名的操作系统，该密钥由 TPM 生产商提供，该密钥只会透露给允许被安装在该计算机上的操作系统生产商。因此，使用 TPM 可以限制用户对软件的选择，用户只能选择经过计算机生产商授权的软件。

例如，TPM 可以用于防止音乐与电影的盗版。TPM 通过检查日期判断当前媒体是否已经"过期"，如果过期，则拒绝为该媒体解码。

TPM 并不能提高计算机在应对外部攻击中的安全性。TPM 关注的重点是采用加密技术来阻止用户做任何未经 TPM 控制者直接或间接授权的事情。

7.2　信息安全保护机制

明确安全需求，采用清晰的模型说明允许做的事情、需要保护的资源是实现系统安全的前提和基础。

1. 域

计算机系统中有许多需要保护的对象。这些对象可以是硬件（如 CPU、内存段、磁盘驱动器或打印机等）或软件（如进程、文件、数据库或信号量等）。每个对象都有用于引用该对象的名称和允许对该对象执行的操作。例如，read 和 write 是对文件对象执行的操作，up 和 down 是对信号量执行的操作。进程可以获得对这些对象的某些操作权限。被保护对象及其操作权限是采用域来规定的。

域：域是一对儿（对象，权限）组合，用于指定一个对象和可在该对象上执行的操作子集。权限是指对某个操作的执行许可。

域相当于单个或者一组用户，告诉用户允许或禁止做的事情。一组为某个项目编写代码的人员可能属于一个相同的域，以便于其有权读写与该项目相关的文件。

对象如何分配给域由需求来决定。分配的基本原则是最低权限原则，即每个域拥有最少数量的对象和满足其完成工作所需的最低权限，以此达到最好的安全性。

图 7-1 给出了 3 种域，每个域中都有一些对象，每一个对象都有不同的权限（读、写、执行）。打印机同时存在于两个域中，且在每个域中具有相同的权限；文件 1 同样出现在两个域中，但它在两个域中具有不同的权限。

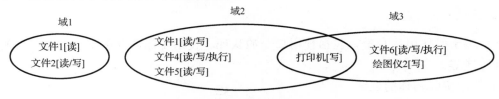

图 7-1　保护域

任何时间，每个进程会在某个保护域中运行，对该集合中的对象执行权限集中规定的操作。进程运行时也可以在不同的域之间切换。

在 UNIX 操作系统（包括 Linux、FreeBSD 及类似系统）中，进程的域由用户 ID（UID）和组 ID（GID）定义。给定某个（UID，GID）的组合，就能够得到可以访问的所有对象列表（文件，包括外存上的普通文件及设备文件），以及对它们是否可以读、写或执行。使用相同（UID，GID）组合的两个进程访问的是完全一致的对象组合。使用不同（UID，GID）组合的进程访问的是不同的文件组合，这些文件组合可能有大量的重叠。

为了跟踪每个对象属于哪个域，可以建立一个域表，表的行代表域，列代表对象。行列交界值为域中该对象的许可操作权限。这样的表也称为访问控制列表（Access Control List，ACL）。

访问控制列表给出了每个访问对象的域（用户）及其访问权限。

例如，ACL(F1)=(A:RW; B:R)表示文件 F1 的访问控制列表包含两个表项 A:RW 和 B:R，表项 A:RW 表示任何用户 A 拥有的进程都可以读写文件。表项 B:R 表示任何用户 B 拥有的进程都可以读文件。这些用户的其他访问和其他用户的任何访问都被禁止。访问控制列表中权限是用户赋予的，而不是进程赋予的。只要系统运行了保护机制，用户 A 拥有的任何进程（无论多少个）都能读写文件 F1。系统关心的是所有者而不是进程 ID。

再如，ACL(F2)=(B:RWX; C:RX)表示用户 B 和 C 都可以读并且执行文件 F2。用户 B 也可以执行写操作。

访问控制列表可以规定单个用户对某个对象的访问权限，也可以同时规定用户组对某个对象的访问权限。在某些系统中，每个进程具有 UID 和 GID。这类系统的访问控制列表结构如下。

UID1，GID1：权限 1；UID2，GID2：权限 2；…

例如，ACL(Password)=(tana,sysadm:RW)，ACL(Pigeon_data)=(bill,pigfan:RW; tana,pigfan:RW)表示组 sysadm 中的用户 tana 可以读写文件"Password"，组 pigfan 中的用户 bill 和 tana 可以读写文件"Pigeon_data"。

tana,*:RW：表示无论用户 tana 属于哪一组都可以对某对象进行读写。

virgil,*:(none);*,*:RW：表示给 virgil 之外的登录项以读写文件的权限。

debbie:RW;phil:RW;pigfan:RW：表示 debbie、phil 和其他所有 pigfan 组中的成员都可以读写给定的文件。

2．隐写

隐写术：将保密信息的字节/位值插入到原始文档的字节/位序列中。

例如，将隐藏的水印插入到网页上的图片中可以防止窃取者用在其他网页上。

3．认证

认证用于确认用户身份，包括使用口令的认证、使用实际物体的认证、使用生物识别的认证方式等。

1）使用实际物体的认证

使用实际物体的认证：使用实际物体而不是用户知道的信息。例如，银行 ATM 要求用户使用磁卡和口令通过远程终端（ATM）登录到银行主机上。磁卡有两种：磁条卡和芯片卡。磁条卡的磁条上可以写入少量字节（如 140 个字节）信息。这些信息被终端读出并发送到主机中。这些信息一般包括用户口令。

芯片卡在卡片上包含小型集成电路。芯片卡又分为储值卡和智能卡。储值卡包含一定数量的 ROM 存储单元（通常小于 1KB），在断电和离开读写设备后仍然保持记忆。储值卡上没有 CPU，其中的信息仅能被读卡器阅读和改变。

智能卡包含 CPU、ROM、RAM。智能卡可以像储值卡一样储值，但具有更好的安全性和更广泛的用途。智能卡的用途主要如下。

（1）身份识别：通过对卡内信息进行计算，确认持卡人的身份。

（2）支付工具：内置记账数据，起电子货币的作用。

（3）加密/解密：采用 DES、RSA、MD5 等密码机制对用户身份真实性、资料完整性、交易的不可否认性及合法性进行加密保护，增加卡片安全性，并可采用离线作业，降低网络通信成本。

（4）电子信息存储：将客户个人财务信息、医疗信息等记录在智能卡上，减少书面作业程序时间，降低客户档案维护成本，并可被不同单位共享。智能卡身份证可以记录公民指纹、生日、个人档案等，还可作为护照使用。门禁智能卡除了记录通行许可信息之外，还可存储小额款项，实现电子钱包的功能。

2）使用生物识别认证

使用生物识别的验证是指利用生物特征的唯一性对用户身份进行认证。

生物识别验证：对用户的某些物理特征，如指纹、视网膜、DNA 等进行验证，这些特征很难伪造。

典型的生物识别系统由两部分组成：注册部分和识别部分。注册部分存储数字化的用户特征，并抽取最重要的识别信息存放在用户记录中。用户信息存放在（远程）中心数据库或用户随身携带的智能卡中以备远程读卡器识别。识别部分比较用户登录时提供的信息与注册时提交的信息，若相同则允许登录，否则拒绝登录。广泛应用于商业的虹膜识别技术采用 1m 以外的照相机对用户视网膜进行拍照采样，经过 Gabor 小波变换提取特征信息，并将结果压缩为 256 字节。该结果在用户登录时与现场采样结果进行比较，如果两者的海明距离小于某个阈值，则该用户通过验证。

4．签名

有一种签名分析称为签名比较，用户使用与终端相连的特殊签名笔签名，验证系统将签名与在线存放的或智能卡中的已知样本进行比较，分析两者的相似性。还有一种签名分析比较笔的移动轨迹及书写签名时产生的压力。

5．防火墙

防火墙是一种位于内部网络与外部网络之间的网络安全系统，依照特定的规则，允许或限制传输数据的通过。

防火墙有硬件防火墙和软件防火墙两种基本类型。单位局域网的保护通常选择硬件防火墙，家庭个人计算机通常采用软件防火墙。允许或禁止通过防火墙的数据包由配置规则来决定。防火墙实际上是一种包过滤器。软件防火墙是附加在操作系统内核网络代码上的数据过滤器。

6．反病毒方法

（1）病毒扫描查杀：定期扫描计算机系统，寻找病毒特征码并排除计算机病毒，随时更新病毒库。

（2）完整性检查：在确认可执行文件未被病毒感染时，计算其校验和并保存起来，下次运行时重新计算校验和，根据两次校验和是否匹配来来判断文件是否感染病毒。

（3）行为检查：对引起程序执行流程发生改变的引导扇区覆盖、可执行文件覆盖等行为进行检测，以判断系统是否存在病毒。

（4）病毒避免：防止病毒进入系统。避免病毒感染的措施如下：选择安全操作系统，仅从可靠供应商处购买软件，购买和使用性能良好的反病毒软件并及时更新，谨慎单击邮件附件，定期备份重要文件到外存中。

（5）代码签名：软件厂商发布带有数字签名的软件，以供用户确认软件来源和软件是否遭到篡改。

代码签名过程如下：软件供应商首先对程序代码进行散列函数计算，得到一定位数的值，如采用 MD5 算法得到 128 位散列值，然后通过私钥加密取得散列值的数字签名，该数字签名始终伴随着这个软件。当用户得到这个软件后，同样对软件代码计算出散列函数值，再使用公钥解密软件附带的数字签名，如果散列函数值与解密值相等，则用户接收软件，否则作为伪造版本加以拒绝。代码签名工作原理如图 7-2 所示。

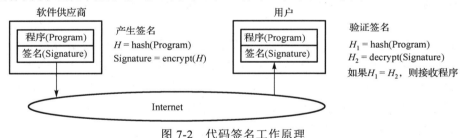

图 7-2　代码签名工作原理

习　题　7

7-1　在一台公用计算机上，如果一个用户禁止其他用户访问自己的文件目录，在 Linux 和 Windows 中分别如何实现这一目标？

7-2　一个计算机系统拥有 10 个用户，现在允许其中 6 个用户访问某个文件，其他 4 个用户禁止访问该文件，在 Linux 中如何实现这一目标？

7-3　学校实验室计算机上安装有不同的软件系统供学生在不同时间上机实验，在特定的时间段特定的软件可以供上该实验课的学生使用，其他软件、其他学生不可使用，但是实验室管理人员任何时候都可使用计算机上的任何软件，请说明如何实现这一点。

7-4　手机被人们赋予了通信功能以外的支付功能，由于手机丢失或被借用可能造成未授权支付。手机具有私人性，如何增强支付时对手机主人身份的识别功能？

第 8 章

多处理机与多计算机操作系统

由于电子信号的速度不可能超过光速，通过提高时钟频率使 CPU 获得更快计算速度的硬件技术已经遭遇了瓶颈。减小计算机体积有助于减少信号传输时间，保证较高的计算速度，但是计算速度越快，产生的热量越多，计算机越小，也就越难散热。

获得更高速度的另一种处理方式是大规模使用并行计算机。并行计算机具有较多的 CPU，每个 CPU 都以常规速度运行，但是所有 CPU 的计算能力会超过单个 CPU 的计算能力。其他获得更高处理速度的潜在技术是生物计算机。

在天气预报、机翼气流建模、世界经济模拟及药物-受体相互作用分析理解等高强度数据处理中经常采用高度并行计算机，多个 CPU 长时间并行工作。

多核处理器是多 CPU 系统的一种产品形式。多核处理器是指在一个处理器中集成两个或多个完整的计算引擎（内核），也称为单芯片多处理器。

仅仅提高单核芯片的速度会产生过多热量且无法带来相应的性能改善。单个处理单元的速率提高到一定程度会产生大量难以及时散发的热量，并且难以获得令人满意的性价比。

通过划分任务，多核处理器可利用其中的多个执行内核并行执行多个线程。采用线程级并行编程的软件可以利用多核处理器提高运行速度。例如，浏览器进程运行时会创建和执行代码解析、Flash 播放、多媒体播放、Java 脚本解析等一系列线程，这些线程可以在多个计算内核上并行执行，提高网页处理效率。对于没有采用并行编程的多个单线程进程，操作系统可以将它们调度到不同的计算机内核上并行运行，同样可以加快这组进程的执行速度。

多核处理器虽然在硬件上带来了并行处理多个任务的潜在能力，但是并行处理程序的编制却异常困难。目前的大部分应用程序不能够自动分解为多个任务并分别交给多个计算内核运行。因此，对大多数用户来说，多核带来的实际益处可能并不明显。

8.1　多处理机操作系统

1. 多处理机之间的关系

1）主从多处理机

在主从多处理机中，操作系统运行在其中一个 CPU（即主 CPU）上，进程运行在其他 CPU（即从 CPU）上。如果主 CPU 时间宽松，则也可运行进程。从 CPU 可以向主 CPU 请求运行进程。这种模型称为主从模型。主从多处理机系统的全局数据结构是唯一的，没有多个副本，因此可避免数据不一致的现象。但是当 CPU 较多时，主 CPU 会成为瓶颈。因此，主从模型不能用于 CPU 较多的大型多处理机系统。

2）对称多处理机

在对称多处理机系统中，操作系统可在任意 CPU 上运行，且操作系统的若干功能模块可以并行运行在多个 CPU 上，使操作系统获得较高的运行效率。例如，操作系统的进程调度程序、文件系统调用处理程序和缺页中断处理程序可分别运行在 3 个 CPU 上。作为各个 CPU 都可执行的共享程序，操作系统存在错误共享的可能。为此，需将操作系统分割为互不影响的临界区，每个临界区由其互斥信号量加以保护。被多个临界区使用的共享数据结构（如进程表）也需要有各自的互斥信号量加以保护。采用互斥机制后，也需要采取预防或解除死锁的机制。

2．多处理机同步

在多处理机系统中，临界资源往往是各个 CPU 共享的资源，一个 CPU 在访问临界资源前关闭本机中断并不妨碍其他 CPU 对临界资源的非互斥访问。因此，用来控制临界资源访问的硬件原子测试加锁（TSL）操作需要首先锁住总线，防止其他 CPU 访问它，再进行存储器的读写访问，最后解锁总线。在解锁之前，CPU 可以选择等待或者运行其他线程任务。

3．多处理机调度

多处理机调度复杂于单处理机调度。单处理机调度是一维的，只需考虑调度哪个进程或哪个线程占有处理器即可。多处理机调度是二维的，调度程序必须决定哪一个进程或线程在哪一个 CPU 上运行。

对于相互独立的线程的调度，可以按优先级设置若干系统级的调度队列，空闲 CPU 可以从中取出一个线程任务执行，各个 CPU 负载能够自动维持平衡。

对于彼此相关的线程，它们需要频繁通信，因而需要在多个 CPU 上同时调度。最简单的调度算法是为各个线程分配各自专用的 CPU 并且同时开始运行。只有空闲 CPU 数量满足相关线程数量时，该组线程才开始执行，每个线程保持其 CPU 直到运行终止。这就是群调度。应用程序也可根据当前可用 CPU 的数量主动调整其线程数量以符合可用 CPU 数量。

群调度属于协同调度，将一组相关线程看做一个调度单位而共同调度，群中所有成员在不同 CPU 上同时运行，所有成员共同开始和结束其时间片。

群调度的关键是将 CPU 时间划分为离散的时间片，在每个新的时间片开始时，所有 CPU 都重新调度。群调度的目的是使一个进程的所有线程在同一个时间片内共同运行，这样，一个线程向另一个线程发送的消息可以立即得到应答。

8.2　多计算机操作系统

1．多计算机模型

多计算机也称集群计算机或者工作站集群，是紧耦合 CPU，不共享存储器。每台计算机都有自己的存储器。多计算机的基本部件是一台配有高性能网络接口卡的 PC 裸机。多计算机的目标是在微秒数量级上发送消息，而不是在纳秒数量级上访问存储器。

多处理机提供了一个简单的通信模型：所有 CPU 共享一个公用存储器，通过读写公用存储器，进程很容易实现通信目的。进程同步可以采用信号量、管程等技术实现。其不足之处是大型多处理机构造困难，造价昂贵。

2．多计算机硬件

一台多计算机的基本节点包括一个 CPU、一个存储器、一个网络接口，有时还包含一个硬盘。节点可以封装在标准的 PC 机箱中，通常没有图像适配卡、显示器、键盘和鼠标等。上百个甚至上千个节点连接在一起组成一个多计算机。

1）互连技术

每个节点有一块网卡，两个节点通过连接网卡的电缆或光纤实现互连。一个节点的网卡也可通过电缆连接到交换机上。若干节点可以通过交换机连接为星形结构，各个节点也可连接为环形结构。各个节点的拓扑结构还包含网格结构、立体结构等。多计算机中的交换机制有存储转发包交换和电路交换。存储转发包交换在由交换机构成的动态路由中经过缓冲传递消息。电路交换在消息传递前建立一个专用路径，消息在该路径上进行非缓冲地、不间断地传递。

2）网络接口卡

网络接口卡具有缓存信息的私有 RAM、使私有 RAM 与主存直接交换信息的 DMA 通道，甚至具有 CPU（一般被称为网络处理器）。

3．多计算机软件

1）底层通信软件

底层通信软件需要考虑通信效率、多进程及操作系统对网络接口的资源共享问题。减少数据包的复制次数有助于减少通信效率的损失。将网络接口映射到用户地址空间而不是内核地址空间，将在网络接口与用户进程之间建立信息传输的直接通道，避免了数据包经由内核传递时复制引起的效率损失。当多个进程均需访问网络接口以传递信息时，可以采用空分复用方式将网络接口上的 RAM 划分为若干分区，并分别映射到不同进程空间。为了解决内核与用户对网络接口的争用问题，通常使用两套网络接口：一套映射到用户空间中，供应用程序使用；另一套映射到内核空间中，供操作系统使用。

2）节点至网络接口的通信

在主存和网络接口中交换数据时，相应内存页面要锁定，以防止页面替换造成错误。

3）用户层通信软件

发送和接收消息是用户层最重要的通信操作，操作系统向用户提供了发送和接收两种重要的通信原语。

发送原语调用形式如下。

```
send(目标进程标识, 消息地址);
```

send 原语向目标进程发送消息。

接收原语调用形式如下。

```
receive(监听地址, 消息接收缓冲区地址);
```

receive 原语从监听地址接收消息并将其复制到接收缓冲区中。监听地址可以由多计算机的 CPU 编号和该 CPU 上的进程或端口编号组成。

消息发送或接收的调用又分为阻塞和非阻塞两种形式。阻塞式调用需要进程等待消息发送完或接收后才继续执行。非阻塞式调用则不需要进程等待调用执行结果即可继续执行。非阻塞式调用需要解决的问题是，进程不知道传输何时结束、何时重用消息缓冲区是安全的。

4．远程过程调用

远程过程调用：由本地进程调用的位于异地计算节点（其他 CPU）上的过程，用于对该过程所在节点上的数据进行原地计算，计算结果通过网络返回到本地。被调用的过程称为服务器，发出调用的过程称为客户机。

远程过程调用支持的客户机/服务器计算模式有别于本地的、集中的计算模式。在本地的、集中的计算模式下，数据及其加工程序均位于本地计算机。如果数据位于其他计算机上，则需要通过通信机制将数据由其他计算机传送到本地机上才能计算。数据量很大时，数据传输会消耗大量的时间和网络带宽。远程过程调用计算模式将完成计算任务的数据及过程按照原地计算的原则部署在若干计算机上，与数据对应的处理过程配置在该数据所在计算机上。需要对其他计算机数据进行处理的本地程序向该机上的数据处理过程发出远程过程调用。经过封装抽象，远程过程调用与本地过程调用形式相近。远程过程调用计算模式避免了大量原始数据在网络上的移动，网络上仅传输计算请求信息和计算结果信息，节约了传输带宽，获得了较好的计算效率。

5．多计算机调度

在一台多处理机中，所有进程都在同一个存储器中。任何进程可以调度到任何 CPU 上运行。在一台多计算机中，每个节点都有其自己的存储器和进程集合，因此可以应用任何本地调度算法。一个 CPU 要运行其他节点上的进程需要花费大量的时间来获得该进程。

多计算机调度的主要目标是根据一定的准则将进程分配到计算节点上。

多计算机系统需要解决的关键问题是以有效的方式将进程分配到各个节点上，这种分配算法称为处理器分配算法。处理器分配算法的目标有 CPU 负载均衡、总的通信带宽最小化、用户和进程公平使用计算资源等。图论确定算法分配处理器的方法是使每个 CPU 分得的进程组内通信高流量、进程组间通信低流量。

发送者发起的分布式启发算法是在过载节点接收到新进程时，咨询其他节点是否过载，以便将新接收的进程转送到未过载节点运行的算法。

接收者发起的分布式启发算法在一个进程结束时，轻载节点咨询其他节点是否可以分配新的进程任务。如果不可以，则该节点继续运行已经安排好的任务，等到下次进程结束时再次询问。

分布式系统与多计算机类似，每个节点都是一台完整的计算机，带有全部的外部设备，每个节点可以运行不同的操作系统，节点可能分散在全世界范围内，整个分布式系统可以由通过 Internet 松散协作的上千台机器组成。分布式系统是基于某种概念将分散机器统一起来的一种系统。分布式系统构建在计算机网络上层。

习 题 8

8-1　在共享内存多处理器系统中，如何协调多个处理器对同一内存单元的同时访问问题？

8-2　在多处理机系统或多计算机系统上开发应用软件，程序员和操作系统分别负责哪些事务？对于特定的应用，如何选择合适的计算系统架构？

参 考 文 献

[1] William Stallings. 操作系统——精髓与设计原理（第 7 版）. 陈向群, 陈渝, 译. 北京：电子工业出版社, 2012.

[2] Andrew S. Tanenbaum, Albert S. Woodhull. 操作系统设计与实现（第 3 版）. 陈渝, 谌卫军, 译. 北京：电子工业出版社, 2007.

[3] Andrew S. Tanenbaum. 现代操作系统（第 3 版）. 陈向群, 马洪兵, 等, 译. 北京：机械工业出版社, 2009.

[4] Abraham Silberschatz, Peter Baer Galvin, Greg Gagne. 操作系统概念（第 6 版）. 郑扣根, 译. 北京：高等教育出版社, 2004.

[5] Abraham Silberschatz, Peter Baer Galvin, Greg Gagne. Operating system concepts (Nine Edition). America：John Wiley & Sons, Inc, 2013.

[6] 尤晋元. UNIX 操作系统教程. 西安：西安电子科技大学出版社, 1996.

[7] 陈莉君. Linux 操作系统内核分析. 北京：人民邮电出版社, 2000.

[8] 孙钟秀, 费翔林, 骆斌, 谢立. 操作系统教程（第 3 版）. 北京：高等教育出版社, 2003.

[9] 费翔林, 骆斌. 操作系统教程（第 5 版）. 北京：高等教育出版社, 2014.

[10] 汤小丹, 梁红兵, 哲凤屏, 汤子瀛. 计算机操作系统(第 3 版). 西安：西安电子科技大学出版社, 2007.

[11] 屠立忠, 徐金宝. 操作系统教程. 北京：电子工业出版社, 2013.

[12] 庞丽萍, 郑然. 操作系统原理与 Linux 系统实验. 北京：机械工业出版社, 2011.

[13] 徐诚, 高莹婷. Linux 环境 C 程序设计. 北京：清华大学出版社, 2010.

[14] Bruce Molay. Unix/Linux 编程实践教程. 杨宗源, 黄海涛, 译. 北京：清华大学出版社, 2004.

[15] 赵炯. Linux 内核完全剖析——基于 0.12 内核. 北京：机械工业出版社, 2009.

[16] Scott Maxwell. Linux 内核源代码分析. 冯锐, 邢飞, 等, 译. 北京：机械工业出版社, 2000.